Références scienc

CW01646966

Processus stochastiques

Cours et exercices corrigés

Sabin Lessard

ellipses

Collection Références sciences

dirigée par Paul de Laboulaye
paul.delaboulaye@editions-ellipses.fr

Retrouvez tous les livres de la collection et des extraits sur www.editions-ellipses.fr

Classification AMS : 60

ISBN 9782340-002142
©Ellipses Édition Marketing S.A., 2014
32, rue Bargue 75740 Paris cedex 15

DANGER LE PHOTOCOPILLAGE TUE LE LIVRE

Le Code de la propriété intellectuelle n'autorisant, aux termes de l'article L. 122-5.2° et 3°a), d'une part, que les « copies ou reproductions strictement réservées à l'usage privé du copiste et non destinées à une utilisation collective », et d'autre part, que les analyses et les courtes citations dans un but d'exemple et d'illustration, « toute représentation ou reproduction intégrale ou partielle faite sans le consentement de l'auteur ou de ses ayants droit ou ayants cause est illicite » (art. L. 122-4).
Cette représentation ou reproduction, par quelque procédé que ce soit constituerait une contrefaçon sanctionnée par les articles L. 335-2 et suivants du Code de la propriété intellectuelle.

www.editions-ellipses.fr

Avant-propos

Ces notes sont utilisées pour un premier cours sur les processus stochastiques offert aux étudiants du premier cycle en mathématiques et en statistique de l'Université de Montréal, ce qui comprend les étudiants en actuariat. Ce cours est également suivi à l'occasion par des étudiants de cycles supérieurs, notamment en finance mathématique et computationnelle ou en recherche opérationnelle. Il s'agit en fait d'un deuxième cours en théorie des probabilités qui a comme préalable la connaissance des notions de probabilité et de variable aléatoire et des principaux résultats sur les suites de variables aléatoires indépendantes, soit la loi des grands nombres et le théorème limite central. Il demande également de la part des étudiants un large éventail de connaissances mathématiques, que ce soit en algèbre linéaire, en équations différentielles, en calcul avancé ou en analyse. En somme, bien qu'il ne fasse pas appel à la théorie de la mesure qui est à la base d'une approche rigoureuse aux processus stochastiques, le cours requiert de la maturité mathématique.

Le contenu du cours porte principalement sur les chaînes de Markov, qu'elles soient à temps discret (chapitre 1) ou à temps continu (chapitre 2). Le point culminant en est le théorème ergodique qui permet de décrire le comportement limite d'une chaîne de Markov à l'aide de probabilités d'absorption et de distributions stationnaires. Suivent les principaux résultats sur les processus semi-markoviens, dont en particulier le processus de renouvellement (chapitre 3), pour prendre en compte des temps de séjour aux différents états de loi quelconque, donc de loi qui n'est pas nécessairement sans mémoire comme dans les chaînes de Markov. Le tout se termine par une initiation aux martingales, principalement par les jeux de hasard (chapitre 4), et une introduction au mouvement brownien avec des applications au domaine de la finance (chapitre 5). Il est à noter que le cours aide à préparer en partie les examens ST et MLC des sociétés d'actuaires nord-américaines.

Le contenu des notes a été grandement influencé par les intérêts de recherche de l'auteur en biomathématiques, plus spécifiquement en génétique des populations, domaine qui a eu et qui continue d'avoir une grande influence sur les probabilités.

Il ne faut donc pas se surprendre de trouver bien en évidence non seulement le processus de branchement de Galton-Watson, le modèle de population de Wright-Fisher et le processus de naissance et de mort linéaire avec immigration, ce qui inclut le processus de Yule, mais aussi le processus de coalescence tant utilisé dans la recherche actuelle. D'autres exemples phares de processus stochastiques ne sont pas en reste, qu'il s'agisse du modèle de la ruine du joueur pour les marches aléatoires sur les entiers, du processus de Poisson pour l'arrivée d'événements au hasard dans le temps ou dans l'espace, du système de bonus-malus pour la fixation de primes d'assurance, de modèles de diffusion pour la distribution ou le mouvement de particules, et enfin de files d'attente ou de modèles de fiabilité pour la description et l'optimisation de systèmes en recherche opérationnelle.

L'accent est mis sur la modélisation et l'interprétation des résultats. Les preuves de la plupart des affirmations, dont une démonstration complète du théorème ergodique, sont cependant incluses pour satisfaire les plus exigeants, tout en évitant le formalisme de la théorie de la mesure. Les preuves les plus techniques et les sections d'importance secondaire, qui apparaissent souvent en fin de chapitre et qui sont marquées d'un astérisque (*), peuvent être survolées ou laissées de côté lors d'une première lecture.

Les notes ont été fortement inspirées à l'origine du livre *An Introduction to Stochastic Modeling*, par H.M. Taylor et S. Karlin, que Samuel Karlin appelait affectueusement son « baby book ». Pour les démonstrations, le livre plus complet des mêmes auteurs, *A First Course in Stochastic Processes*, ainsi que le livre *Probability and Random Processes*, par G.R. Grimmett et D.R. Stirzaker, ont été des sources d'information importantes. Pour la théorie et les applications des martingales et du mouvement brownien, des ouvrages plus récents, principalement *Essentials of Stochastic Processes*, par R. Durrett, et *Processus stochastiques*, par D. Foata et A. Fuchs, ont été particulièrement utiles. Les notes ont subi l'influence de beaucoup d'autres ouvrages du même niveau ou de niveau légèrement inférieur, notamment *Introduction to Probability Models*, par S. Ross, et *Processus stochastiques*, par A. Ruegg, mais aussi d'ouvrages de niveau supérieur, comme *A First Look at Rigorous Probability Theory*, par J.S. Rosenthal, *Probability with Martingales*, par D. Williams, et *Markov Chains*, par D. Freedman.

Le contenu de ces notes a beaucoup évolué au cours des années. Des aspects de nature essentiellement mathématique ont laissé la place à des sujets qui ont un intérêt en biologie, en recherche opérationnelle, en finance ou en actuariat. Des générations d'étudiants et d'étudiantes, de stagiaires postdoctoraux et d'auxiliaires d'enseignement sur une période de plus de trente ans ont contribué à bonifier ce contenu par leurs commentaires et suggestions.

J'aimerais remercier nommément M. Augustyniak, M. Banville, V. Carrier, A.M. Castilloux, J. Courteau, D. Kroumi, V. Ladret, P. Lahaie, F. Larribe, ainsi que S. Langevin, D. Lasalle-Ialongo, M. Lemire, S. Mahdi, G. Martin, E. Monga, D. Pouliot, G. Rocheleau, L. Saidi, C. Séguin, C. Soares, Y. Tao, P. Turbis et L. Villandré, sans oublier G. Elgbeili qui a rédigé la première version électronique des notes, et M.C. Robitaille-Grou, qui en a effectué la correction. La plupart d'entre elles et d'entre eux continuent d'exercer leurs talents et leur passion comme chercheur, enseignant ou professionnel. C'est une source de grande satisfaction.

Merci également à mes collègues anciens ou actuels du Département de mathématiques et de statistique de l'Université de Montréal, particulièrement M. Goldstein pour des discussions stimulantes sur la matière du cours, ainsi que R. Duncan, mon directeur de thèse de doctorat, pour son enthousiasme communicatif pour l'enseignement.

Enfin, un grand merci à mon superviseur de stage postdoctoral et mentor en génétique mathématique, Samuel Karlin, décédé en 2007, à qui je pense encore souvent avec admiration.

Table des matières

Table des figures

Chapitre 1

Chapitre 2

Chapitre 3

Chapitre 4

Chapitre 5

Chapitre 1

Chaînes de Markov à temps discret

1.1 Introduction

Un *processus stochastique* est une suite de variables aléatoires indicées par le temps. Le cas le plus simple est celui d'une suite de variables aléatoires indépendantes. Ce sont des variables aléatoires qui n'ont aucune influence les unes sur les autres. C'est le sujet qu'on étudie dans un premier cours de probabilités après avoir introduit les notions fondamentales d'événement, de probabilité, d'indépendance, de variable aléatoire et d'espérance. Le tout culmine avec la loi des grands nombres, qui permet d'interpréter l'espérance comme la moyenne de valeurs observées à long terme, indépendamment et dans les mêmes conditions, et le théorème limite central, qui garantit que cette moyenne est la valeur prise par une variable aléatoire dont la distribution de probabilité s'approche de plus en plus d'une loi normale. Ainsi, si on lance une pièce de monnaie bien balancée un grand nombre de fois représenté par n, indépendamment et dans les mêmes conditions, on s'attend à ce que la proportion de fois qu'on obtienne face soit près de $1/2$ et que cette proportion suive approximativement une loi normale d'espérance égale à $1/2$ et de variance donnée par $1/(4n)$.

Le cas le plus simple d'une suite de variables aléatoires dépendantes est celui où les valeurs prises par les variables qui suivent n'importe quelle variable en particulier, étant donné la valeur prise par cette variable, sont indépendantes des valeurs prises par les variables qui précèdent. Autrement dit, le futur étant donné le présent est indépendant du passé. Le processus possède alors la propriété dite *markovienne*, en mémoire du mathématicien russe Andreï Markov (1856-1922).

Lorsque l'espace des états du processus est fini ou encore infini dénombrable, on est en présence d'une *chaîne de Markov*, qui peut être à temps discret ou à temps continu. Le résultat le plus important sur les chaînes de Markov est le théorème ergodique. Il décrit en général ce qui se passe à long terme, c'est-à-dire la distribution de probabilité limite de la chaîne sur les différents états lorsque cette distribution existe, et la proportion moyenne limite de temps que la chaîne passe dans chaque état, et ce selon l'état initial. Il permet de comprendre le comportement de la chaîne sur une longue période de temps. C'est l'objectif principal du chapitre 1 pour les chaînes à temps discret.

Ainsi, la marche aléatoire décrite en faisant un pas à gauche ou à droite chaque fois qu'on obtient pile ou face, respectivement, en lançant une pièce de monnaie un grand nombre de fois indépendamment et dans les mêmes conditions, est une chaîne de Markov à temps discret. Cette marche aléatoire reste une chaîne de Markov dans le cas où un pas à faire doit être annulé à cause de la présence d'un obstacle, un mur par exemple. Dans un tel contexte, il est intéressant de savoir quelle est la probabilité d'être à une position donnée après un très long moment, ou encore quelle proportion moyenne de temps est passée à cette position sur une longue période de temps. C'est le type de questions qu'on se pose souvent lorsqu'on est en présence d'une chaîne de Markov.

De nombreuses situations réelles sont modélisées par des chaînes de Markov, que ce soit en biologie, en physique, en économie ou en recherche opérationnelle. Ce chapitre commence donc par des exemples pour illustrer les principaux concepts et résultats qui sont développés par la suite.

1.2 *Exemples

1.2.1 Modèle d'Ehrenfest en mécanique statistique

On considère un système hermétiquement fermé constitué de deux compartiments, représentés par A et B, contenant ensemble un nombre m de particules d'un gaz. Les particules à l'intérieur du système ne peuvent pas en sortir et aucune autre particule ne peut y entrer. La cloison séparant les deux compartiments n'est cependant pas parfaitement étanche et les particules, qui sont en mouvement permanent, peuvent passer d'un compartiment à l'autre. Cela peut être représenté par une ouverture dans la cloison de dimension du même ordre de grandeur que celle d'une particule. Ce modèle de diffusion est illustré dans la figure 1.

On peut aussi imaginer que les m particules représentent des puces et les compartiments A et B, des chiens sur lesquels elles vivent.

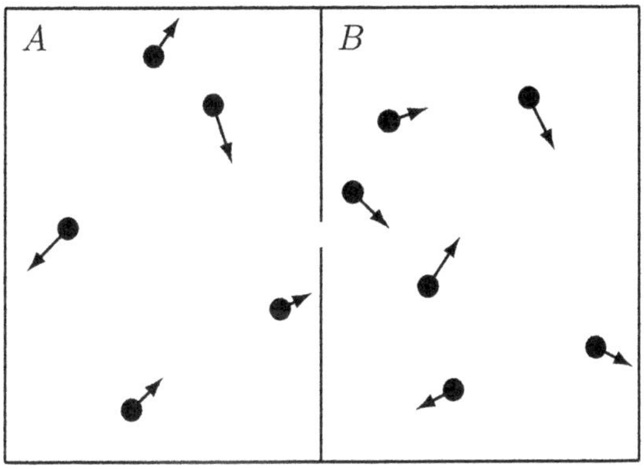

FIGURE 1. Modèle de diffusion d'Ehrenfest.

On fait les hypothèses suivantes sur le passage des particules d'un compartiment à l'autre :

- un seul passage à la fois peut se produire ; et
- chaque particule a une chance égale à toute autre de changer de compartiment.

Le temps est calculé en nombre de passages. L'état du système après n passages, pour $n \geq 0$, est décrit par le nombre de particules dans le compartiment A, représenté pat X_n. Ce nombre est compris entre 0 et m.

La probabilité de transition pour que $X_{n+1} = j$ étant donné que $X_n = i$ est notée P_{ij}, c'est-à-dire

$$P_{ij} = Pr(X_{n+1} = j \mid X_n = i),$$

pour $i, j = 0, 1, \ldots, m$. Dans le cas présent, cette probabilité de transition est donnée par

$$P_{ij} = \begin{cases} \dfrac{i}{m} & \text{si } j = i - 1 \text{ pour } 1 \leq i \leq m, \\ \\ \dfrac{m-i}{m} & \text{si } j = i + 1 \text{ pour } 0 \leq i \leq m - 1, \\ \\ 0 & \text{autrement.} \end{cases}$$

La matrice $P = (P_{ij})$, avec l'entrée P_{ij} sur la ligne i et dans la colonne j, est la matrice de transition.

La matrice de transition et la distribution de X_0 décrivent entièrement le processus, c'est-à-dire les événements qui peuvent se produire au cours du temps et leurs probabilités. Le processus est en fait une chaîne de Markov à temps discret.

Voici le type de questions auxquelles on va essayer de répondre dans ce chapitre.

Question 1. Il est intéressant de savoir ce qui se passe à long terme. La probabilité de trouver j particules dans le compartiment A au temps n étant donné qu'il y en a i initialement converge-t-elle lorsque n augmente et si la réponse est positive, quelle est la limite ? En supposant la convergence, la limite prédite est donnée par

$$\lim_{n\to\infty} Pr\,(X_n = j \mid X_0 = i) = \binom{m}{j}\left(\frac{1}{2}\right)^m,$$

pour $j = 0, 1, \ldots, m$. En effet, par symétrie, chaque particule devrait avoir à long terme une probabilité $1/2$ d'être dans A plutôt que dans B, et ce indépendamment de la position des autres particules. On est alors dans le contexte de m épreuves indépendantes de Bernoulli avec $1/2$ comme probabilité de succès à chaque épreuve. Le nombre total de succès suit en conséquence une loi binomiale. Il est à noter que la limite prédite ne dépend pas de i, l'état initial du système.

Question 2. Il faut cependant faire attention au phénomène de périodicité. Ici, le nombre de particules dans le compartiment A prend en alternance des valeurs paires et impaires. Par conséquent, une probabilité de transition ne peut converger que vers 0. Dans le cas extrême où $m = 1$, par exemple, on obtient

$$Pr\,(X_n = 1 \mid X_0 = 1) = \begin{cases} 0 & \text{si } n \text{ est impair,} \\ 1 & \text{si } n \text{ est pair.} \end{cases}$$

Cette probabilité de transition du temps 0 au temps n ne converge pas, puisque les valeurs 0 et 1 alternent. Toutefois, la moyenne de ces probabilités du temps 0 jusqu'au temps $n-1$ inclusivement converge, et sa limite est donnée par

$$\lim_{n\to\infty} \frac{1}{n}\sum_{k=0}^{n-1} Pr\,(X_k = 1 \mid X_0 = 1) = \frac{1}{2}.$$

Il est à noter que cette limite est celle prédite par la loi binomiale.

Question 3. En général on s'attend toujours à ce que

$$\lim_{n\to\infty} \frac{1}{n} \sum_{k=0}^{n-1} Pr\left(X_k = j \mid X_0 = i\right) = \binom{m}{j} \left(\frac{1}{2}\right)^m .$$

Cette limite représente la proportion moyenne de temps à long terme avec j particules dans le compartiment A. En effet, on a

$$Pr\left(X_k = j \mid X_0 = i\right) = E\left(\mathbf{1}_{\{X_k=j\}} \mid X_0 = i\right),$$

en utilisant la variable aléatoire indicatrice

$$\mathbf{1}_{\{X_k=j\}} = \begin{cases} 1 & \text{si } X_k = j, \\ 0 & \text{sinon.} \end{cases}$$

Par la linéarité de l'espérance, on obtient alors

$$\frac{1}{n} \sum_{k=0}^{n-1} Pr\left(X_k = j \mid X_0 = i\right) = E\left(\frac{N_j(n)}{n} \,\middle|\, X_0 = i\right),$$

où

$$N_j(n) = \sum_{k=0}^{n-1} \mathbf{1}_{\{X_k=j\}}$$

représente le temps passé avec j particules dans le compartiment A à partir du temps 0 jusqu'au temps $n-1$ inclusivement.

1.2.2 Modèle de Wright-Fisher en génétique des populations

Le modèle de Wright-Fisher est le modèle le plus utilisé en génétique des populations. On considère une population de N gènes à générations séparées sans chevauchement. En l'absence de sélection et de mutation, les N gènes de la génération $n+1$ sont obtenus en faisant des copies de N gènes tirés au hasard avec remise dans la génération n. Le modèle est neutre, car les chances de reproduction sont les mêmes, quel que soit le type de gène. De plus, les copies sont identiques aux gènes originaux.

On s'intéresse au nombre de gènes d'un type donné, disons A. On définit X_n comme le nombre de gènes de type A à la génération $n \geq 0$. Étant donné que $X_n = i$, la probabilité de tirer au hasard un gène de type A dans la génération n est i/N. La loi conditionnelle du nombre de gènes de type A à la génération $n+1$ est binomiale de paramètres N et i/N. En effet, pour $0 \leq k \leq N$, on a

$$Pr\left(X_{n+1} = k \mid X_n = i\right) = \binom{N}{k} \left(\frac{i}{N}\right)^k \left(1 - \frac{i}{N}\right)^{N-k} .$$

Voici quelques questions qui se posent au sujet de cette chaîne de Markov à temps discret.

Question 1. L'espérance du nombre de gènes de type A à la génération $n+1$ étant donné i gènes de type A à la génération $n \geq 0$ est i. En effet, on a alors

$$E\left(X_{n+1} \mid X_n = i\right) = \sum_{k=0}^{N} \binom{N}{k} \left(\frac{i}{N}\right)^k \left(1 - \frac{i}{N}\right)^{N-k} = N\left(\frac{i}{N}\right) = i.$$

Cette propriété, qui découle de la neutralité du modèle, garantit que X_n pour $n \geq 0$ est une martingale. Les conséquences qu'on peut tirer de cette propriété est le sujet du chapitre 4.

Question 2. Les valeurs 0 et N pour X_n, qui correspondent à l'extinction de A et la fixation de A, respectivement, sont des états absorbants dans le sens qu'on y reste certainement une fois qu'on les a atteint. En effet, on a

$$Pr\left(X_{n+1} = 0 \mid X_n = 0\right) = Pr\left(X_{n+1} = N \mid X_n = N\right) = 1.$$

On peut se demander si ces états sont ultimement atteints avec certitude. Cela est le cas si

$$\lim_{n\to\infty} Pr\left(1 \leq X_n \leq N-1 \mid X_0 = i\right) = 0.$$

En supposant cette condition vérifiée, on peut se demander quelle est la probabilité d'atteindre ultimement l'état N plutôt que l'état 0 à partir de l'état initial i. Une façon d'obtenir la réponse est de distinguer les gènes initiaux, disons $G_1, \ldots, G_N$, dont $G_1, \ldots, G_i$ sont de type A. Le nombre de copies de G_j pour chaque $j = 1, \ldots, N$ est ultimement 0 ou N avec certitude. Tous les gènes sont donc ultimement des copies du même gène initial, qui est un gène choisi au hasard parmi tous les gènes initiaux par symétrie. La probabilité que ce gène soit de type A est donc i/N. Par conséquent, on devrait avoir

$$\lim_{n\to\infty} Pr\left(X_n = N \mid X_0 = i\right) = \frac{i}{N}.$$

La confirmation de ce résultat est l'un des objectifs du chapitre 1.

1.2.3 Modèle de bonus-malus en assurance automobile

En assurance automobile, la prime d'un assuré peut diminuer si aucune réclamation n'est faite durant une période donnée ou augmenter si une ou plusieurs réclamations sont soumises durant une certaine période. Les réclamations font suite à des accidents de la route qui se produisent au hasard dans le temps.

L'arrivée d'événements au hasard est décrite dans le chapitre 2 par un processus de Poisson, qui est l'exemple le plus important de chaîne de Markov à temps continu. La caractéristique du processus est que le nombre de fois que l'événement se réalise dans un intervalle de temps donné est de loi de Poisson et qu'il est indépendant du nombre d'événements dans n'importe quel autre intervalle de temps disjoint du premier.

Supposons que la classe d'un assuré est mise à jour après chaque année de conduite automobile. Elle est alors augmentée du nombre de réclamations durant l'année s'il y en a eu, mais diminuée de 1 s'il n'y en a pas eu. La classe initiale est 0 et elle ne peut pas diminuer davantage. Si X_n représente la classe d'un assuré après un nombre d'années de conduite automobile égal à $n \geq 0$, alors on a

$$Pr\left(X_{n+1} = i + k \mid X_n = i\right) = \frac{\lambda^k}{k!}e^{-\lambda},$$

pour $k \geq 1$ et $i \geq 0$, mais

$$Pr\left(X_{n+1} = i - 1 \mid X_n = i\right) = Pr\left(X_{n+1} = 0 \mid X_n = 0\right) = e^{-\lambda},$$

pour $i \geq 1$. Le paramètre λ représente un taux de réclamation. Sa valeur dépend du groupe de l'assuré.

Ici, la principale question qui se pose au sujet de cette chaîne de Markov à temps discret est de savoir si

$$\lim_{n \to \infty} Pr\left(X_n = j \mid X_0 = 0\right) = \pi_j \geq 0,$$

et d'identifier la limite si elle existe. Cette limite π_j devrait correspondre à la proportion moyenne de temps en années à long terme qu'un assuré passe dans la classe j.

1.2.4 Modèle de maintenance en théorie de la fiabilité

Un dispositif peut être ou bien en état de fonctionnement, ou bien en état de réparation. On fait l'hypothèse que les temps de fonctionnement et de réparation sont des variables aléatoires indépendantes d'espérances respectives μ et ν. De plus, les périodes de fonctionnement et de réparation se succèdent en alternance. Elles se terminent respectivement par une défaillance ou par une remise en service.

Le nombre de changements d'état au cours du temps est un processus de renouvellement tel que défini au chapitre 3. Quant à l'état du système X_t, pour tout instant $t \geq 0$, il correspond à un processus semi-markovien.

Dans le cas où les temps de fonctionnement et de réparation sont de loi exponentielle, le nombre de changements d'état et l'état du système au cours du temps sont des chaînes de Markov à temps continu telles qu'étudiées dans le chapitre 2. La première est en fait un processus de naissance sur un nombre infini d'états.

Le nombre de changements d'état est évidemment un processus croissant vers l'infini. De plus, on s'attend à ce que le système soit en état de fonctionnement une proportion moyenne de temps à long terme donnée par $\mu/(\mu+\nu)$. Cela reste cependant à confirmer.

1.3 Définitions

1.3.1 Chaîne de Markov à temps discret

Une *chaîne de Markov à temps discret* est une suite de variables aléatoires $\{X_n\}_{n\geq 0}$ à valeurs dans un espace d'états (fini ou infini) dénombrable (habituellement représentés par les entiers $0, 1, 2, \dots$) telle que

$$Pr\left(X_{n+1} = i_{n+1} \mid X_n = i_n, \dots, X_0 = i_0\right) = Pr\left(X_{n+1} = i_{n+1} \mid X_n = i_n\right),$$

pour tous les états $i_{n+1}, i_n, \dots, i_0$ et tout entier $n \geq 0$. C'est la *propriété markovienne.*

L'indice n représente habituellement le temps. Lorsque les *probabilités de transition* ci-dessus sont *stationnaires* (c'est-à-dire les mêmes pour tout entier $n \geq 0$), la chaîne est dite *homogène.* C'est l'hypothèse faite à partir de maintenant à moins d'indication contraire.

La matrice $P = (P_{ij})$ dont l'entrée sur la rangée i et dans la colonne j est donnée par

$$P_{ij} = Pr\left(X_{n+1} = j \mid X_n = i\right),$$

notée aussi parfois $P_{i,j}$, pour tous les états i et j, est appelée la *matrice de transition*, sous-entendu en un pas. La matrice de transition et la distribution de X_0 déterminent complètement la chaîne, c'est-à-dire toutes les distributions conjointes. En effet, la fonction de masse conjointe des variables $X_0, \dots, X_n$ peut être calculée en considérant toutes les transitions de l'instant 0 à l'instant n tel qu'illustré dans la figure 2.

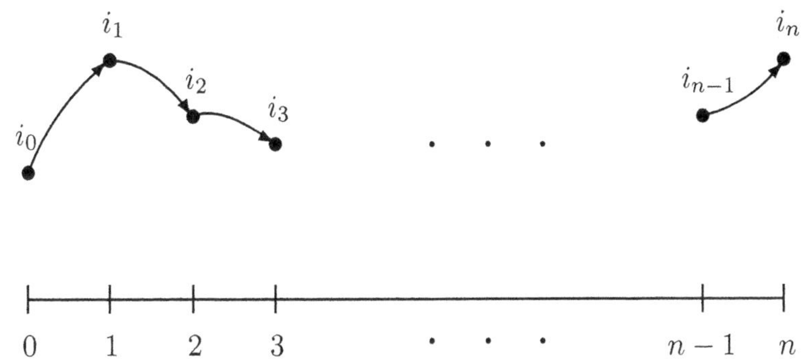

FIGURE 2. Illustration de transitions de l'instant 0 à l'instant n.

En effet, en utilisant la définition de la probabilité conditionnelle et la propriété markovienne, on obtient

$$\begin{aligned}
&Pr(X_n = i_n, X_{n-1} = i_{n-1}, \ldots, X_0 = i_0) \\
&\quad = Pr\left(X_n = i_n \mid X_{n-1} = i_{n-1}, \ldots, X_0 = i_0\right) \\
&\qquad\qquad \times Pr\left(X_{n-1} = i_{n-1}, \ldots, X_0 = i_0\right) \\
&\quad = P_{i_{n-1}, i_n} \times Pr\left(X_{n-1} = i_{n-1}, X_{n-2} = i_{n-2}, \ldots, X_0 = i_0\right) \\
&\quad = P_{i_{n-1}, i_n} \times P_{i_{n-2}, i_{n-1}} \times \cdots \times P_{i_0, i_1} \times Pr\left(X_0 = i_0\right).
\end{aligned}$$

La dernière égalité est obtenue par récurrence sur l'entier $n \geq 0$, et ce pour tous les états $i_0, \ldots, i_n$.

1.3.2 Matrice de transition en n pas

La *matrice de transition en n pas* pour tout $n \geq 1$ est la matrice $P^{(n)}$ dont l'entrée sur la rangée i et dans la colonne j est donnée par

$$P_{ij}^{(n)} = Pr\left(X_n = j \mid X_0 = i\right),$$

pour tous les états i et j. Par stationnarité, on a

$$P_{ij}^{(n)} = Pr\left(X_{n+k} = j \mid X_k = i\right),$$

pour tout $k \geq 0$. De plus, on a les propriétés ci-dessous.

Propriété 1. $0 \leq P_{ij}^{(n)} \leq 1$ pour tous i, j.

Propriété 2. $\sum_j P_{ij}^{(n)} = 1$ pour tout i.

Propriété 3. $P_{ij}^{(n)} = \sum_l P_{il}^{(k)} P_{lj}^{(n-k)}$ pour tous i, j et pour tout $0 \leq k \leq n$, avec

$$P_{ij}^{(0)} = \begin{cases} 1 & \text{si } i = j, \\ 0 & \text{sinon.} \end{cases}$$

En notation matricielle, on a $P^{(n)} = P^{(k)} P^{(n-k)}$ pour tout $0 \leq k \leq n$, avec $P^{(0)} = I$, où I désigne la matrice identité.

Propriété 4. $P^{(n)} = P^n$ pour tout $n \geq 0$.

Les propriétés 1 et 2 sont immédiates, car $P_{ij}^{(n)}$ est une probabilité et la somme sur j pour tout i fixé donne la probabilité de l'ensemble de toutes les transitions possibles à partir de i. Ces deux propriétés signifient que la matrice de transition en n pas est une *matrice stochastique*.

La propriété 3, appelée l'*équation de Chapman-Kolmogorov*, est obtenue en conditionnant sur l'état à un instant intermédiaire k entre 0 et n et en utilisant la stationnarité. Cela donne

$$\begin{aligned} & Pr(X_n = j \mid X_0 = i) \\ & \quad = \sum_l Pr\left(X_n = j, X_k = l \mid X_0 = i\right) \\ & \quad = \sum_l Pr\left(X_n = j \mid X_k = l, X_0 = i\right) Pr\left(X_k = l \mid X_0 = i\right) \\ & \quad = \sum_l Pr\left(X_n = j \mid X_k = l\right) Pr\left(X_k = l \mid X_0 = i\right) \\ & \quad = \sum_l Pr\left(X_{n-k} = j \mid X_0 = l\right) Pr\left(X_k = l \mid X_0 = i\right), \end{aligned}$$

pour tous i, j et pour tout $0 \leq k \leq n$, tel qu'illustré dans la figure 3.

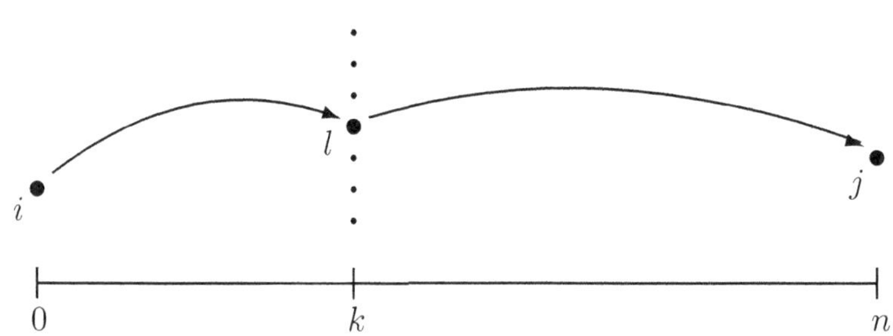

FIGURE 3. Représentation de l'équation de Chapman-Kolmogorov.

Enfin la propriété 4 découle de l'équation de Chapman-Kolmogorov et du fait que la matrice de transition en un pas est la matrice de transition elle-même, c'est-à-dire $P^{(1)} = P$. La propriété 4 est donc vraie pour $n = 1$ et, si elle est vraie pour $n - 1 \geq 1$, alors

$$P^{(n)} = P^{(n-1)} P^{(1)} = P^{n-1} P = P^n.$$

Le cas $n = 0$ est trivial par définition. La matrice de transition en n pas est donc donnée par la n-ième itération de la matrice de transition, d'où l'importance de pouvoir calculer la puissance d'une matrice.

1.3.3 Exemple : le temps d'un jour au suivant

On suppose que le temps qu'il fera demain, ou bien S pour ensoleillé ou bien N pour nuageux, étant donné le temps qu'il fait aujourd'hui ne dépende pas du temps qu'il faisait les jours précédents. On désigne par S_n l'événement que le jour $n \geq 0$ est ensoleillé et par N_n celui qu'il est nuageux. Les probabilités conditionnelles suivantes sont données :

$$\begin{aligned} Pr\,(S_{n+1} \mid S_n) &= 0{,}2\,; \\ Pr\,(S_{n+1} \mid N_n) &= 0{,}4. \end{aligned}$$

On a alors

$$\begin{aligned} Pr\,(N_{n+1} \mid S_n) &= 1 - Pr\,(S_{n+1} \mid S_n) = 0{,}8\,; \\ Pr\,(N_{n+1} \mid N_n) &= 1 - Pr\,(S_{n+1} \mid N_n) = 0{,}6. \end{aligned}$$

On définit la variable aléatoire X_n par $X_n = 0$ si S_n se réalise, et $X_n = 1$ si N_n se réalise. La suite $\{X_n\}_{n \geq 0}$ est une chaîne de Markov à temps discret sur les états 0 et 1 dont la matrice de transition P est donnée par

$$P = \begin{pmatrix} 0{,}2 & 0{,}8 \\ 0{,}4 & 0{,}6 \end{pmatrix}.$$

On est lundi et c'est ensoleillé. On veut connaître la probabilité que le vendredi suivant soit un jour ensoleillé. Or, vendredi est dans quatre jours. On doit donc calculer

$$Pr\,(X_4 = 0 \mid X_0 = 0) = P_{00}^{(4)},$$

soit l'entrée $(0, 0)$ de la matrice de transition en 4 pas. On obtient pour cette matrice

$$P^{(4)} = P^4 = \begin{pmatrix} 0{,}2 & 0{,}8 \\ 0{,}4 & 0{,}6 \end{pmatrix}^4 = \begin{pmatrix} 0{,}36 & 0{,}64 \\ 0{,}32 & 0{,}68 \end{pmatrix}^2 = \begin{pmatrix} 0{,}3344 & 0{,}6656 \\ 0{,}3328 & 0{,}6672 \end{pmatrix}.$$

On conclut que $P_{00}^{(4)} = 0{,}3344$. On remarque que cette probabilité est très près de $P_{10}^{(4)} = 0{,}3328$. En fait, les deux lignes de la matrice de transition en 4 pas sont pratiquement identiques, ce qui signifie que l'état de départ ne fait pratiquement plus de différence après seulement 4 pas. Ceci n'est pas un hasard comme on le verra à la section 1.3.5.

1.3.4 Exemple : le temps sur deux jours consécutifs

On reprend l'exemple précédent, mais on suppose maintenant que c'est le temps qu'il fera demain étant donné le temps qu'il fait aujourd'hui et le temps qu'il faisait hier qui ne dépende pas du temps des jours précédents avec les probabilités conditionnelles suivantes :

$$\begin{aligned}
Pr\,(S_{n+1} \mid S_n, S_{n-1}) &= 0{,}1\,;\\
Pr\,(S_{n+1} \mid S_n, N_{n-1}) &= 0{,}3\,;\\
Pr\,(S_{n+1} \mid N_n, S_{n-1}) &= 0{,}3\,;\\
Pr\,(S_{n+1} \mid N_n, N_{n-1}) &= 0{,}5.
\end{aligned}$$

La suite $\{X_n\}_{n\geq 0}$ n'est plus une chaîne de Markov, car les deux premières probabilités conditionnelles ci-dessus, par exemple, signifient que

$$Pr\,(X_{n+1} = 0 \mid X_n = 0, X_{n-1} = 0) \neq Pr\,(X_{n+1} = 0 \mid X_n = 0, X_{n-1} = 1)\,.$$

On peut cependant obtenir une chaîne de Markov en considérant le temps qu'il fait sur les deux derniers jours d'un jour au suivant. La suite $\{Y_n\}_{n\geq 1}$, définie par $Y_n = (X_n, X_{n-1})$ pour $n \geq 1$, est une chaîne de Markov à temps discret sur les états $(0,0)$, $(0,1)$, $(1,0)$ et $(1,1)$ dans cet ordre dont la matrice de transition est donnée par

$$P = \begin{pmatrix} 0{,}1 & 0 & 0{,}9 & 0 \\ 0{,}3 & 0 & 0{,}7 & 0 \\ 0 & 0{,}3 & 0 & 0{,}7 \\ 0 & 0{,}5 & 0 & 0{,}5 \end{pmatrix}.$$

On a, par exemple,

$$\begin{aligned}
Pr\,(Y_{n+1} = (1,0) \mid Y_n = (0,1)) &= Pr\,(N_{n+1}, S_n \mid S_n, N_{n-1})\\
&= Pr\,(N_{n+1} \mid S_n, N_{n-1})\\
&= 1 - Pr\,(S_{n+1} \mid S_n, N_{n-1})\\
&= 1 - 0{,}3 = 0{,}7.
\end{aligned}$$

On procède de la même façon pour toutes les autres entrées de la matrice de transition.

Il est à noter qu'on pourrait considérer de manière analogue un nombre quelconque d'états pour le temps et un nombre quelconque de jours précédents avant d'avoir l'indépendance.

1.3.5 Chaîne de Markov sur deux états

Dans le cas général d'une chaîne de Markov sur deux états, représentés par 0 et 1, la matrice de transition est de la forme

$$P = \begin{pmatrix} 1-a & a \\ b & 1-b \end{pmatrix},$$

où $0 \leq a, b \leq 1$. On suppose ici que $0 < a, b < 1$ de telle sorte que toutes les probabilités de transition sont strictement positives.

Pour calculer la matrice de transition en n pas, et donc la n-ième puissance de P, il suffit de diagonaliser cette matrice. On a l'expression

$$P = Q\Lambda Q^{-1},$$

où

$$\Lambda = \begin{pmatrix} \lambda_1 & 0 \\ 0 & \lambda_2 \end{pmatrix}$$

est la matrice diagonale des valeurs propres, Q est une matrice dont les colonnes sont des vecteurs propres à droite correspondants et Q^{-1}, une matrice dont les rangées sont des vecteurs propres à gauche correspondants. Cela découle des équations $PQ = Q\Lambda$ et $Q^{-1}P = \Lambda Q^{-1}$, respectivement. On obtient alors

$$P^n = Q\Lambda^n Q^{-1},$$

pour tout $n \geq 1$. En effet, cette équation est vraie pour $n = 1$ et, si elle est vraie pour $n - 1$, alors

$$P^n = PP^{n-1} = Q\Lambda Q^{-1}Q\Lambda^{n-1}Q^{-1} = Q\Lambda\Lambda^{n-1}Q^{-1} = Q\Lambda^n Q^{-1},$$

du fait que $Q^{-1}Q = I$.

Les valeurs propres sont obtenues en solutionnant l'équation

$$\det(P - \lambda I) = (1 - a - \lambda)(1 - b - \lambda) - ab = 0.$$

Cette équation est équivalente à

$$\lambda^2 - (2 - a - b)\,\lambda + (1 - a - b) = 0.$$

On trouve les solutions

$$\lambda_1 = \frac{(2-a-b) + \sqrt{(2-a-b)^2 - 4(1-a-b)}}{2} = 1$$

et

$$\lambda_2 = \frac{(2-a-b) - \sqrt{(2-a-b)^2 - 4(1-a-b)}}{2} = 1 - a - b.$$

D'autre part, les vecteurs propres à droite doivent satisfaire l'équation

$$P\begin{pmatrix} x_1 \\ x_2 \end{pmatrix} = \lambda \begin{pmatrix} x_1 \\ x_2 \end{pmatrix},$$

donc

$$(1-a)\,x_1 + a x_2 = \lambda x_1,$$

ce qui peut s'écrire sous la forme

$$x_2 = \frac{x_1(\lambda + a - 1)}{a}.$$

En faisant $x_1 = 1$ pour $\lambda = 1$ et $x_1 = a$ pour $\lambda = 1 - a - b$, on obtient

$$P\begin{pmatrix} 1 & a \\ 1 & -b \end{pmatrix} = \begin{pmatrix} 1 & a \\ 1 & -b \end{pmatrix}\begin{pmatrix} 1 & 0 \\ 0 & 1-a-b \end{pmatrix},$$

d'où

$$P = \begin{pmatrix} 1 & a \\ 1 & -b \end{pmatrix}\begin{pmatrix} 1 & 0 \\ 0 & 1-a-b \end{pmatrix}\begin{pmatrix} b & a \\ 1 & -1 \end{pmatrix}\frac{1}{a+b}.$$

La matrice de transition en n pas est alors donnée par

$$P^{(n)} = P^n = \begin{pmatrix} 1 & a \\ 1 & -b \end{pmatrix}\begin{pmatrix} 1 & 0 \\ 0 & (1-a-b)^n \end{pmatrix}\begin{pmatrix} b & a \\ 1 & -1 \end{pmatrix}\frac{1}{a+b}.$$

Puisque $-1 < 1 - a - b < 1$ lorsque $0 < a, b < 1$, on obtient sous cette condition

$$\lim_{n\to\infty} P^{(n)} = \begin{pmatrix} b & a \\ b & a \end{pmatrix}\frac{1}{a+b}.$$

La limite de la matrice de transition en n pas lorsque $n \to \infty$ a donc des lignes identiques. Cela signifie que la chaîne oublie son état initial à mesure que le temps s'écoule. De plus, quel que soit l'état initial, on a convergence vers une distribution de probabilité qui est donnée par un vecteur propre à gauche de P associé à la valeur propre 1 dont les composantes sont strictement positives et de somme égale à 1. Cette convergence découle du fait que la matrice stochastique P a une valeur propre 1 qui possède un vecteur propre à droite dont toutes les composantes sont 1 et que cette valeur propre est simple et dominante. C'est un cas particulier du *théorème ergodique*, qui est le résultat le plus important sur les chaînes de Markov.

Dans l'exemple du temps d'un jour au suivant, on a $a = 0{,}8$ et $b = 0{,}4$. Cela donne

$$\frac{b}{a+b} = \frac{0{,}4}{1{,}2} = \frac{1}{3}.$$

Les calculs effectués dans cet exemple montrent que cette limite est déjà pratiquement atteinte lorsque $n = 4$.

1.4 Méthode de conditionnement

Dans cette section, nous présentons des exemples de calcul de probabilités et d'espérances qui utilisent la méthode de conditionnement sur la première transition d'une chaîne de Markov. L'événement ou la variable qu'on considère dépend de l'état initial de la chaîne. Un système d'équations linéaires pour les probabilités ou les espérances conditionnelles est obtenu en conditionnant sur la première transition. Il reste par la suite à résoudre ce système.

1.4.1 Exemple : promenade aléatoire dans un labyrinthe

Dans cet exemple illustré dans la figure 4, une souris est placée dans un labyrinthe de 9 cases disposées selon un damier 3×3. Les cases sont numérotées de 0 à 8, la case 7 à l'une des quatre extrémités contenant un morceau de fromage, et la case 8 à l'extrémité opposée déclenchant un léger choc électrique. Les cases adjacentes communiquent entre elles en excluant cependant les cases en diagonale. La souris se promène dans ce labyrinthe en se déplaçant d'une case à la fois et en choisissant chaque fois au hasard l'une des cases adjacentes accessibles. La *promenade* est dite *aléatoire*. On suppose cependant qu'elle s'arrête lorsque la case 7 ou la case 8 est atteinte. Si X_n désigne la position de la souris suite à n déplacements, pour $n \geq 0$, alors la suite $\{X_n\}_{n\geq 0}$ est une chaîne de Markov à temps discret sur les états $0, 1, \ldots, 8$, avec états absorbants 7 et 8.

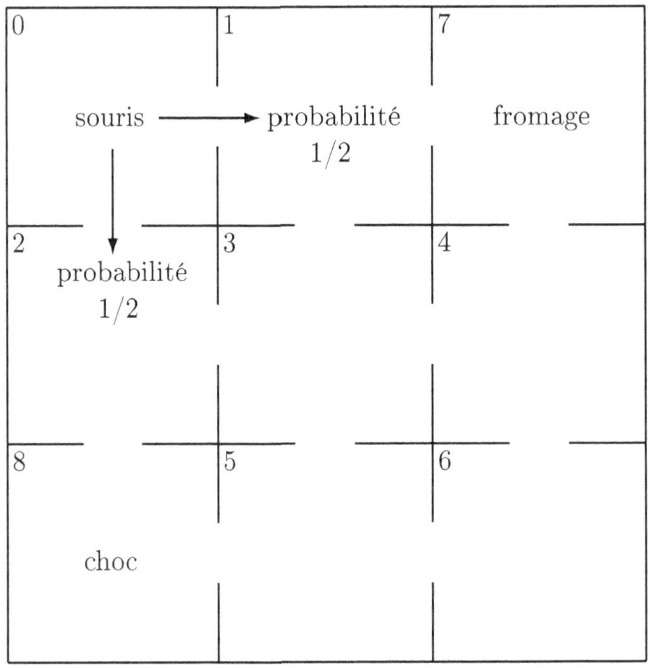

FIGURE 4. Promenade aléatoire d'une souris dans un labyrinthe.

La matrice de transition de la chaîne par rapport aux états $0, 1, \ldots, 8$ dans cet ordre est donnée par

$$P = \begin{pmatrix} 0 & 1/2 & 1/2 & 0 & 0 & 0 & 0 & 0 & 0 \\ 1/3 & 0 & 0 & 1/3 & 0 & 0 & 0 & 1/3 & 0 \\ 1/3 & 0 & 0 & 1/3 & 0 & 0 & 0 & 0 & 1/3 \\ 0 & 1/4 & 1/4 & 0 & 1/4 & 1/4 & 0 & 0 & 0 \\ 0 & 0 & 0 & 1/3 & 0 & 0 & 1/3 & 1/3 & 0 \\ 0 & 0 & 0 & 1/3 & 0 & 0 & 1/3 & 0 & 1/3 \\ 0 & 0 & 0 & 0 & 1/2 & 1/2 & 0 & 0 & 0 \\ 0 & 0 & 0 & 0 & 0 & 0 & 0 & 1 & 0 \\ 0 & 0 & 0 & 0 & 0 & 0 & 0 & 0 & 1 \end{pmatrix}.$$

On s'intéresse à la probabilité que la souris atteigne la case 7 contenant le fromage plutôt que la case 8 où elle reçoit un choc étant donné un départ de n'importe quelle case. On pose

$$u_i = Pr(\text{atteindre } 7 \mid \text{départ de } i),$$

pour $i = 0, 1, \ldots, 8$. On conditionne sur la première transition à partir de l'état i et on utilise la stationnarité des probabilités de transition.

On obtient alors le système d'équations linéaires suivant :

$$
\begin{aligned}
u_0 &= \frac{1}{2}u_1 + \frac{1}{2}u_2,\\
u_1 &= \frac{1}{3}u_0 + \frac{1}{3}u_3 + \frac{1}{3}u_7,\\
u_2 &= \frac{1}{3}u_0 + \frac{1}{3}u_3 + \frac{1}{3}u_8,\\
u_3 &= \frac{1}{4}u_1 + \frac{1}{4}u_2 + \frac{1}{4}u_4 + \frac{1}{4}u_5,\\
u_4 &= \frac{1}{3}u_3 + \frac{1}{3}u_6 + \frac{1}{3}u_7,\\
u_5 &= \frac{1}{3}u_3 + \frac{1}{3}u_6 + \frac{1}{3}u_8,\\
u_6 &= \frac{1}{2}u_4 + \frac{1}{2}u_5,
\end{aligned}
$$

avec $u_7 = 1$ et $u_8 = 0$. Ce système se simplifie en utilisant la condition de symétrie $u_0 = u_3 = u_6 = 1/2$ sous l'hypothèse que la promenade aléatoire se termine à la case 7 ou la case 8 avec probabilité 1. On trouve alors

$$u_1 = u_4 = \frac{1}{3} \times \frac{1}{2} + \frac{1}{3} \times \frac{1}{2} + \frac{1}{3} \times 1 = \frac{2}{3}$$

et

$$u_2 = u_5 = \frac{1}{3} \times \frac{1}{2} + \frac{1}{3} \times \frac{1}{2} + \frac{1}{3} \times 0 = \frac{1}{3}.$$

Il est facile de vérifier qu'il s'agit bien de la solution du système complet.

1.4.2 Exemple : jeu de pile ou face

Dans l'exemple suivant, un joueur lance une pièce de monnaie non pipée jusqu'à ce qu'il obtienne trois faces consécutives. On s'intéresse à l'espérance du nombre de lancers effectués et à l'espérance du nombre de faces obtenues jusqu'à la fin du jeu en supposant que la pièce est équilibrée et que les lancers sont indépendants.

Pour effectuer les calculs, on considére la chaîne de Markov sur le nombre de faces consécutives avant un lancer jusqu'à un maximum de trois. Les quatre états possibles selon les résultats des trois derniers lancers avec F pour face, P pour pile, et X pour pile ou face sont présentés dans le tableau 1. Les probabilités initiales de ces résultats y sont également données.

État	3 derniers lancers	Probabilité initiale
3	FFF	$1/2 \times 1/2 \times 1/2 = 1/8$
2	PFF	$1/2 \times 1/2 \times 1/2 = 1/8$
1	XPF	$1 \times 1/2 \times 1/2 = 1/4$
0	XXP	$1 \times 1 \times 1/2 = 1/2$

Tableau 1. Trois derniers lancers dans un jeu de pile ou face.

La matrice de transition par rapport aux états $0, 1, 2$ et 3 est

$$P = \begin{pmatrix} 1/2 & 1/2 & 0 & 0 \\ 1/2 & 0 & 1/2 & 0 \\ 1/2 & 0 & 0 & 1/2 \\ 0 & 0 & 0 & 1 \end{pmatrix}.$$

L'état 3 qui correspond à FFF marque la fin du jeu. On définit

$$\tau_i = E(\text{nombre de lancers supplémentaires avant l'état } 3 \mid \text{état } i),$$

pour $i = 0, 1, 2, 3$. Évidemment, $\tau_3 = 0$. En conditionnant sur le résultat du premier lancer supplémentaire à partir de l'état i, on obtient le système d'équations suivant :

$$\begin{aligned} \tau_2 &= \frac{1}{2}\tau_3 + \frac{1}{2}\tau_0 + 1, \\ \tau_1 &= \frac{1}{2}\tau_2 + \frac{1}{2}\tau_0 + 1, \\ \tau_0 &= \frac{1}{2}\tau_1 + \frac{1}{2}\tau_0 + 1. \end{aligned}$$

En effet, si le résultat du premier lancer supplémentaire est F, ce qui a comme probabilité $1/2$, alors le nombre de faces consécutives avant le prochain lancer augmente de 1, sinon il tombe à 0. Le premier lancer supplémentaire doit cependant être ajouté à la nouvelle espérance dans tous les cas.

La solution de ce système est donnée par $\tau_0 = 14$, $\tau_1 = 12$ et $\tau_2 = 8$. Finalement, en conditionnant sur les résultats des trois premiers lancers, le nombre espéré de lancers avant la fin du jeu est donné par

$$3 + \frac{1}{8}\tau_3 + \frac{1}{8}\tau_2 + \frac{1}{4}\tau_1 + \frac{1}{2}\tau_0 = 14.$$

Remarquons que cela correspond au nombre espéré de lancers supplémentaires avant la fin du jeu à partir d'une pile, c'est-à-dire τ_0.

On considère maintenant

$$\nu_i = E(\text{nombre de faces supplémentaires avant l'état } 3 \mid \text{état } i),$$

pour $i = 0, 1, 2, 3$. Ici encore, $\nu_3 = 0$. Le système d'équations pour les autres espérances est cependant différent, soit :

$$\begin{aligned}
\nu_2 &= \frac{1}{2}(\nu_3 + 1) + \frac{1}{2}\nu_0, \\
\nu_1 &= \frac{1}{2}(\nu_2 + 1) + \frac{1}{2}\nu_0, \\
\nu_0 &= \frac{1}{2}(\nu_1 + 1) + \frac{1}{2}\nu_0.
\end{aligned}$$

C'est que le premier lancer supplémentaire doit être ajouté à la nouvelle espérance seulement si le résultat de ce lancer est F.

Ici, on trouve la solution $\nu_0 = 7$, $\nu_1 = 6$ et $\nu_2 = 4$, d'où le nombre espéré de faces avant la fin du jeu est donné par

$$\frac{1}{8}(\nu_3 + 3) + \frac{1}{8}(\nu_2 + 2) + \frac{1}{4}\left(\nu_1 + \frac{3}{2}\right) + \frac{1}{2}(\nu_0 + 1) = 7.$$

Ce nombre espéré est donc égal à ν_0.

Il est intéressant de remarquer que $\nu_0 = \tau_0/2$. On peut penser que le critère pour la fin du jeu favorise les faces, ce qui n'est cependant pas le cas. Ce résultat n'est pas un hasard et il découle d'un théorème général sur les martingales qui sera présenté dans le chapitre 4.

1.4.3 Exemple : ruine du joueur

Cet exemple est le plus important sur les chaînes de Markov. Deux joueurs, A et B, qui ont un avoir total égal à N unités, font une série de parties. À chaque partie, les deux joueurs misent une unité chacun et le gagnant récolte le tout. On suppose que le joueur A a une probabilité p de gagner chaque partie et le joueur B la probabilité complémentaire $q = 1 - p$ et ce, indépendamment de toutes les autres parties. On fait l'hypothèse que $0 < p < 1$. Le jeu se termine lorsque l'un des deux joueurs est ruiné. L'autre joueur se retrouve alors avec un avoir égal à N.

On définit X_n comme étant l'avoir de A après n parties pour $n \geq 0$. On a une chaîne de Markov à temps discret sur les états $0, 1, \ldots, N$ avec 0 et N comme états absorbants. Les probabilités de transition sont données par

$$P_{i,i+1} = p, \quad P_{i,i-1} = 1 - p,$$

pour $i = 1, \ldots, N-1$, alors que $P_{00} = P_{NN} = 1$. Cela signifie que si l'avoir de A est égal à i après n parties, alors après $n+1$ parties, il est égal à $i+1$ avec probabilité p et $i-1$ avec probabilité $q = 1-p$, en autant que $1 \leq i \leq N-1$. Si l'avoir de A est égal à 0 ou N, alors il ne change plus par la suite avec probabilité 1. La figure 5 illustre la situation.

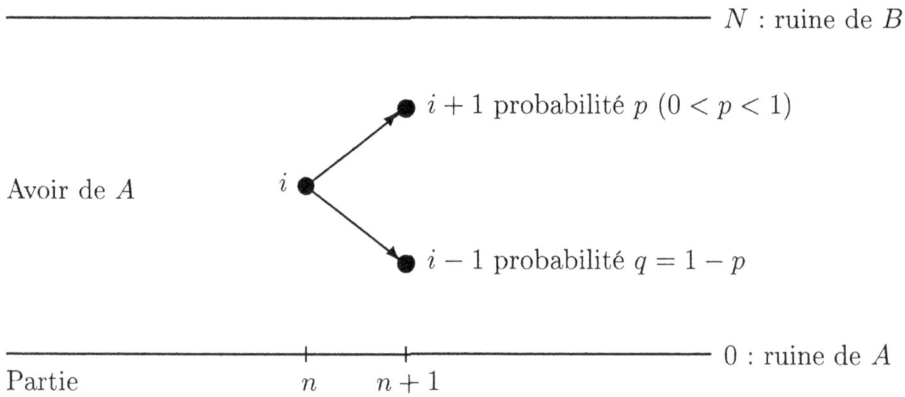

FIGURE 5. Modèle de la ruine du joueur.

On s'intéresse à la *probabilité de ruine* du joueur A. On définit

$$u_i = Pr\,(\text{ruine de } A \mid \text{avoir initial } i \text{ pour } A),$$

pour $i = 0, 1, \ldots, N$. On a $u_0 = 1$ et $u_N = 0$. De plus, en conditionnant sur l'issue de la prochaine partie lorsque l'avoir de A est $i = 1, \ldots, N-1$, on obtient

$$u_i = pu_{i+1} + qu_{i-1},$$

c'est-à-dire

$$(u_{i+1} - u_i) = \frac{q}{p}\,(u_i - u_{i-1}).$$

On obtient donc par récurrence

$$(u_{i+1} - u_i) = \left(\frac{q}{p}\right)^i (u_1 - u_0).$$

Pour $k = 0, 1, \ldots, N$, on a alors

$$u_k = \sum_{i=0}^{k-1} (u_{i+1} - u_i) + u_0 = \sum_{i=0}^{k-1} \left(\frac{q}{p}\right)^i (u_1 - u_0) + u_0,$$

avec

$$0 = u_N = \sum_{i=0}^{N-1} \left(\frac{q}{p}\right)^i (u_1 - u_0) + u_0$$

et $u_0 = 1$. On conclut donc que

$$u_1 - u_0 = -\frac{1}{\sum_{i=0}^{N-1} \left(\frac{q}{p}\right)^i},$$

d'où

$$u_k = 1 - \frac{\sum_{i=0}^{k-1} \left(\frac{q}{p}\right)^i}{\sum_{i=0}^{N-1} \left(\frac{q}{p}\right)^i} = \begin{cases} 1 - \dfrac{k}{N} & \text{si } p = q = 1/2, \\ 1 - \dfrac{1 - \left(\frac{q}{p}\right)^k}{1 - \left(\frac{q}{p}\right)^N} & \text{si } p \neq q, \end{cases}$$

pour $k = 0, 1, \ldots, N$. Ici, on utilise le fait que

$$\sum_{i=0}^{k-1} r^i = \begin{cases} k & \text{si } r = 1, \\ \dfrac{1 - r^k}{1 - r} & \text{si } r \neq 1. \end{cases}$$

En remplaçant k par $N - k$ et p par q, on peut vérifier que la probabilité de ruine du joueur B est $1 - u_k$ lorsque l'avoir initial de A est égal à k. Donc, le jeu se termine avec probabilité 1 par la ruine de l'un des deux joueurs.

En laissant tendre l'avoir total des deux joueurs vers l'infini, on obtient

$$\lim_{N \to \infty} u_k = \begin{cases} 1 & \text{si } p \leq q, \text{ c'est-à-dire si } p \leq 1/2, \\ \left(\dfrac{q}{p}\right)^k & \text{si } p > q, \text{ c'est-à-dire si } p > 1/2. \end{cases}$$

Ceci suggère que, dans le cas où l'avoir du joueur B est infini, la ruine du joueur A est certaine si et seulement si sa probabilité de gagner chaque partie est inférieure ou égale à $1/2$.

On considère maintenant l'espérance du nombre de parties jusqu'à la ruine de l'un des deux joueurs dans le cas de joueurs de force égale, c'est-à-dire $p = q = 1/2$, ayant un avoir total égal à N. Pour $i = 0, 1, \ldots, N$, on définit

$$\nu_i = E\,(\text{durée du jeu} \mid \text{avoir initial } i \text{ pour } A)\,.$$

En conditionnant sur l'issue de la prochaine partie lorsque l'avoir de A est i, on obtient

$$\nu_i = \frac{1}{2}\nu_{i+1} + \frac{1}{2}\nu_{i-1} + 1,$$

c'est-à-dire

$$(\nu_{i+1} - \nu_i) = (\nu_i - \nu_{i-1}) - 2.$$

On obtient alors par récurrence

$$(\nu_{i+1} - \nu_i) = (\nu_1 - \nu_0) - 2i,$$

pour $i = 1, \ldots, N-1$, avec $\nu_0 = \nu_N = 0$. Par conséquent, on a

$$\begin{aligned}\nu_k &= \sum_{i=0}^{k-1} (\nu_{i+1} - \nu_i) + \nu_0 \\ &= \sum_{i=0}^{k-1} (\nu_1 - 2i) \\ &= k\nu_1 - k(k-1),\end{aligned}$$

pour $k = 0, 1, \ldots, N$, avec

$$0 = \nu_N = N\nu_1 - N(N-1),$$

c'est-à-dire $\nu_1 = N - 1$. On déduit finalement que

$$\nu_k = k(N-k),$$

pour $k = 0, 1, \ldots, N$. On remarque que : (a) $\nu_{N-k} = \nu_k$, ce qui est attendu par symétrie ; (b) la plus grande valeur de ν_k est atteinte lorsque $k = \lfloor N/2 \rfloor$, la partie entière de $N/2$; mais surtout (c) l'espérance ν_k est toujours finie. Cette propriété interviendra dans la classification des états d'une chaîne de Markov.

1.5 Processus de branchement

1.5.1 Probabilité d'extinction

Le *processus de Galton-Watson* est un processus de branchement qui a été introduit à l'origine pour décrire la transmission de noms de famille de père en fils.

On considère une population à générations discrètes et séparées dans laquelle les individus produisent des copies d'eux-mêmes. On suppose que chaque individu de chaque génération produit un nombre k d'individus de la génération suivante avec probabilité p_k pour $k \geq 0$, indépendamment de tous les autres individus. L'espérance du nombre d'individus produits par chaque individu est

$$m = \sum_{k \geq 0} k p_k.$$

Le nombre total d'individus à la génération $n \geq 0$ est représenté par Z_n et la suite $\{Z_n\}_{n \geq 0}$ est appelée un *processus de branchement*. On suppose un seul individu à la génération initiale, c'est-à-dire $Z_0 = 1$, et on s'intéresse à l'extinction de la population dans le futur. La figure 6 illustre la situation.

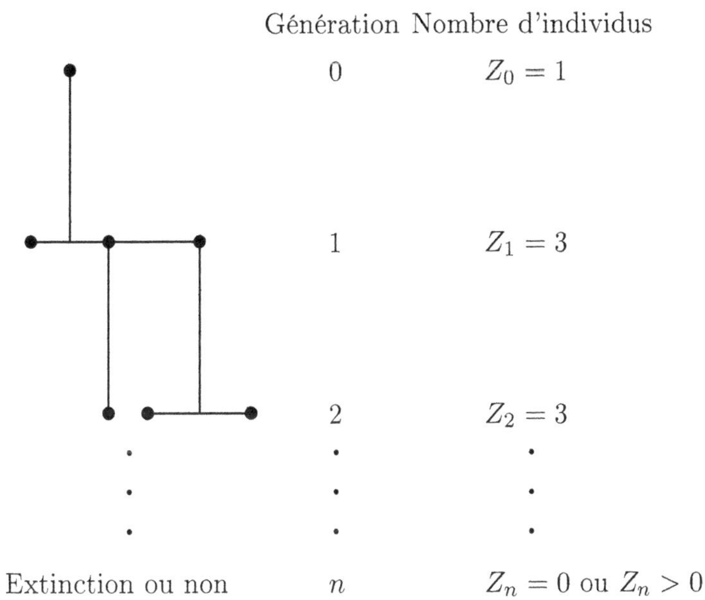

FIGURE 6. Processus de branchement de Galton-Watson.

La suite $\{Z_n\}_{n \geq 0}$ est une chaîne de Markov à temps discret sur un nombre infini dénombrable d'états $0, 1, 2, \ldots$, avec 0 comme état absorbant. Cet état correspond à l'extinction de la population. Pour tout $n \geq 0$, on définit

$$u_n = Pr\left(Z_n = 0 \mid Z_0 = 1\right).$$

C'est la probabilité que la population soit éteinte à la génération n étant donné qu'elle commence avec un seul individu à la génération 0. L'extinction peut cependant se produire à une génération antérieure.

À noter que u_n est la probabilité que la descendance d'un individu soit éteinte après un nombre de générations égal à n. En conditionnant sur le nombre d'individus produits par l'individu de la génération 0, qui est la valeur prise par Z_1, on obtient l'équation de récurrence

$$u_n = \sum_{k \geq 0} p_k (u_{n-1})^k,$$

pour $n \geq 1$. En effet, le nombre d'individus à la génération 1 est k avec probabilité p_k, et la descendance de chacun d'eux sera éteinte à la génération n, soit $n-1$ générations plus tard, avec probabilité donnée par u_{n-1} indépendamment de toutes les autres. L'équation de récurrence peut s'écrire

$$u_n = \varphi\left(u_{n-1}\right),$$

où

$$\varphi\left(s\right) = \sum_{k \geq 0} p_k s^k,$$

pour $0 \leq s \leq 1$, représente la *fonction génératrice* du nombre d'individus produits par un individu. En procédant à l'itération de l'équation de récurrence n fois, on obtient l'expression

$$u_n = \varphi^{(n)}\left(u_0\right),$$

pour $n \geq 0$, avec $u_0 = 0$. Dans ce qui suit, on fait deux hypothèses pour éliminer des cas triviaux.

Hypothèse 1. $0 < p_0 < 1$.

Hypothèse 2. $0 < p_0 + p_1 < 1$.

Ces hypothèses garantissent que la fonction génératrice $\varphi(s)$ est strictement croissante et strictement convexe pour $0 < s < 1$. En effet, on a alors

$$\varphi'(s) = \frac{d}{ds}\varphi\left(s\right) = \sum_{k \geq 1} k p_k s^{k-1} > 0.$$

On a aussi

$$\varphi''(s) = \frac{d^2}{ds^2}\varphi\left(s\right) = \sum_{k \geq 2} k(k-1) p_k s^{k-2} > 0.$$

De plus, $\varphi(s)$ est continue pour $0 \leq s \leq 1$ avec

$$\varphi(0) = p_0 > 0 \quad \text{et} \quad \varphi(1) = 1.$$

La courbe de $\varphi(s)$ étant strictement croissante et de pente strictement croissante sur l'intervalle $[0, 1]$ avec une valeur strictement positive à $s = 0$ et une valeur 1 à $s = 1$, elle ne peut satisfaire $\varphi(s) = s$ qu'en un seul autre point $s = u \neq 1$ dans cet intervalle. La suite des points obtenus par l'itération de $\varphi(s)$ à partir de $s = 0$ dépend de la position de ce point par rapport à 1, qui dépend de la pente de la courbe au point 1 tel qu'illustré dans la figure 7.

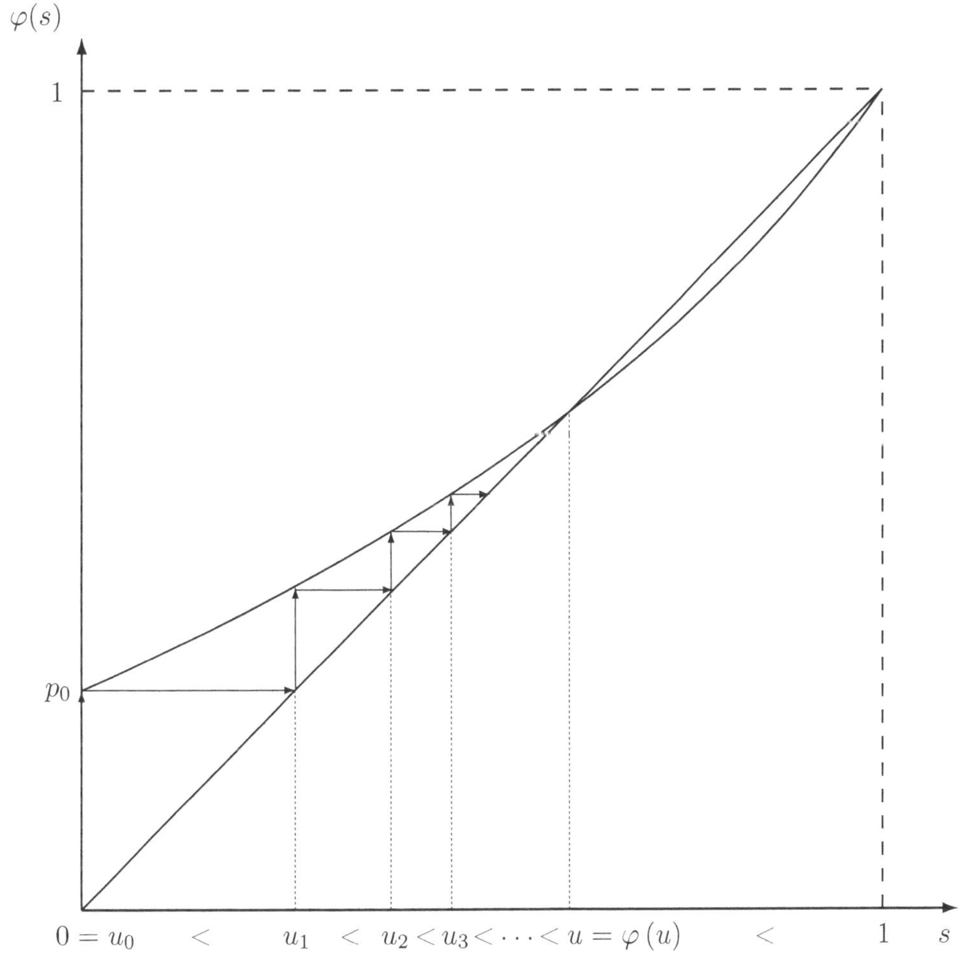

FIGURE 7. Itération de la fonction génératrice $\varphi(s)$ à partir de $s = 0$ dans le cas où $m = \varphi'(1) > 1$.

Or, la pente de la courbe à $s = 1$ est donnée par

$$\varphi'(1) = \sum_{k \geq 1} k p_k = m,$$

soit le nombre moyen d'individus produits par chaque individu. Deux cas sont à considérer.

Cas $m > 1$. Sous cette condition, il existe un point unique $0 < u < 1$ qui satisfait $\varphi(u) = u$. Puisque

$$0 = u_0 < p_0 = u_1 < u,$$

on a aussi par croissance stricte

$$\varphi(u_0) < \varphi(u_1) < \varphi(u),$$

c'est-à-dire

$$u_1 < u_2 = \varphi(u_1) < u.$$

En répétant l'argument, on obtient

$$u_n < u_{n+1} = \varphi(u_n) < u,$$

pour tout $n \geq 0$. La suite $\{u_n\}_{n \geq 0}$ étant croissante et bornée, elle converge. On pose

$$u_\infty = \lim_{n \to \infty} u_n.$$

On a alors par continuité

$$\varphi(u_\infty) = u_\infty.$$

Mais puisque $0 < u_\infty \leq u$, la seule possibilité est que $u_\infty = u$.

Cas $m \leq 1$. La courbe de $\varphi(s)$ pour $0 \leq s \leq 1$ ne rencontre alors la diagonale principale qu'au point $s = 1$. Les arguments précédents s'appliquent avec u remplacé par 1.

En conclusion, étant donné que $Z_0 = 1$, la *probabilité d'extinction* de la population définie par

$$u = \lim_{n \to \infty} u_n,$$

où u_n est la probabilité que la population soit éteinte à la génération n, est la plus petite solution de $\varphi(s) = s$ pour $0 \leq s \leq 1$, où $\varphi(s)$ est la fonction génératrice du nombre d'individus produits par chaque individu.

De plus, on a l'inégalité $u < 1$ si et seulement si $m = \varphi'(1) > 1$, c'est-à-dire si et seulement si le nombre moyen d'individus produits par chaque individu est supérieur à 1.

Remarque. Si $Z_0 = i \geq 1$, alors la probabilité d'extinction est donnée par u^i, car les i descendances des i individus de la génération initiale doivent être éteintes pour que la population soit éteinte.

1.5.2 Distribution limite de la taille de la population

La taille de la population à la génération n est donnée par la variable aléatoire Z_n. La fonction génératrice de Z_n étant donné que $Z_0 = 1$ est définie par

$$\varphi_n(s) = E(s^{Z_n} \mid Z_0 = 1),$$

pour $0 \leq s \leq 1$. Cette fonction satisfait l'équation de récurrence

$$\varphi_n(s) = \varphi_{n-1}(\varphi(s)),$$

pour tout $n \geq 1$. Elle est donc donnée par

$$\varphi_n(s) = \varphi^{(n)}(s),$$

soit la fonction $\varphi(s)$ itérée n fois à partir de $0 \leq s \leq 1$. Ce résultat découle du fait que la fonction génératrice de

$$Z = X_1 + \cdots + X_Y,$$

où X_1, X_2, etc. sont des variables aléatoires indépendantes identiquement distribuées à valeurs entières positives et de fonction génératrice $\varphi(s)$, indépendantes de la variable aléatoire Y également à valeurs entières positives mais de fonction génératrice $\psi(s)$, est donnée par

$$\begin{aligned}
E(s^Z) &= \sum_{k \geq 0} E(s^Z \mid Y = k) Pr(Y = k) \\
&= \sum_{k \geq 0} E\left(\prod_{i=1}^{k} s^{X_i}\right) Pr(Y = k) \\
&= \sum_{k \geq 0} \left(\prod_{i=1}^{k} E(s^{X_i})\right) Pr(Y = k) \\
&= \sum_{k \geq 0} \varphi(s)^k Pr(Y = k) \\
&= \psi(\varphi(s)).
\end{aligned}$$

Dans le cas présent, les conditions sont satisfaites pour

$$Z_n = X_1 + \cdots + X_{Z_{n-1}},$$

où X_1, X_2, etc. représentent les nombres d'individus produits par les individus de la génération $n-1$, tous de fonction génératrice $\varphi(s)$, et Z_{n-1} est le nombre total d'individus de la génération $n-1$, de fonction génératrice $\psi(s) = \varphi_{n-1}(s)$.

L'espérance d'une variable aléatoire correspond à la dérivée de sa fonction génératrice évaluée au point 1. Pour Z_n étant donné que $Z_0 = 1$, cela donne

$$\begin{aligned} E(Z_n \mid Z_0 = 1) &= \varphi_n'(1) \\ &= \varphi'\left(\varphi^{(n-1)}(1)\right) \times \varphi'\left(\varphi^{(n-2)}(1)\right) \times \cdots \times \varphi'\left(\varphi^{(1)}\right) \times \varphi'(1) \\ &= \left(\varphi'(1)\right)^n = m^n. \end{aligned}$$

Asymptotiquement, on a donc

$$\lim_{n\to\infty} E(Z_n \mid Z_0 = 1) = \begin{cases} 0 & \text{si } m < 1, \\ 1 & \text{si } m = 1, \\ \infty & \text{si } m > 1. \end{cases}$$

Ce résultat suggère l'éventualité d'une *explosion* de la population à long terme, dans le sens que la taille de population tend vers l'infini, avec une probabilité strictement positive, au moins lorsque $m > 1$. En fait, il y a ultimement extinction ou explosion de la population avec probabilité 1, et ce dans tous les cas.

En effet, on va montrer que

$$\lim_{n\to\infty} Pr(Z_n = k \mid Z_0 = 1) = 0 \text{ pour tout } k \geq 1.$$

On considère

$$\varphi^{(n)}(s) = u_n + \sum_{j\geq 1} s^j P(Z_n = j \mid Z_0 = 1).$$

Or,

$$\lim_{n\to\infty} \varphi^{(n)}(s) = u,$$

pour $0 \leq s < 1$, où u est la probabilité d'extinction de la population. Pour $0 \leq s < u$, la suite croît vers u comme pour $u_n = \varphi^{(n)}(0)$.

De façon analogue, pour $u < s < 1$, on a une suite qui décroît vers u. Cela est illustré dans la figure 8.

Enfin, pour $s = u$, on a $\varphi^{(n)}(u) = u$ pour tout $n \geq 0$. Finalement, on obtient

$$0 \leq \lim_{n\to\infty} s^k Pr\left(Z_n = k \mid Z_0 = 1\right) \leq \lim_{n\to\infty} \sum_{j\geq 1} s^j P(Z_n = j \mid Z_0 = 1) = 0,$$

pour $0 \leq s < 1$ et tout $k \geq 1$, ce qui permet de conclure.

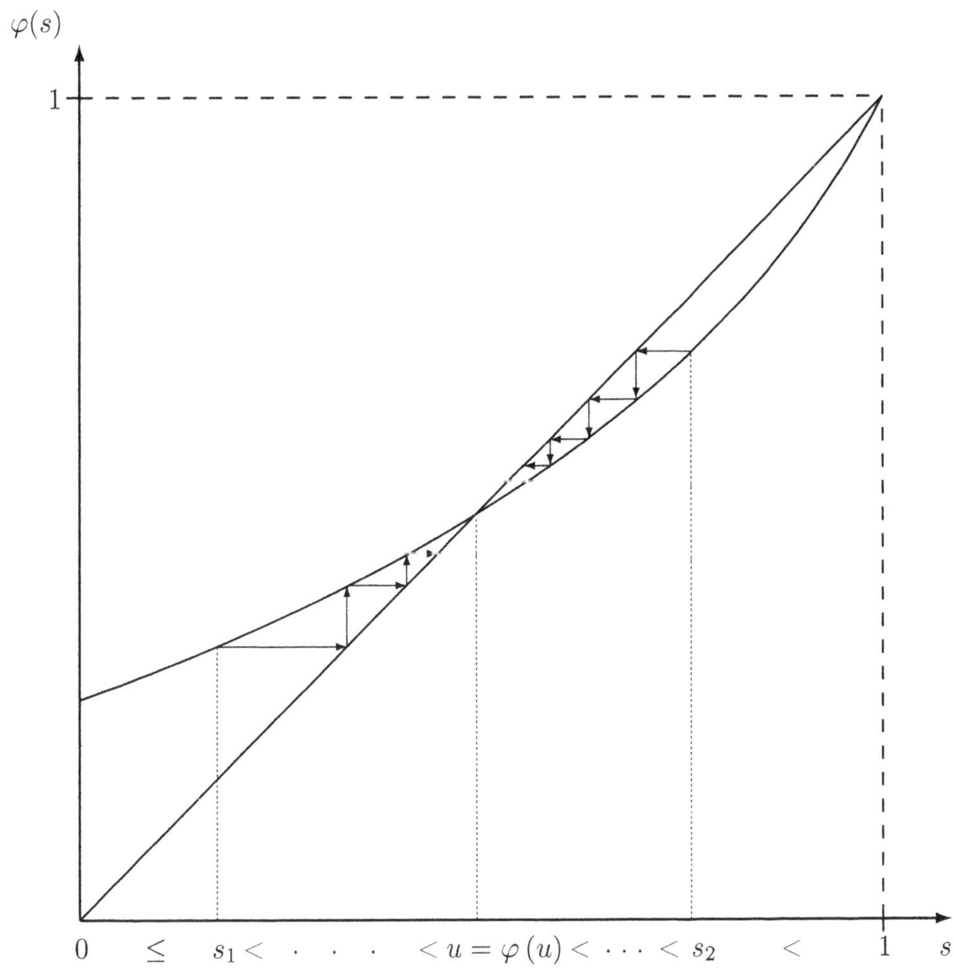

FIGURE 8. Itération de la fonction génératrice $\varphi(s)$ à partir de $0 \leq s < 1$ dans le cas où $m = \varphi'(1) > 1$.

1.5.3 Ruine du joueur contre un adversaire infiniment riche

On reprend le modèle pour la ruine d'un joueur A dans une série de parties, mais en supposant que l'adversaire B a un avoir infini. Donc, l'avoir du joueur A après chaque partie, en autant qu'il est strictement positif, augmente d'une unité avec probabilité p ou diminue d'une unité avec probabilité $1-p$, indépendamment de l'issue de toutes les autres parties. On suppose que $0 < p < 1$. Lorsque le joueur A n'a plus aucun avoir, et donc qu'il est ruiné, le jeu s'arrête. On s'intéresse à la probabilité de ruine du joueur A étant donné un avoir initial égal à $i \geq 1$.

La situation peut être décrite par un processus de branchement. On imagine que le joueur A mise à tour de rôle les i unités de son avoir initial, qu'il multiplie chacune par 2 avec probabilité p ou 0 avec probabilité $1-p$, puis qu'il recommence avec son nouvel avoir à la fin de la ronde. Une ronde correspond à une génération de la population, une unité de mise à un individu qui peut en produire 2 avec probabilité p ou aucun avec probabilité $1-p$, et l'avoir de A après la n-ième ronde au nombre d'individus à la génération $n \geq 0$, représenté par Z_n. La ruine du joueur A dont l'avoir initial est i correspond alors à l'extinction de la population étant donné i individus à la génération initiale, c'est-à-dire $Z_0 = i$. La situation est illustrée dans la figure 9.

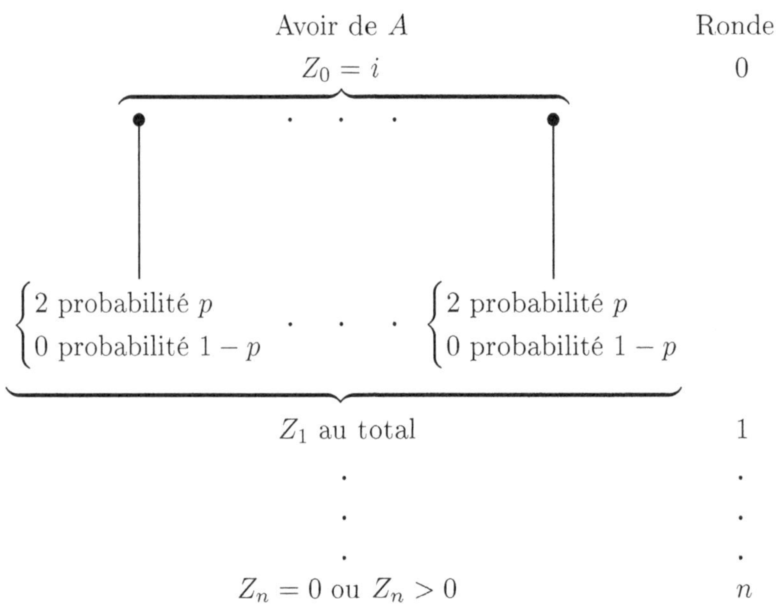

FIGURE 9. Processus de branchement pour modéliser l'avoir d'un joueur A contre un adversaire infiniment riche.

On a alors

$$Pr\,(\text{ruine de } A \mid \text{avoir initial } i \text{ pour } A) = u^i,$$

où

$$u = \varphi(u) = (1-p) + pu^2.$$

Les deux solutions possibles sont

$$u = \frac{1 \pm \sqrt{1-4p(1-p)}}{2p} = \frac{1 \pm (1-2p)}{2p}.$$

On conclut que

$$u = \begin{cases} \dfrac{1-p}{p} & \text{si } p > 1/2, \\ 1 & \text{si } p \leq 1/2. \end{cases}$$

La ruine de A est donc certaine si et seulement si $p \leq 1/2$.

Dans le cas où la ruine de A est certaine, on définit

$$w_i = E(\text{nombre de parties jusqu'à la ruine de } A \mid \text{avoir initial } i \text{ pour } A).$$

On a alors

$$\begin{aligned} w_i &= E\left(\sum_{n\geq 0} Z_n \;\middle|\; Z_0 = i\right) \\ &= \sum_{n\geq 0} E\,(Z_n \mid Z_0 = i) \\ &= \sum_{n\geq 0} iE\,(Z_n \mid Z_0 = 1) \\ &= i\sum_{n\geq 0} m^n, \end{aligned}$$

où

$$m = 0 \times (1-p) + 2 \times p = 2p.$$

Par conséquent, on obtient

$$w_i = \begin{cases} \dfrac{i}{1-2p} & \text{si } p < 1/2, \\ \infty & \text{si } p = 1/2. \end{cases}$$

L'espérance du nombre de parties avant la ruine de A est donc finie si et seulement si $p < 1/2$, c'est-à-dire si et seulement si $m < 1$.

1.6 Classification des états

Il y a plusieurs types d'état. La classification des états d'une chaîne de Markov joue un rôle essentiel dans l'étude de son comportement à long terme.

1.6.1 Définitions

(a) Un état i est *récurrent* si

$$f_{ii} = Pr(\text{retour à } i \mid \text{départ de } i) = 1.$$

Sinon ($f_{ii} < 1$), alors l'état est *transient.*

(b) Un état récurrent i est *récurrent nul* si

$$\mu_i = E(\text{temps de premier retour à } i \mid \text{départ de } i) = \infty.$$

Sinon ($\mu_i < \infty$), alors l'état est *récurent positif.* Ici, le temps est mesuré en nombre de transitions.

(c) La *période* $d(i)$ d'un état i est définie par

$$d(i) = \text{pgcd}\{n \geq 1 : P_{ii}^{(n)} > 0\}.$$

Par convention, $d(i) = 0$ si l'ensemble ci-dessus est vide. Un état i est *périodique* si $d(i) > 1$ et *apériodique* sinon ($d(i) = 0$ ou 1). Il est montré dans l'annexe (section 1.9.3) que $d(i) = 1$ si et seulement si $P_{ii}^{(n)} > 0$ pour tout $n \geq N(i)$ pour un certain entier $N(i) \geq 1$.

(d) Un état récurrent positif apériodique est dit *ergodique.* C'est le cas en particulier d'un état i tel que $P_{ii} = 1$, qui est dit *absorbant.*

1.6.2 Exemples

Dans les exemples ci-dessous les états sont représentés par des cercles numérotés et les transitions de probabilité strictement positive par des flèches.

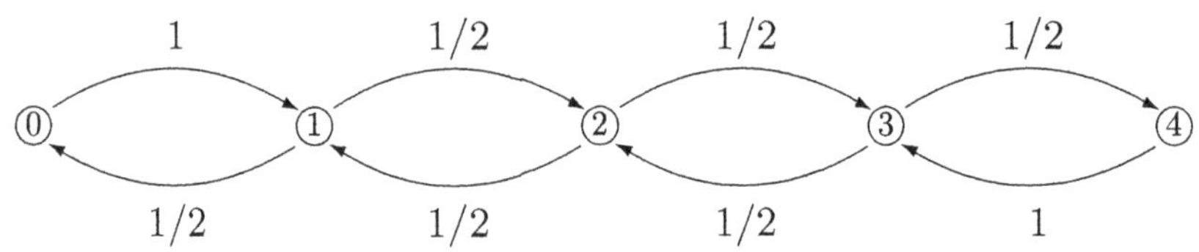

FIGURE 10. Exemple (a) pour la classification des états.

(a) Dans l'exemple de la figure 10, l'état 2 est récurrent, car

$$Pr(\text{non retour à 2} \mid \text{départ de 2}) = 2 \times \frac{1}{2} \times \frac{1}{2} \times 1 \times \cdots = 0.$$

En effet, pour ne plus retourner à 2 à partir de 2, on doit : soit aller à 1 (ce qui a une probabilité égale à 1/2), puis faire la boucle 1, 0, 1 (dont la probabilité est $1/2 \times 1$) une infinité de fois ; soit aller à 3, puis faire la boucle 3, 4, 3 une infinité de fois, avec les mêmes probabilités. Dans les deux cas, la probabilité totale est 0. De plus, $d(2) = 2$, car on retourne à 2 à partir de 2 avec une probabilité strictement positive seulement en $2k$ pas, pour $k \geq 1$.

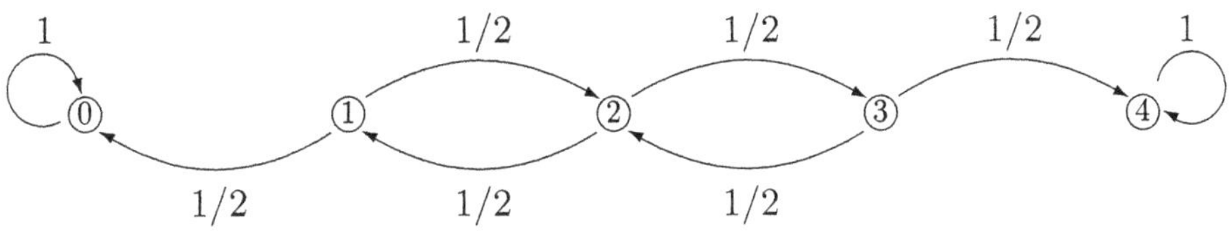

FIGURE 11. Exemple (b) pour la classification des états.

(b) Dans l'exemple de la figure 11, l'état 2 est transient, car

$$Pr(\text{non retour à 2} \mid \text{départ de 2}) \geq \frac{1}{2} \times \frac{1}{2} \times 1 \times 1 \times \cdots = \frac{1}{4} > 0.$$

En effet, on ne retourne pas à 2 à partir de 2 si on va à 1 (probabilité 1/2) puis à 0 (probabilité 1/2), car on retourne par la suite à 0 (probabilité 1) une infinité de fois. De plus, $d(2) = 2$ pour la même raison que dans l'exemple précédent, puisqu'on peut retourner à 2 à partir de 2 avec une probabilité strictement positive en tout nombre pair de pas.

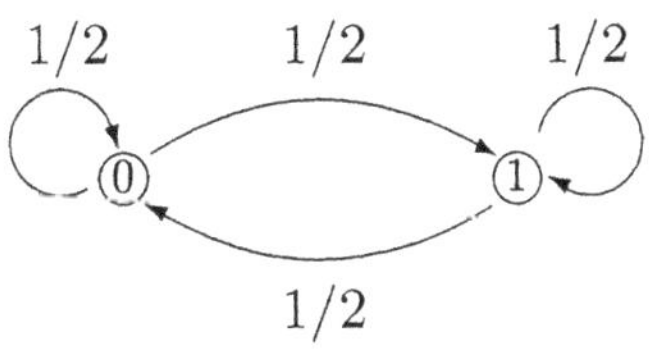

FIGURE 12. Exemple (c) pour la classification des états.

(c) Dans l'exemple de la figure 12, l'état 0 est récurrent, car

$$Pr(\text{non retour à 0} \mid \text{départ de 0}) = \frac{1}{2} \times \frac{1}{2} \times \frac{1}{2} \times \cdots = 0.$$

En effet, pour ne plus retourner à 0 à partir de 0, il faut d'abord aller à 1 (probabilité 1/2), puis retourner à 1 (probabilité 1/2) une infinité de fois, ce qui a probabilité 0. De plus, l'état 0 est apériodique, car

$$P_{00}^{(1)} = \frac{1}{2} > 0.$$

Finalement, l'état 0 est récurrent positif, car l'espérance du temps de premier retour à 0 à partir de 0 est

$$\begin{aligned}
\mu_0 &= \sum_{k\geq 1} k \left(\frac{1}{2}\right)^k \\
&= \frac{1}{2} \sum_{k\geq 1} k \left(\frac{1}{2}\right)^{k-1} \\
&= \frac{1}{2} \frac{d}{ds} \left(\sum_{k\geq 0} s^k \right) \Bigg|_{s=\frac{1}{2}} \\
&= \frac{1}{2} \frac{d}{ds} \left(\frac{1}{1-s} \right) \Bigg|_{s=\frac{1}{2}} \\
&= \frac{1}{2} \left(\frac{1}{1-s} \right)^2 \Bigg|_{s=\frac{1}{2}} \\
&= 2,
\end{aligned}$$

qui est fini. On conclut que l'état 0 est ergodique.

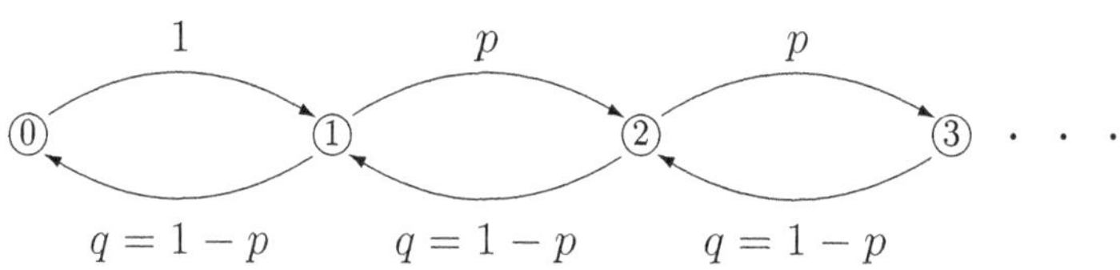

FIGURE 13. Exemple (d) pour la classification des états.

(d) L'exemple de la figure 13 décrit une situation identique au modèle de la ruine du joueur contre un adversaire infiniment riche, à la différence qu'un bon samaritain donne l'équivalent d'une mise au joueur lorsque celui-ci est ruiné. On suppose que $0 < p < 1$. L'état 0 est périodique de période 2 pour la même raison que dans l'exemple (a). De plus, il est transient si $p > 1/2$ et récurrent si $p \leq 1/2$. En effet, puisqu'on va à 1 à partir de 0 avec probabilité 1, la probabilité de retourner à 0 à partir de 0, soit f_{00}, est égale à la probabilité d'atteindre 0 à partir de 1. Or, cette probabilité correspond à la probabilité de ruine du joueur à partir d'un avoir initial de 1, c'est-à-dire

$$f_{00} = \begin{cases} \dfrac{1-p}{p} < 1 & \text{si } p > \frac{1}{2}, \\ 1 & \text{si } p \leq \frac{1}{2}. \end{cases}$$

Quant à l'espérance du temps de premier retour à 0 à partir de 0, soit μ_0, lorsque l'état 0 est récurrent, elle est donnée par 1 plus l'espérance du nombre de parties jusqu'à la ruine du joueur à partir d'un avoir initial égal à 1, c'est-à-dire

$$\mu_0 = \begin{cases} 1 + \dfrac{1}{1-2p} & \text{si } p < \frac{1}{2}, \\ \infty & \text{si } p = \frac{1}{2}. \end{cases}$$

L'espérance est alors finie, et donc l'état 0 est récurrent positif, si et seulement si $p < 1/2$.

1.6.3 Critères de classification

Les critères de classification des états suivants servent à démontrer de nombreux résultats théoriques. Ils illustrent également le fait qu'un état récurrent nul partage une propriété avec un état récurrent positif et une propriété avec un état transient. Ces critères sont démontrés à la section 1.8.1.

(a) Un état i est récurrent si et seulement si

$$\sum_{n \geq 1} P_{ii}^{(n)} = \infty.$$

Sinon, il est transient, et alors nécessairement $\lim_{n \to \infty} P_{ii}^{(n)} = 0$.

(b) Un état récurrent i est récurrent nul si et seulement si

$$\lim_{n \to \infty} P_{ii}^{(n)} = 0.$$

Sinon, il est récurrent positif.

1.6.4 Partition des états

L'espace des états d'une chaîne de Markov peut être décomposé en classes d'états de même type et de même période. De plus, certains types d'état sont exclus si le nombre d'états dans la classe est fini. Les démonstrations des propositions ci-dessous sont reportées aux sections 1.8.2, 1.8.3 et 1.8.4.

Définitions

Deux états i et j *communiquent*, ce qui est noté $i \leftrightarrow j$, si j est *accessible* à partir de i, c'est-à-dire

$$P_{ij}^{(n)} > 0 \text{ pour un certain } n \geq 0,$$

et de même si i est accessible à partir de j, donc

$$P_{ji}^{(m)} > 0 \text{ pour un certain } m \geq 0.$$

Cette relation binaire est une *relation d'équivalence*. En effet, elle est :

- réflexive : $i \leftrightarrow i$, puisque $P_{ii}^{(0)} = 1 > 0$;
- symétrique : $j \leftrightarrow i$ si $i \leftrightarrow j$, par définition ;
- transitive : $i \leftrightarrow k$ si $i \leftrightarrow j$ et $j \leftrightarrow k$, puisqu'alors $P_{ij}^{(n)} P_{jk}^{(m)} > 0$ pour certains $m, n \geq 0$, et donc

$$P_{ik}^{(n+m)} = \sum_{l} P_{il}^{(n)} P_{lk}^{(m)} \geq P_{ij}^{(n)} P_{jk}^{(m)} > 0.$$

L'espace des états peut donc être décomposé en classes d'équivalence. Lorsqu'il y a une seule *classe d'états*, la chaîne est dite *irréductible*.

Proposition 1

Si $i \leftrightarrow j$, c'est-à-dire $P_{ij}^{(n)} P_{ji}^{(m)} > 0$ pour certains $n, m \geq 0$, alors :

(a) i est récurrent si et seulement si j est récurrent ;

(b) i est récurrent positif si et seulement si j est récurrent positif ;

(c) i et j ont la même période.

Puisqu'un état est ou bien récurrent ou bien transient, et qu'un état récurrent est ou bien récurrent positif ou bien récurrent nul, les états d'une même classe sont de même type et de même période. Une classe (ou une chaîne irréductible) est dite transiente, récurrente positive ou nulle, périodique ou apériodique, et ergodique selon le type de ses états.

Proposition 2

Les états d'une classe récurrente possèdent les propriétés suivantes.

(a) Si i est récurrent, alors

$$f_{ij} = Pr(\text{visite future à } j \mid \text{départ de } i) = \begin{cases} 1 & \text{si } j \leftrightarrow i, \\ 0 & \text{sinon.} \end{cases}$$

Puisque $P_{ij}^{(n)} = 0$ pour tout $n \geq 1$ si i est récurrent et j n'appartient pas à la classe de i, toute classe récurrente est une *classe fermée.*

(b) Si i et j sont dans la même classe récurrente, alors $f_{ki} = f_{kj}$ pour tout k.

Proposition 3

Si l'espace des états est fini, alors :

(a) tous les états récurrents sont récurrents positifs ;

(b) dans tous les cas, il y a au moins un état récurrent.

Corollaire. Une chaîne irréductible (et toute classe fermée) sur un nombre fini d'états est récurrente positive.

1.6.5 Exemple de partition des états

Une chaîne de Markov à temps discret sur les états 0, 1, 2, 3, 4 et 5 dans cet ordre a des probabilités de transition en un pas données par la matrice

$$P = \begin{pmatrix} 0 & 1/3 & 1/3 & 0 & 1/3 & 0 \\ 0 & 0 & 0 & 1/2 & 0 & 1/2 \\ 0 & 1/2 & 0 & 0 & 0 & 1/2 \\ 0 & 0 & 0 & 0 & 0 & 1 \\ 1/2 & 0 & 1/2 & 0 & 0 & 0 \\ 0 & 1 & 0 & 0 & 0 & 0 \end{pmatrix}.$$

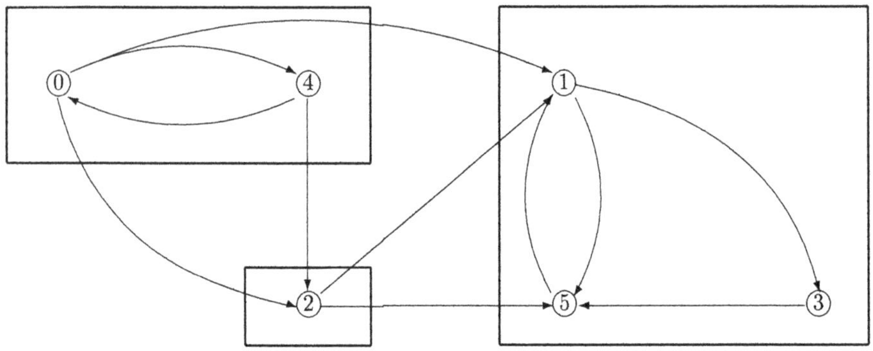

FIGURE 14. Exemple de partition de l'espace des états.

Les états de la chaîne et les transitions de probabilité strictement positive sont illustrés dans la figure 14. Il y a trois classes d'états :

- $\{2\}$ transiente, car non fermée, et apériodique, car $d(2) = 0$;

- $\{0, 4\}$ transiente, car non fermée, et périodique de période 2, car
$$d(0) = \text{pgcd}\{2k : k \geq 1\} = 2;$$

- $\{1, 3, 5\}$ récurrente positive, car fermée sur un nombre fini d'états, et apériodique, car
$$d(1) = \text{pgcd}\{2, 3, \ldots\} = 1,$$
donc ergodique.

1.7 Théorème ergodique et distribution stationnaire

Cette section présente les principaux résultats sur les chaînes de Markov à temps discret. Ces résultats décrivent la situation à long terme, c'est-à-dire après un très long moment ou sur une très longue période de temps. Leur utilisation est illustrée par plusieurs exemples. Les démonstrations sont reportées aux sections 1.8.5 et 1.8.6. Les démonstrations sont plus simples dans le cas où l'espace des états est fini.

1.7.1 Théorème ergodique

(a) Dans tous les cas sauf peut-être dans celui où j est un état récurrent positif périodique, on a

$$\lim_{n\to\infty} P_{ij}^{(n)} = f_{ij} \times \frac{1}{\mu_j},$$

où

$$f_{ij} = Pr(\text{visite future à } j \mid \text{départ de } i)$$

et

$$\mu_j = E(\text{temps de premier retour à } j \mid \text{départ de } j).$$

(b) Dans tous les cas, on a

$$\lim_{n\to\infty} \frac{1}{n} \sum_{k=0}^{n-1} P_{ij}^{(k)} = f_{ij} \times \frac{1}{\mu_j}.$$

Remarque 1. Les probabilités f_{ij} se calculent par la méthode de conditionnement sur la première transition. Des simplifications sont possibles en utilisant la proposition 2 de la section 1.6.4.

Remarque 2. Pour tout état j récurrent nul ou transient, on a $\mu_j^{-1} = 0$.

Remarque 3. Pour tout état j récurrent positif, la quantité μ_j^{-1} représente la fraction moyenne de visites à j à long terme à partir de l'état initial j. En effet, on a alors

$$\begin{aligned}
\frac{1}{\mu_j} &= \lim_{n\to\infty} \frac{1}{n} \sum_{k=0}^{n-1} P_{jj}^{(k)} \\
&= \lim_{n\to\infty} \frac{1}{n} \sum_{k=0}^{n-1} E\left(\mathbf{1}_{\{X_k=j\}} \mid X_0 = j\right) \\
&= \lim_{n\to\infty} E\left(\frac{N_j(n)}{n} \;\middle|\; X_0 = j\right),
\end{aligned}$$

où

$$N_j(n) = \sum_{k=0}^{n-1} \mathbf{1}_{\{X_k=j\}}$$

est le nombre de visites à j de l'instant 0 à l'instant $n-1$. Cela est illustré dans la figure 15.

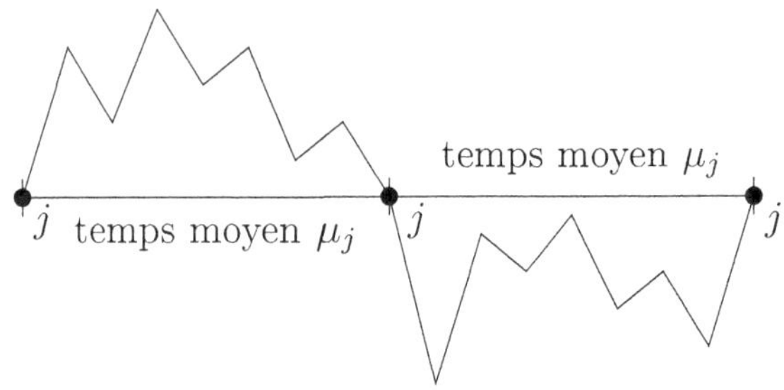

FIGURE 15. Illustration de retours à un état récurrent j.

1.7.2 Distribution stationnaire

Une suite finie ou infinie dénombrable $\boldsymbol{\pi} = (\pi_j)$ est appelée une *distribution stationnaire* pour une chaîne irréductible, donc avec une seule classe d'états, si et seulement si les conditions suivantes sont satisfaites :

(a) $\pi_j > 0$ pour tout j ;

(b) $\sum_j \pi_j = 1$; et

(c) $\pi_j = \Sigma_i \pi_i P_{ij}$ pour tout j, c'est-à-dire $\boldsymbol{\pi} = \boldsymbol{\pi} P$ en notation matricielle.

Les conditions (a) et (b) garantissent que (π_j) est une distribution de probabilité strictement positive, alors que la condition (c) représente l'*équation de stationnarité*. En notation matricielle, celle-ci signifie que $\boldsymbol{\pi}$ est un vecteur propre à gauche de la matrice de transition P associé à la valeur propre 1. Il est à noter que le vecteur dont toutes les composantes sont égales à 1 est un vecteur propre à droite associé à la même valeur propre.

1.7.3 Matrice de transition doublement stochastique

Une matrice de transition $P = (P_{ij})$ pour une chaîne de Markov à temps discret est dite *doublement stochastique* si la matrice transposée est aussi une matrice stochastique, c'est-à-dire si

$$\sum_i P_{ij} = 1,$$

pour tout j.

Une chaîne de Markov irréductible sur un nombre fini N d'états, numérotés $0, 1, \ldots, N-1$, dont la matrice de transition est doublement stochastique admet une distribution stationnaire uniforme donnée par $\pi_i = N^{-1}$ pour tout $i = 0, 1, \ldots, N-1$. En effet, les trois conditions pour une distribution stationnaire sont trivialement satisfaites.

1.7.4 Théorème sur la distribution stationnaire

Une chaîne irréductible a une distribution stationnaire (π_j) si et seulement si elle est récurrente positive. Dans ce cas, la distribution stationnaire est unique et donnée par $\pi_j = \mu_j^{-1}$ pour tout état j.

Remarque 1. Les équations de stationnarité signifient qu'à long terme la fraction moyenne de visites à l'état j est égale à la somme des fractions moyennes des visites aux différents états i qui sont suivies immédiatement d'une transition à l'état j.

Remarque 2. Pour tout état j dans une classe récurrente positive $C(j)$, qui est nécessairement fermée, on a $\mu_j^{-1} = \pi_j$, où (π_j) est une distribution stationnaire pour la chaîne de Markov restreinte aux états de la classe $C(j)$.

1.7.5 Chaîne irréductible apériodique à espace d'états fini

Une chaîne irréductible apériodique sur un nombre fini d'états, disons $0, 1, \ldots, N-1$, est récurrente positive et sa matrice de transition en n pas satisfait

$$\lim_{n\to\infty} P^{(n)} = \begin{pmatrix} \pi_0 & \pi_1 & \cdots & \pi_{N-1} \\ \vdots & \vdots & \ddots & \vdots \\ \pi_0 & \pi_1 & \cdots & \pi_{N-1} \end{pmatrix},$$

où $(\pi_0, \pi_1, \ldots, \pi_{N-1})$ est la distribution stationnaire qui est donnée par l'identité $\pi_j = \mu_j^{-1}$ pour $j = 0, 1, \ldots, N-1$.

1.7.6 Exemple : retour sur le temps d'un jour au suivant

On reprend l'exemple de la section 1.3.3 sur le temps d'un jour au suivant avec les états S (ou 0) pour ensoleillé et N (ou 1) pour nuageux dont la matrice de transition est donnée par

$$P = \begin{pmatrix} 0{,}2 & 0{,}8 \\ 0{,}4 & 0{,}6 \end{pmatrix}.$$

La situation est illustrée dans la figure 16.

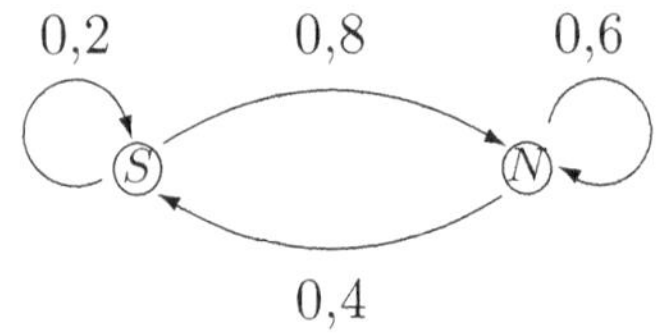

FIGURE 16. Représentation des transitions pour le temps qu'il fait d'un jour au suivant.

On a ici une seule classe d'états, donc une chaîne irréductible, qui est récurrente positive, car le nombre d'états est fini, et apériodique, car on a $P_{00} = 0{,}2 > 0$. La chaîne est donc ergodique. On a alors

$$\lim_{n\to\infty} P^{(n)} = \begin{pmatrix} \pi_0 & \pi_1 \\ \pi_0 & \pi_1 \end{pmatrix}$$

pour la limite de la matrice de transition en n pas, où $(\pi_0, \pi_1) = \boldsymbol{\pi}$ est la distribution stationnaire. L'équation de stationnarité $\boldsymbol{\pi} = \boldsymbol{\pi} P$ donne ici

$$\pi_0 = 0{,}2\pi_0 + 0{,}4\pi_1$$

et

$$\pi_1 = 0{,}8\pi_0 + 0{,}6\pi_1,$$

d'où $\pi_1 = 2\pi_0$. La condition $\pi_0 + \pi_1 = 1$ permet alors d'obtenir $\pi_0 = 1/3$ et $\pi_1 = 2/3$.

1.7.7 Exemple : modèle de maintenance

Il est ici question d'un appareil qui peut être soit en réparation (état 0), soit dans un état de fonctionnement qui est bon, moyen ou mauvais (états représentés par 1, 2 ou 3, respectivement). Si l'appareil est dans l'un des états de fonctionnement 1 ou 2 un jour donné, le jour suivant il peut soit rester dans le même état, soit tomber dans un moins bon état de fonctionnement, c'est-à-dire 2 ou 3, respectivement. Lorsque l'appareil est en mauvais état de fonctionnement, il est envoyé en réparation dès le lendemain, puis remis en bon état pour le surlendemain. Les différents états et les transition possibles sont illustrés dans la figure 17.

Voici la matrice de transition pour l'état de l'appareil, soit 0, 1, 2 ou 3, d'un jour au suivant :

$$P = \begin{pmatrix} 0 & 1 & 0 & 0 \\ 0 & 0{,}9 & 0{,}1 & 0 \\ 0 & 0 & 0{,}8 & 0{,}2 \\ 1 & 0 & 0 & 0 \end{pmatrix}.$$

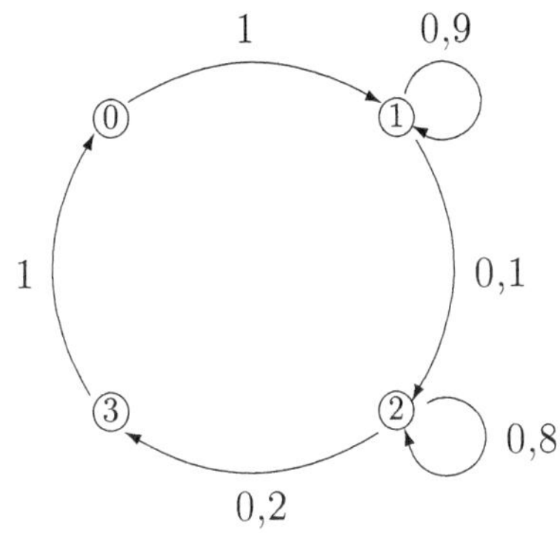

FIGURE 17. Modèle pour la maintenance d'un appareil.

Tous les états communiquent entre eux, et donc la chaîne est irréductible. Puisque le nombre d'états est fini, la chaîne est récurrente positive. De plus, $P_{11} = 0{,}9 > 0$, ce qui implique que la chaîne est apériodique, donc ergodique.

Dans ce cas, on a

$$\lim_{n\to\infty} P^{(n)} = \begin{pmatrix} \pi_0 & \pi_1 & \pi_2 & \pi_3 \\ \pi_0 & \pi_1 & \pi_2 & \pi_3 \\ \pi_0 & \pi_1 & \pi_2 & \pi_3 \\ \pi_0 & \pi_1 & \pi_2 & \pi_3 \end{pmatrix},$$

où $(\pi_0, \pi_1, \pi_2, \pi_3) = \boldsymbol{\pi}$ satisfait $\boldsymbol{\pi} = \boldsymbol{\pi} P$, c'est-à-dire

$$\begin{aligned} \pi_0 &= \pi_3, \\ \pi_1 &= \pi_0 + 0{,}9\pi_1, \\ \pi_2 &= 0{,}1\pi_1 + 0{,}8\pi_2, \\ \pi_3 &= 0{,}3\pi_2, \end{aligned}$$

avec $\pi_0 + \pi_1 + \pi_2 + \pi_3 = 1$. On a alors $\pi_0 + 10\pi_0 + 5\pi_0 + \pi_0 = 1$, d'où $\pi_0 = 1/17$. C'est la proportion moyenne de jours à long terme que l'appareil passe en réparation. De plus, $\mu_0 = \pi_0^{-1} = 17$ est le nombre moyen de jours qu'un appareil nouvellement réparé fonctionne avant de retourner en réparation.

1.7.8 Exemple : bonus-malus pour l'assurance-automobile

Dans l'exemple qui suit, on considère un système de bonus-malus tel qu'utilisé au Brésil pour l'assurance-automobile. Il y a 7 classes d'assurés. La classe dans laquelle se trouve un assuré détermine le pourcentage de la prime annuelle maximale qu'il doit payer. De la classe 7 à la classe 1, on a les pourcentages suivants : 100%, 90%, 85% , 80% , 75% , 70% et 65%.

La classe d'un assuré change d'une année à la suivante selon le nombre de réclamations effectuées durant l'année. La matrice de transition pour les classes de 7 à 1 dans cet ordre est de la forme

$$P = \begin{pmatrix} 1-p_0 & p_0 & 0 & 0 & 0 & 0 & 0 \\ 1-p_0 & 0 & p_0 & 0 & 0 & 0 & 0 \\ 1-\sum_{i=0}^{1} p_i & p_1 & 0 & p_0 & 0 & 0 & 0 \\ 1-\sum_{i=0}^{2} p_i & p_2 & p_1 & 0 & p_0 & 0 & 0 \\ 1-\sum_{i=0}^{3} p_i & p_3 & p_2 & p_1 & 0 & p_0 & 0 \\ 1-\sum_{i=0}^{4} p_i & p_4 & p_3 & p_2 & p_1 & 0 & p_0 \\ 1-\sum_{i=0}^{5} p_i & p_5 & p_4 & p_3 & p_2 & p_1 & p_0 \end{pmatrix},$$

où

$$p_k = \frac{\lambda^k}{k!} e^{-\lambda}$$

représente la probabilité de k réclamations durant l'année, pour $k \geq 0$. On fait donc l'hypothèse d'une loi de Poisson pour le nombre de réclamations. La figure 18 représente les transitions de probabilité strictement positive.

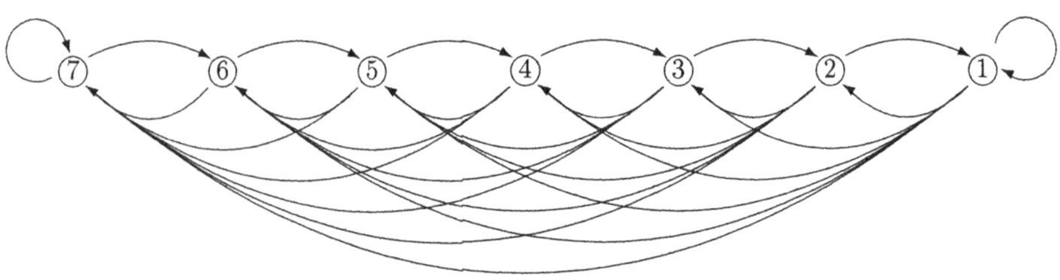

FIGURE 18. Transitions pour des classes d'assurés selon un système de bonus-malus.

Il y a une seule classe, car tous les états communiquent entre eux, et elle est récurrente positive, car il y a un nombre fini d'états. De plus, elle est apériodique, car $P_{11} = p_0 > 0$. On a donc affaire à une chaîne irréductible ergodique.

Dans le cas où $\lambda = 0{,}10$, on peut vérifier que la distribution de probabilité $\boldsymbol{\pi} = (\pi_7, \pi_6, \pi_5, \pi_4, \pi_3, \pi_2, \pi_1)$ qui satisfait $\boldsymbol{\pi} = \boldsymbol{\pi} P$, donc la distribution stationnaire, est donnée par

$$\pi_7 = 0{,}00001\,; \quad \pi_6 = 0{,}00005\,; \quad \pi_5 = 0{,}00032\,; \quad \pi_4 = 0{,}00215\,;$$
$$\pi_3 = 0{,}01444\,; \quad \pi_2 = 0{,}09355\,; \quad \pi_1 = 0{,}88948.$$

Cela signifie notamment que presque 89% des assurés en moyenne à long terme sont dans la classe 1. De plus, le pourcentage moyen à long terme de la prime payée par les assurés est

$$\pi_7 \times 100\% + \pi_6 \times 90\% + \cdots + \pi_1 \times 65\% = 65{,}65\%,$$

ce qui est très près du pourcentage pour la classe 1.

1.7.9 Exemple : marche aléatoire sur les entiers

On considère une marche aléatoire symétrique sur les entiers de telle sorte que les probabilités de transition sont données par

$$P_{i,i+1} = P_{i,i-1} = \frac{1}{2},$$

pour tout entier i, qu'il soit positif, négatif ou nul. Cette marche est illustrée dans la figure 19.

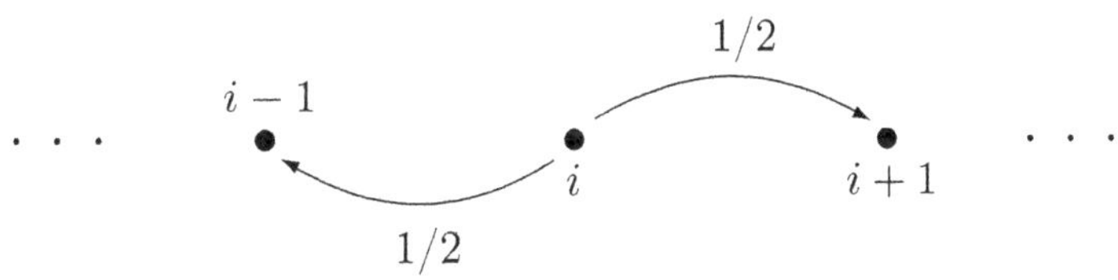

FIGURE 19. Marche aléatoire sur les entiers.

La chaîne est clairement irréductible, car tous les états communiquent entre eux. Ensuite, elle est de période 2, car

$$d(0) = \text{pgcd}\{2k : k \geq 1\} = 2.$$

La chaîne est récurrente positive si et seulement si elle possède une distribution stationnaire (π_i). Si c'est le cas, alors on a

$$\pi_i = \frac{1}{2}\pi_{i-1} + \frac{1}{2}\pi_{i+1},$$

pour tout i. Cette équation signifie que le point (i, π_i) est au milieu du segment de la droite L qui relie les points $(i-1, \pi_{i-1})$ et $(i+1, \pi_{i+1})$. Supposons que

$$\pi_{i-1} < \pi_{i+1},$$

pour un certain i. La droite L qui passe par ces points est alors de pente strictement positive et le point $(i-2, \pi_{i-2})$ est sur le prolongement de la droite L, comme cela est illustré dans la figure 20.

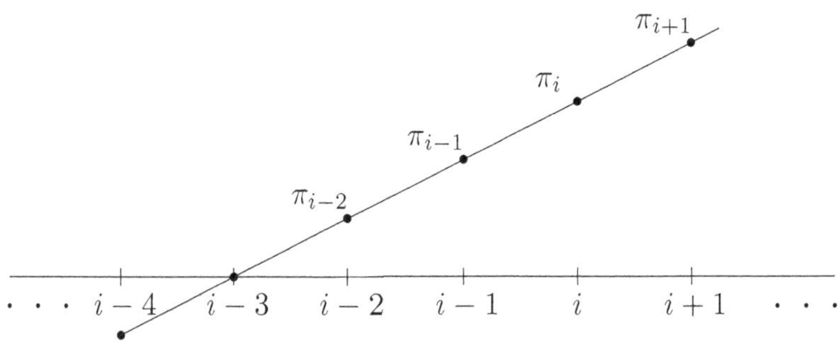

FIGURE 20. Situation contradictoire pour une distribution stationnaire pour la marche aléatoire symétrique sur les entiers avec $\pi_{i-1} < \pi_{i+1}$ pour un certain état i.

Par récurrence, le point $(i-k, \pi_{i-k})$, pour tout $k \geq 1$, est sur le prolongement de la droite L. Or, cette droite étant de pente strictement positive, ce point est sous l'axe horizontal, et donc $\pi_{i-k} < 0$, pour k assez grand. Ceci est une contradiction. On conclut que

$$\pi_{i-1} = \pi_{i+1} = \pi_i,$$

pour tout i, et donc que

$$\pi_i = c,$$

pour tout i, pour une certaine constante $c \geq 0$. Mais alors,

$$\sum_i \pi_i = \begin{cases} 0 & \text{si } c = 0, \\ \infty & \text{si } c > 0, \end{cases}$$

ce qui entre en contradiction avec $\sum_i \pi_i = 1$. Un raisonnement similaire s'applique si on suppose que $\pi_{i-1} > \pi_{i+1}$ pour un certain i. La chaîne ne peut donc pas être récurrente positive.

1.7.10 Exemple : chaîne avec plusieurs classes d'états

On considère une chaîne de Markov à temps discret sur les états $0, 1, \ldots, 6$ telle qu'illustrée dans la figure 21 dont la matrice de transition est donnée par

$$P = \begin{pmatrix} 0 & 1 & 0 & 0 & 0 & 0 & 0 \\ 0 & 0 & 1 & 0 & 0 & 0 & 0 \\ 1 & 0 & 0 & 0 & 0 & 0 & 0 \\ 0 & 0 & 0 & 1/4 & 3/4 & 0 & 0 \\ 0 & 0 & 0 & 3/4 & 1/4 & 0 & 0 \\ 0 & 0 & 0 & 0 & 0 & 0 & 1 \\ 1/7 & 1/7 & 1/7 & 1/7 & 1/7 & 1/7 & 1/7 \end{pmatrix}.$$

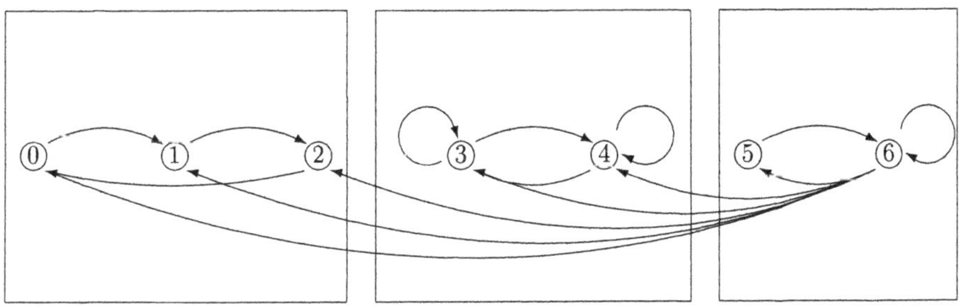

FIGURE 21. Illustration d'une chaîne de Markov avec trois classes d'états.

On relève trois classes d'états :

- $\{0, 1, 2\}$, qui est récurrente positive car fermée sur un nombre fini d'états, de distribution stationnaire $(1/3, 1/3, 1/3)$, car les P_{ij} pour $i, j = 0, 1, 2$ forment une matrice de transition doublement stochastique pour 3 états, et de période 3, car

$$d(0) = \text{pgcd}\{3k : k \geq 1\} = 3\,;$$

- $\{3, 4\}$, qui est récurrente positive car fermée sur un nombre fini d'états, apériodique, car $P_{33} > 0$, donc ergodique, et de distribution stationnaire $(1/2, 1/2)$, car les P_{ij} pour $i, j = 3, 4$ forment une matrice de transition doublement stochastique pour 2 états ;

- $\{5, 6\}$, qui est transiente car non fermée, et apériodique, car $P_{66} > 0$.

On remarque que

$$P_{ij}^{(n)} = \begin{cases} 1 & \text{si } n = j - i \text{ (modulo 3)}, \\ 0 & \text{sinon}, \end{cases}$$

ne converge pas lorsque $n \to \infty$, mais que

$$\lim_{n\to\infty} \frac{1}{n} \sum_{k=0}^{n-1} P_{ij}^{(k)} = \frac{1}{3},$$

pour $i, j = 0, 1, 2$. Plus généralement, on a

$$\lim_{n\to\infty} \frac{1}{n} \sum_{k=0}^{n-1} P^{(k)} = \begin{pmatrix} 1/3 & 1/3 & 1/3 & 0 & 0 & 0 & 0 \\ 1/3 & 1/3 & 1/3 & 0 & 0 & 0 & 0 \\ 1/3 & 1/3 & 1/3 & 0 & 0 & 0 & 0 \\ 0 & 0 & 0 & 1/2 & 1/2 & 0 & 0 \\ 0 & 0 & 0 & 1/2 & 1/2 & 0 & 0 \\ 1/5 & 1/5 & 1/5 & 1/5 & 1/5 & 0 & 0 \\ 1/5 & 1/5 & 1/5 & 1/5 & 1/5 & 0 & 0 \end{pmatrix}.$$

Les 0 dans les colonnes correspondant aux états $3, 4, 5, 6$ et sur les lignes correspondant aux états 0, 1, 2 illustrent le fait que classe $\{0, 1, 2\}$ est fermée, et donc $f_{ij} = 0$ pour $i = 0, 1, 2$ et $j = 3, 4, 5, 6$. Les entrées non nulles sur chacune de ces lignes correspondent à la distribution stationnaire pour cette classe récurrente positive, pour laquelle $\mu_j^{-1} = 1/3$ et $f_{ij} = 1$ pour $i, j = 0, 1, 2$. La situation est analogue pour les lignes correspondant aux états de la classe récurrente positive $\{3, 4\}$ avec $\mu_j^{-1} = 1/2$ pour $j = 3, 4$.

D'autre part, les 0 apparaissant dans les deux dernières colonnes des deux dernières lignes correspondant aux états de la classe transiente $\{5, 6\}$ s'expliquent par le fait que $\mu_j^{-1} = 0$ pour $j = 5, 6$.

Pour les entrées non nulles sur les deux dernières lignes, on doit calculer f_{ij} pour $i = 5, 6$ et $j = 0, 1, 2, 3$. En conditionnant sur la première transition, on trouve par exemple que

$$f_{63} = \frac{1}{7} f_{63} + \frac{1}{7} f_{53} + \frac{1}{7} f_{43} + \frac{1}{7} f_{33} + \frac{1}{7} f_{23} + \frac{1}{7} f_{13} + \frac{1}{7} f_{03},$$

où $f_{03} = f_{13} = f_{23} = 0$, $f_{33} = f_{43} = 1$ et $f_{53} = f_{63}$. On obtient ainsi que

$$f_{63} = \frac{2/7}{5/7} = \frac{2}{5}.$$

Ce résultat est intuitivement clair. En effet, lorsqu'on quitte la classe transiente $\{5, 6\}$, il y a 2 chances sur 5 d'entrer dans la classe récurrente $\{3, 4\}$, et d'y rester en visitant tous les états avec probabilité 1. De façon analogue, il y a 3 chances sur 5 d'entrer dans l'autre classe récurrente $\{0, 1, 2\}$ et d'y rester. Le théorème ergodique garantit alors que

$$\lim_{n\to\infty} \frac{1}{n} \sum_{k=0}^{n-1} P_{63}^{(k)} = f_{63} \times \frac{1}{\mu_3} = \frac{2}{5} \times \frac{1}{2} = \frac{1}{5}.$$

Les autres entrées peuvent être obtenues de la même façon. Ainsi, on a

$$\lim_{n\to\infty} \frac{1}{n}\sum_{k=0}^{n-1} P_{50}^{(k)} = f_{50} \times \frac{1}{\mu_0} = \frac{3}{5} \times \frac{1}{3} = \frac{1}{5}.$$

Il est même possible de montrer ici que

$$\lim_{n\to\infty} P_{50}^{(n)} = \frac{1}{5},$$

bien que l'état d'arrivée 0 est récurrent positif périodique. Ce résultat est dû au fait que lorsqu'on entre dans la classe récurrente positive périodique $\{0, 1, 2\}$, il y a 1 chance sur 3 d'entrer par chacun des états, et la probabilité d'être à chacun de ces états reste $1/3$ par la suite. Ce résultat est cependant exceptionnel. Lorsque l'état d'arrivée j est récurrent positif périodique, le théorème ergodique ne garantit pas en général la convergence de $P_{ij}^{(n)}$. En fait, on n'a jamais convergence dans le cas $i = j$, c'est-à-dire lorsque l'état de départ est le même que l'état d'arrivée.

1.7.11 Exemple : promenade aléatoire sur un échiquier

On suppose qu'un roi se déplace au hasard sur un échiquier de $8 \times 8 = 64$ cases en choisissant à chaque pas l'une des cases adjacentes avec la même probabilité. En numérotant les colonnes et les rangées de 1 à 8 tel qu'illustré dans la figure 22, l'espace des positions est $\{(i, j) : i, j = 1, \ldots, 8\}$.

Il y a trois types de position : à l'intérieur (I), sur un bord (B) et dans un coin (C). La probabilité de transition de la position u à la position v s'exprime sous la forme

$$P(u, v) = \frac{A(u, v)}{d(u)},$$

où

$$A(u, v) = \begin{cases} 1 & \text{si } u \text{ et } v \text{ sont voisins,} \\ 0 & \text{sinon,} \end{cases}$$

et

$$d(u) = \sum_v A(u, v) = \begin{cases} 8 & \text{si } u \text{ est à l'intérieur (type } I), \\ 5 & \text{si } u \text{ est sur un bord (type } B), \\ 3 & \text{si } u \text{ est dans un coin (type } C). \end{cases}$$

C	B	B	B	B	B	B	C	1
B	I	I	I	I	I	I	B	2
B	I	I	I	I	I	I	B	3
B	I	I	I	I	I	I	B	4
B	I	I	I	I	I	I	B	5
B	I	I	I	I	I	I	B	6
B	I	I	I	I	I	I	B	7
C	B	B	B	B	B	B	C	8
1	2	3	4	5	6	7	8	

FIGURE 22. Représentation d'un échiquier pour le déplacement d'un roi.

On remarque que la matrice A est symétrique, c'est-à-dire qu'on a l'égalité $A(u,v) = A(v,u)$ pour toute paire de positions (u,v). La succession des positions du roi sur l'échiquier est une chaîne de Markov qui est récurrente positive, car irréductible sur un nombre fini d'états. De plus, elle est apériodique, car on peut retourner à la case $(1,1)$ à partir de cette case en 2 ou 3 pas par exemple. La chaîne est donc ergodique. On définit

$$\pi(u) = \frac{d(u)}{\sum_{u'} d(u')},$$

où

$$\sum_{u'} d(u') = 6 \times 6 \times 8 + 6 \times 4 \times 5 + 4 \times 3 = 420.$$

Par définition, on a $\pi(u) > 0$ pour toute position u, et $\sum_u \pi(u) = 1$. De plus,

$$\pi(u)P(u,v) = \frac{A(u,v)}{\sum_{u'} d(u')} = \frac{A(v,u)}{\sum_{u'} d(u')} = \pi(v)P(v,u),$$

pour toutes positions u et v. Dans ce cas, on dit que la chaîne est *réversible*. On vérifie alors que

$$\pi(u) = \pi(u) \sum_v P(u,v) = \sum_v \pi(u)P(u,v) = \sum_v \pi(v)P(v,u),$$

pour toute position u, ce qui est la condition de stationnarité. On conclut que $(\pi(u))$ est la distribution stationnaire.

1.8 *Démonstrations

1.8.1 Critères de classification

(a) Un état i est récurrent si et seulement si

$$\sum_{n\geq 1} P_{ii}^{(n)} = \infty.$$

Sinon, il est transient, et alors nécessairement $\lim_{n\to\infty} P_{ii}^{(n)} = 0$.

(b) Un état récurrent i est récurrent nul si et seulement si

$$\lim_{n\to\infty} P_{ii}^{(n)} = 0.$$

Sinon, il est récurrent positif.

Démonstration (en utilisant le théorème ergodique pour (b))

(a) On a

$$\begin{aligned}\sum_{n\geq 1} P_{ii}^{(n)} &= \sum_{n\geq 1} Pr(X_n = i \mid X_0 = i) \\ &= \sum_{n\geq 1} E\left(\mathbf{1}_{\{X_n=i\}} \mid X_0 = i\right) \\ &= E(N_i \mid X_0 = i),\end{aligned}$$

où

$$N_i = \sum_{n\geq 1} \mathbf{1}_{\{X_n=i\}}$$

représente le nombre de visites futures à i. Or,

$$\begin{aligned}E(N_i \mid X_0 = i) &= \sum_{k\geq 1} kPr(N_i = k \mid X_0 = i) \\ &= \sum_{k\geq 1} Pr(N_i \geq k \mid X_0 = i).\end{aligned}$$

De plus,

$$Pr(N_i \geq k \mid X_0 = i) = \sum_{l\geq 1} f_{ii}^{(l)} Pr\left(N_i^{(l)} \geq k-1 \mid X_l = i\right),$$

où

$$f_{ii}^{(l)} = Pr\left(X_l = i, X_{l-1} \neq i, \ldots, X_1 \neq i \mid X_0 = i\right)$$

est la probabilité que la première visite future à i à partir de i à l'instant 0 ait lieu à l'instant l, et

$$N_i^{(l)} = \sum_{n \geq l+1} \mathbf{1}_{\{X_n = i\}}$$

représente le nombre de visites à i à partir de l'instant $l+1$. Par stationnarité, on a

$$Pr\left(N_i^{(l)} \geq k-1 \mid X_l = i\right) = Pr(N_i \geq k-1 \mid X_0 = i).$$

D'autre part,

$$f_{ii} = \sum_{l \geq 1} f_{ii}^{(l)} = Pr\left(N_i \geq 1 \mid X_0 = i\right)$$

est la probabilité de visite future à i à partir de i. On obtient finalement l'équation de récurrence

$$Pr(N_i \geq k \mid X_0 = i) = f_{ii} \times Pr\left(N_i \geq k-1 \mid X_0 = i\right),$$

pour tout $k \geq 1$, d'où

$$Pr(N_i \geq k \mid X_0 = i) = f_{ii}^k.$$

On en déduit que

$$\sum_{n \geq 1} P_{ii}^{(n)} = \sum_{k \geq 1} f_{ii}^k = \begin{cases} \dfrac{f_{ii}}{1 - fii} & \text{si } f_{ii} < 1, \\ \infty & \text{si } f_{ii} = 1. \end{cases}$$

Donc, la série diverge si et seulement si i est récurrent, alors qu'elle converge si et seulement si i est transient, et dans ce cas, $P_{ii}^{(n)} \to 0$ lorsque $n \to \infty$.

(b) La démonstration du résultat est une conséquence du théorème ergodique qui garantit que $P_{ii}^{(n)} \to 0$ lorsque $n \to \infty$ si un état i est récurrent nul. Inversement, si $P_{ii}^{(n)} \to 0$ lorsque $n \to \infty$, alors (voir le lemme 1 en annexe)

$$\lim_{n \to \infty} \frac{1}{n} \sum_{k=0}^{n-1} P_{ii}^{(k)} = 0.$$

Dans le cas où i est récurrent, la limite est égale à μ_i^{-1} par le théorème ergodique, d'où $\mu_i = \infty$, ce qui veut dire que i est récurrent nul.

Remarque. La suite $P_{ii}^{(n)}$ ne converge pas lorsque $n \to \infty$ si i est récurrent positif périodique. Sinon, on doit avoir convergence vers 0, puisque $P_{ii}^{(n)} = 0$ pour tout n qui n'est pas un multiple de $d(i)$. On devrait donc avoir

$$\lim_{n\to\infty} \frac{1}{n} \sum_{k=0}^{n-1} P_{ii}^{(k)} = 0.$$

Or, la limite dans le cas où i est récurrent est donnée par μ_i^{-1} par le théorème ergodique, d'où $\mu_i = \infty$, ce qui entre en contradiction avec l'hypothèse que l'état i est récurrent positif.

1.8.2 Proposition 1 sur la partition des états

Si $i \leftrightarrow j$, c'est-à-dire $P_{ij}^{(n)} P_{ji}^{(m)} > 0$ pour certains $n, m \geq 0$, alors :

(a) i est récurrent si et seulement si j est récurrent ;

(b) i est récurrent positif si et seulement si j est récurrent positif ;

(c) i et j ont la même période.

Démonstration (en utilisant les critères de classification)

(a) Pour tout $r \geq 1$, on a les inégalités

$$P_{ii}^{(n+r+m)} \geq P_{ij}^{(n)} P_{jj}^{(r)} P_{ji}^{(m)} \geq 0,$$

d'où

$$\sum_{r\geq 1} P_{ii}^{(r)} \geq \sum_{r\geq 1} P_{ii}^{(n+r+m)} \geq P_{ij}^{(n)} P_{ji}^{(m)} \sum_{r\geq 1} P_{jj}^{(r)} \geq 0.$$

Donc, si $\sum_{r\geq 1} P_{jj}^{(r)} = \infty$, c'est-à-dire si j est récurrent, alors on a aussi que $\sum_{r\geq 1} P_{ii}^{(r)} = \infty$, c'est-à-dire que i est récurrent, et inversement par symétrie.

(b) On suppose que i et j sont récurrents. Par les inégalités en (a), si

$$P_{ii}^{(n+r+m)} \to 0 \text{ lorsque } r \to \infty,$$

c'est-à-dire si i est récurrent nul, alors

$$P_{jj}^{(r)} \to 0 \text{ lorsque } r \to \infty,$$

c'est-à-dire que j est récurrent nul, et inversement par symétrie. Par conséquent, i est récurrent positif si et seulement si j est récurrent positif.

(c) Par les inégalités en (a), si

$$P_{jj}^{(r)} > 0,$$

alors

$$P_{ii}^{(n+r+m)} > 0,$$

c'est-à-dire que $n + r + m$ est un multiple de $d(i)$, la période de i. Mais alors, on a aussi

$$P_{jj}^{(2r)} \geq P_{jj}^{(r)} P_{jj}^{(r)} > 0,$$

d'où $n + 2r + m$ est un multiple de $d(i)$. Par conséquent, la différence, soit $(n + 2r + m) - (n + r + m) = r$, est un multiple de $d(i)$. Par la définition de la période de j, on a alors $d(j) \geq d(i)$. Inversement, on a $d(j) \leq d(i)$ par symétrie. On conclut donc que $d(i) = d(j)$.

1.8.3 Proposition 2 sur la partition des états

Les états d'une classe récurrente possèdent les propriétés suivantes.

(a) Si i est récurrent, alors

$$f_{ij} = Pr(\text{visite future à } j \mid \text{départ de } i) = \begin{cases} 1 & \text{si } j \leftrightarrow i, \\ 0 & \text{sinon.} \end{cases}$$

(b) Si i et j sont dans la même classe récurrente, alors $f_{ki} = f_{kj}$ pour tout k.

Démonstration

(a) Il va suffire de montrer que si i est récurrent, alors on a l'égalité

$$f_{ij}(1 - f_{ji}) = 0.$$

Si de plus $j \leftrightarrow i$, alors il existe un certain $n \geq 1$ tel que $0 < P_{ij}^{(n)} \leq f_{ij}$. Ceci n'est compatible avec l'égalité ci-dessus que si $f_{ji} = 1$. On a aussi $f_{ij} = 1$ par symétrie, car j est récurrent si i est récurrent et $j \leftrightarrow i$.

Si d'autre part $j \not\leftrightarrow i$, c'est-à-dire que i et j ne communiquent pas, alors ou bien $f_{ij} = 0$, ou bien $f_{ji} = 0$. En fait, la seule possibilité compatible avec l'égalité ci-dessus est $f_{ij} = 0$.

Il reste donc à montrer l'égalité en question. Son interprétation est que la probabilité de ne pas retourner à i à partir de i en passant par j est 0 si i est récurrent. Cela est intuitivement clair, car cette probabilité est plus petite ou égale à la probabilité de ne pas retourner à i à partir de i, qui est nulle lorsque i est récurrent.

L'égalité est évidente dans le cas où $j = i$, car $f_{ii} = 1$ si i est récurrent. On considère donc le cas où $j \neq i$ et on suppose que $f_{ij} > 0$. Alors, $P_{ij}^{(n)} > 0$ pour un certain $n \geq 1$. Dans ces conditions, il existe une suite finie d'états $i_0 = i$, $i_1, \ldots, i_{n-1}$, $i_n = j$ telle que

$$P_{i_0,i_1} \times P_{i_1,i_2} \times \cdots \times P_{i_{n-1},i_n} > 0.$$

Soit $i_k = \max\{1 \leq l \leq n : i_l = i\}$. On a alors

$$g_{ij}^{(k)} \geq P_{i_k,i_{k+1}} \times \cdots \times P_{i_{n-1},i_n} > 0,$$

où

$$g_{ij}^{(k)} = Pr\left(X_k = j\,; X_{k-1} \neq i, j\,; \ldots\,; X_1 \neq i, j \mid X_0 = i\right)$$

représente la probabilité de la première visite future à j au k-ième pas à partir de i sans passer à nouveau par i. D'autre part, on a évidemment l'inégalité

$$0 = 1 - f_{ii} \geq g_{ij}^{(k)}(1 - f_{ji}),$$

d'où on conclut que $1 - f_{ji} = 0$.

(b) Pour tous les états i, j et k, on a

$$f_{kj} \geq f_{ki} f_{ij} = Pr(\text{visite future à } j \text{ en passant par } i \mid \text{départ de } k)$$

en considérant la première visite future à i à partir de k. Si i et j sont dans la même classe récurrente, alors $f_{ij} = 1$ par (a), d'où l'inégalité $f_{kj} \geq f_{ki}$. L'inégalité inverse est obtenue par symétrie.

1.8.4 Proposition 3 sur la partition des états

Si l'espace des états est fini, alors :

(a) tous les états récurrents sont récurrents positifs ;

(b) dans tous les cas, il y a au moins un état récurrent.

Corollaire. Une chaîne irréductible (et toute classe fermée) sur un nombre fini d'états est récurrente positive.

Démonstration (en utilisant le théorème ergodique)

(a) Par la proposition 1, si i est récurrent nul, alors j est récurrent nul pour tout $j \leftrightarrow i$. Par la proposition 2 et le théorème ergodique, on a alors

$$1 = \sum_j P_{ij}^{(n)} = \sum_{j:j \leftrightarrow i} P_{ij}^{(n)} \to 0 \text{ lorsque } n \to \infty,$$

puisqu'on somme un nombre fini de termes qui tendent tous vers 0, ce qui est une contradiction avec une somme égale à 1.

(b) Si tous les états j sont transients, alors le théorème ergodique garantit la convergence vers 0 de chaque terme de la somme à gauche ci-dessus, ce qui mène à une contradiction pour les mêmes raisons. Il y a donc au moins un état récurrent, et cet état est nécessairement récurrent positif par (a). C'est aussi le cas pour la classe de cet état, ce qui démontre le corollaire.

1.8.5 Théorème sur la distribution stationnaire

Une chaîne irréductible a une distribution stationnaire (π_j) si et seulement si elle est récurrente positive. Dans ce cas, la distribution stationnaire est unique et donnée par $\pi_j = \mu_j^{-1}$ pour tout état j.

Démonstration de la nécessité (en utilisant le théorème ergodique)

Pour tout état j, l'existence de la distribution stationnaire (π_j) implique que

$$\begin{aligned} 0 < \pi_j = \sum_l \pi_l P_{lj} &= \sum_l \sum_i \pi_i P_{il} P_{lj} \\ &= \sum_i \pi_i \sum_l P_{il} P_{lj} \\ &= \sum_i \pi_i P_{ij}^{(2)}, \end{aligned}$$

et donc par récurrence que

$$0 < \pi_j = \sum_i \pi_i P_{ij}^{(n)},$$

pour tout entier $n \geq 1$. L'équation est aussi trivialement satisfaite pour $n = 0$. Par conséquent, on a

$$0 < \pi_j = \sum_i \pi_i \left(\frac{1}{n} \sum_{k=0}^{n-1} P_{ij}^{(k)} \right),$$

pour tout entier $n \geq 1$. Or, le théorème ergodique garantit que

$$\lim_{n \to \infty} \frac{1}{n} \sum_{k=0}^{n-1} P_{ij}^{(k)} = f_{ij} \times \frac{1}{\mu_j} = \frac{1}{\mu_j},$$

pour i et j dans la même classe. En effet, si la classe est transiente, alors $\mu_j^{-1} = 0$, et si la classe est récurrente, alors $f_{ij} = 1$. Dans ces conditions, le lemme 2 en annexe sur la limite d'une somme donne

$$0 < \pi_j = \frac{1}{\mu_j} \sum_i \pi_i = \frac{1}{\mu_j},$$

d'où l'état j est récurrent positif, car alors

$$\mu_j = \frac{1}{\pi_j} < \infty.$$

Démonstration de la suffisance

On considère un état particulier i. On montre que

$$\pi_j = \frac{w_j}{\sum_l w_l}$$

pour tout état j, où w_j représente l'espérance du nombre de visites à j entre une visite à i et la suivante (voir la figure 23), définit une distribution stationnaire. On remarque d'abord que $w_j > 0$, puisque tout état $j \neq i$ est accessible à partir de i et que l'état i est récurrent. De plus,

$$w_j = E(N_j) = \sum_l E(N_{lj}),$$

où N_{lj} représente le nombre de visites à j précédées immédiatement d'une visite à l, entre une visite à i et la suivante, et $N_j = \sum_l N_{lj}$ avec $N_j = 1$ dans le cas où $j = i$. On obtient alors

$$\begin{aligned} w_j &= \sum_l \sum_n E(N_{lj} \mid N_l = n) Pr(N_l = n) \\ &= \sum_l \sum_n n P_{lj} \times Pr(N_l = n) \\ &= \sum_l E(N_l) P_{lj} \\ &= \sum_l w_l P_{lj}, \end{aligned}$$

pour tout j. En divisant par $\sum_l w_l = \mu_i < \infty$, puisque i est récurrent positif, on a toutes les conditions d'une distribution stationnaire.

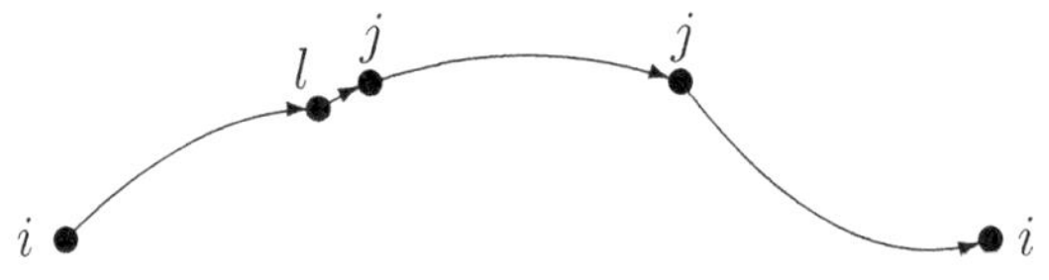

FIGURE 23. Visites à un état j entre une visite à un état i et la suivante.

Remarque. Puisque $w_i = 1$, on a

$$\pi_i = \frac{1}{\sum_l w_l} = \frac{1}{\mu_i},$$

d'où $\pi_j = \pi_i w_j$, c'est-à-dire $w_j = \pi_j / \pi_i$.

1.8.6 Théorème ergodique

(a) Dans tous les cas sauf peut-être dans celui où j est un état récurrent positif périodique, on a

$$\lim_{n\to\infty} P_{ij}^{(n)} = f_{ij} \times \frac{1}{\mu_j},$$

où

$$f_{ij} = Pr(\text{visite future à } j \mid \text{départ de } i)$$

et

$$\mu_j = E(\text{temps de premier retour à } j \mid \text{départ de } j).$$

(b) Dans tous les cas, on a

$$\lim_{n\to\infty} \frac{1}{n} \sum_{k=0}^{n-1} P_{ij}^{(k)} = f_{ij} \times \frac{1}{\mu_j}.$$

Démonstration de (a)

Partie 1. On observe d'abord qu'il suffit de montrer que

$$P_{jj}^{(n)} \to \frac{1}{\mu_j} \text{ lorsque } n \to \infty.$$

En effet, on a alors (voir la figure 24)

$$P_{ij}^{(n)} = \sum_{k=1}^{n} f_{ij}^{(k)} P_{jj}^{(n-k)} = \sum_{k\geq 1} f_{ij}^{(k)} \delta_{\{k\leq n\}} P_{jj}^{(n-k)} \to f_{ij} \times \frac{1}{\mu_j} \text{ lorsque } n \to \infty,$$

où

$$f_{ij}^{(k)} = Pr(\text{première visite future à } j \text{ au } k\text{-ième pas} \mid \text{départ de } i),$$

alors que $\delta_{\{k\leq n\}} = 1$ si $k \leq n$, et 0 autrement. La convergence découle du lemme 2 en annexe sur la limite d'une somme (section 1.9.2), car

$$0 \leq f_{ij} = \sum_{k\geq 1} f_{ij}^{(k)} \leq 1 \quad \text{et} \quad \lim_{n\to\infty} \delta_{\{k\leq n\}} P_{jj}^{(n-k)} = \frac{1}{\mu_j}.$$

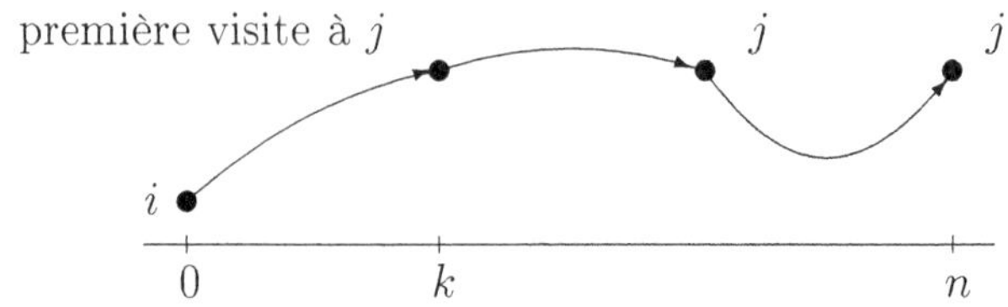

FIGURE 24. Transition de l'état i à l'état j en n pas avec une première visite à j au k-ième pas.

Partie 2. On sait déjà, par les critères de classification des états, que $P_{jj}^{(n)} \to 0$ lorsque $n \to \infty$ si j est transient, auquel cas $\mu_j^{-1} = 0$. On considère maintenant le cas où j est récurrent apériodique. La probabilité de retourner à j à partir de la dernière visite à j avant l'instant n est alors égale à 1. En décomposant l'événement selon l'instant de la dernière visite à j avant l'instant n (n exclu), on obtient l'*équation de renouvellement*

$$q(n) = \sum_{k \geq 1} \delta_{\{k \leq n\}} P_{jj}^{(n-k)} \left(\sum_{m \geq k} f_{jj}^{(m)} \right) = 1,$$

pour tout instant $n \geq 1$. Il suffit de montrer que si

$$\lambda_j = \lim_{l \to \infty} P_{jj}^{(n_l)},$$

pour une sous-suite $\{n_l\}$, alors $\lambda_j = \mu_j^{-1}$. On montre d'abord que

$$\lambda_j = \lim_{l \to \infty} P_{jj}^{(n_l - k)},$$

pour tout entier $k \geq 1$, en utilisant le fait démontré dans la partie 3 que

$$\lim_{n \to \infty} P_{ij}^{(n)} - P_{jj}^{(n)} = 0,$$

pour tout état i dans la classe de j, représentée par $C(j)$. En effet, si

$$\lambda_j' = \lim_{r \to \infty} P_{jj}^{(n_{l_r})},$$

pour une sous-suite $\{n_{l_r}\}$, alors

$$\begin{aligned} P_{jj}^{(n_{l_r})} &= \sum_i P_{ji}^{(k)} P_{ij}^{(n_{l_r} - k)} \\ &= \sum_i P_{ji}^{(k)} \left(P_{ij}^{(n_{l_r} - k)} - P_{jj}^{(n_{l_r} - k)} \right) + \sum_i P_{ji}^{(k)} P_{jj}^{(n_{l_r} - k)}, \end{aligned}$$

dès que $n_{l_r} \geq k$, où la somme est sur tous les états i dans la classe $C(j)$, qui est récurrente, donc fermée. Par le lemme 2 en annexe (section 1.9.2), on a

$$\lambda_j = \lambda'_j \sum_i P_{ji}^{(k)} = \lambda'_j.$$

Finalement, l'application du même lemme à l'équation de renouvellement pour les instants n_l donne

$$1 = \lambda_j \sum_{k \geq 1} \sum_{m \geq k} f_{jj}^{(m)} = \lambda_j \sum_{m \geq 1} m f_{jj}^{(m)} = \lambda_j \mu_j,$$

ce qui permet de conclure.

Il reste à considérer le cas où j est récurrent nul périodique, disons de période $d(j) = d$ pour la chaîne $\{X_n\}_{n \geq 0}$. Alors, j est récurrent nul apériodique pour la chaîne $\{X_{kd}\}_{k \geq 0}$, de telle sorte que

$$\lim_{k \to \infty} P_{jj}^{(kd)} = 0,$$

par ce qui précède. D'autre part,

$$P_{jj}^{(n)} = 0,$$

pour tout n qui n'est pas un multiple de d. On peut donc conclure que

$$\lim_{n \to \infty} P_{jj}^{(n)} = 0.$$

Partie 3. Soit j un état récurrent apériodique. Par le lemme 3 en annexe (section 1.9.3), il existe $N(i, k) \geq 1$ pour tous i, k dans $C(j)$, la classe de j, tel que

$$P_{ik}^{(n)} > 0,$$

pour tout $n \geq N(i, k)$. On construit maintenant une chaîne couplée représentée par $\{(X_n, Y_n)\}_{n \geq 0}$ sur l'espace des états de forme (i, l) pour i, l dans $C(j)$ dont les probabilités de transition sont données par

$$P_{(i,l)(k,m)} = P_{ik} P_{lm},$$

pour tous i, k, l, m dans $C(j)$. Cette chaîne est irréductible, car on a

$$P_{(i,l)(k,m)}^{(n)} = P_{ik}^{(n)} P_{lm}^{(n)} > 0,$$

pour $n \geq \max(N(i, k), N(l, m))$. La chaîne est illustrée dans la figure 25.

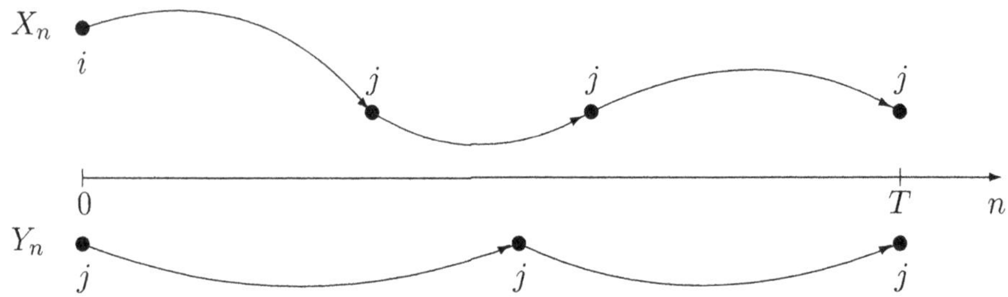

FIGURE 25. Première visite future de la chaîne couplée (X_n, Y_n) à l'état (j, j) à l'instant T étant donné que $(X_0, Y_0) = (i, j)$.

On définit

$$T = \min\{n \geq 1 : (X_n, Y_n) = (j, j)\}.$$

On remarque que

$$Pr(X_n = j \mid T = k) = P_{jj}^{(n-k)} = Pr(Y_n = j \mid T = k),$$

pour tout $n \geq k$. Par conséquent, pour tout i dans $C(j)$, on obtient

$$\begin{aligned}
P_{ij}^{(n)} &= Pr(X_n = j \mid X_0 = i, Y_0 = j) \\
&= \sum_{k \geq 1} Pr(X_n = j, T = k \mid X_0 = i, Y_0 = j) \\
&= \sum_{k \geq 1} Pr(X_n = j \mid T = k) Pr(T = k \mid X_0 = i, Y_0 = j) \\
&= \sum_{k=1}^{n} Pr(Y_n = j \mid T = k) Pr(T = k \mid X_0 = i, Y_0 = j) \\
&\quad + \sum_{k=n+1}^{\infty} Pr(X_n = j \mid T = k) Pr(T = k \mid X_0 = i, Y_0 = j) \\
&\leq \sum_{k=1}^{\infty} Pr(Y_n = j, T = k \mid X_0 = i, Y_0 = j) \\
&\quad + \sum_{k=n+1}^{\infty} Pr(T = k \mid X_0 = i, Y_0 = j) \\
&= Pr(Y_n = j \mid X_0 = i, Y_0 = j) + Pr(T \geq n+1 \mid X_0 = i, Y_0 = j) \\
&= P_{jj}^{(n)} + Pr(T \geq n+1 \mid X_0 = i, Y_0 = j).
\end{aligned}$$

De façon analogue, on trouve

$$P_{jj}^{(n)} \leq P_{ij}^{(n)} + Pr(T \geq n+1 \mid X_0 = i, Y_0 = j).$$

On a donc

$$\lim_{n\to\infty} |P_{ij}^{(n)} - P_{jj}^{(n)}| \leq \lim_{n\to\infty} Pr(T \geq n+1 \mid X_0 = i, Y_0 = j)$$
$$= 1 - f_{(i,j)(j,j)}.$$

Si la chaîne couplée est récurrente, alors $f_{(i,j)(j,j)} = 1$ par la proposition 2 sur la partition des états, d'où

$$\lim_{n\to\infty} \left(P_{ij}^{(n)} - P_{jj}^{(n)}\right) = 0.$$

En fait, on obtient le même résultat si la chaîne couplée est transiente, car alors,

$$\left(P_{ij}^{(n)}\right)^2 = P_{(i,j)(i,j)}^{(n)} \to 0 \text{ lorsque } n \to \infty,$$

pour tout i dans $C(j)$.

Démonstration de (b)

Par le lemme en annexe sur la limite d'une moyenne (section 1.9.1), le résultat (b) découle du résultat (a) sauf dans le cas où l'état j est récurrent positif périodique, disons pour la chaîne $\{X_n\}_{n\geq 0}$. Cependant, j est récurrent positif apériodique pour la chaîne $\{X_{ld}\}_{l\geq 0}$, où $d = d(j) \geq 2$. Le résultat (a) garantit alors que

$$\lim_{l\to\infty} P_{jj}^{(ld)} = \frac{1}{\mu_j/d},$$

où μ_j/d représente l'espérance du temps de premier retour à j à partir de j avec d pas comme unité de temps. D'autre part,

$$P_{jj}^{(n)} = 0,$$

pour tout n qui n'est pas un multiple de d. On peut donc conclure que

$$\lim_{n\to\infty} \frac{1}{n} \sum_{k=0}^{n-1} P_{jj}^{(k)} = \lim_{n\to\infty} \frac{k(n)}{n} \times \frac{1}{k(n)} \sum_{l=0}^{k(n)} P_{jj}^{(ld)} = \frac{1}{\mu_j},$$

où $k(n) = \lfloor (n-1)/d \rfloor$, qui représente la partie entière de $(n-1)/d$, est tel que

$$\lim_{n\to\infty} \frac{k(n)}{n} = \frac{1}{d}.$$

Finalement, pour un état de départ i quelconque, on procède comme dans la partie 1 de la démonstration de (a).

1.8.7 Chaîne irréductible apériodique à espace d'états fini

Une chaîne irréductible apériodique sur un nombre fini d'états, disons $0, 1, \ldots, N-1$, est récurrente positive et sa matrice de transition en n pas satisfait

$$\lim_{n \to \infty} P^{(n)} = \begin{pmatrix} \pi_0 & \pi_1 & \cdots & \pi_{N-1} \\ \vdots & \vdots & \ddots & \vdots \\ \pi_0 & \pi_1 & \cdots & \pi_{N-1} \end{pmatrix},$$

où $(\pi_0, \pi_1, \ldots, \pi_{N-1})$ est la distribution stationnaire qui est donnée par l'identité $\pi_j = \mu_j^{-1}$ pour $j = 0, 1, \ldots, N-1$.

Démonstration

Ce résultat est une conséquence du théorème ergodique et du théorème sur la distribution stationnaire du fait que les propositions 2 et 3 sur la partition des états garantissent que la chaîne est récurrente positive et que $f_{ij} = 1$, pour tous les états i et j. On propose ici une démonstration directe du résultat. Par le corollaire du lemme 3 en annexe sur la condition d'apériodicité (section 1.9.3), la matrice de transition P de la chaîne admet une puissance P^N, pour un certain entier $N \geq 1$, dont toutes les entrées sont strictement positives. On définit

$$M_j^{(n)} = \max_i P_{ij}^{(n)},$$

pour tout entier $n \geq 1$. L'équation de Chapman-Kolmogorov permet d'obtenir l'inégalité

$$P_{ij}^{(n)} = \sum_l P_{il} P_{lj}^{(n-1)} \leq M_j^{(n-1)} \sum_l P_{il} = M_j^{(n-1)},$$

pour tout état i et tout entier $n \geq 2$. On a donc

$$M_j^{(n-1)} \geq M_j^{(n)} \to M_j \text{ lorsque } n \to \infty.$$

De même,

$$m_j^{(n-1)} \leq m_j^{(n)} = \min_i P_{ij}^{(n)} \to m_j \text{ lorsque } n \to \infty.$$

Toutes les probabilités de transition étant bornées par 1 et le nombre d'états étant fini, il existe une sous-suite d'entiers $\{n_k\}$ telle que

$$P_{ij}^{(n_k)} \to \pi_{ij} \text{ lorsque } k \to \infty,$$

pour tous les états i et j, avec

$$M_j = \max_i \pi_{ij} \quad \text{et} \quad m_j = \min_i \pi_{ij}.$$

L'équation de Chapman-Kolmogorov donne alors

$$P_{ij}^{(N+n_k)} = \sum_l P_{il}^{(N)} P_{lj}^{(n_k)} \to \sum_l P_{il}^{(N)} \pi_{lj} \text{ lorsque } k \to \infty.$$

On a donc

$$M_j^{(N+n_k)} \to \max_i \left(\sum_l P_{il}^{(N)} \pi_{lj} \right) = M_j \text{ lorsque } k \to \infty.$$

Puisque $P_{il}^{(N)} > 0$ pour tous les états i et l, on doit avoir que $\pi_{lj} = M_j$ pour tout état l, ce qui implique que $m_j = M_j$. On conclut que

$$P_{ij}^{(n)} \to M_j \text{ lorsque } n \to \infty,$$

pour tous i, j. De plus, on a

$$M_j \geq \min_i P_{ij}^{(N)} > 0$$

et

$$\sum_j M_j = \sum_j \lim_{n\to\infty} P_{ij}^{(n)} = \lim_{n\to\infty} \sum_j P_{ij}^{(n)} = 1,$$

avec

$$M_j = \lim_{n\to\infty} P_{jj}^{(n)} = \sum_i \left(\lim_{n\to\infty} P_{ji}^{(n-1)} \right) P_{ij} = \sum_i M_i P_{ij},$$

ce qui signifie que (M_j) est bien une distribution stationnaire. D'autre part,

$$M_j = \lim_{n\to\infty} P_{jj}^{(n)} = \sum_{k=1}^{n} f_{jj}^{(k)} \left(\lim_{n\to\infty} P_{jj}^{(n-k)} \right) = M_j \sum_{k\geq 1} f_{jj}^{(k)} = M_j f_{jj},$$

ce qui implique que $f_{jj} = 1$, c'est-à-dire que j est récurrent. Finalement, l'équation de renouvellement donne

$$1 = q(n) = \sum_{k\geq 1} \delta_{\{k\leq n\}} P_{jj}^{(n-k)} \left(\sum_{m\geq k} f_{jj}^{(m)} \right) \to M_j \sum_{m\geq k} m f_{jj}^{(m)} = M_j \mu_j,$$

lorsque $n \to \infty$, d'où j est récurrent positif et $M_j = \mu_j^{-1}$.

1.9 *Annexe

1.9.1 Lemme 1 sur la limite d'une moyenne

On a

$$\frac{1}{n}\sum_{k=0}^{n-1} a_k \to a \text{ lorsque } n \to \infty,$$

si $a_k \to a$ lorsque $n \to \infty$, avec $0 \leq a_k \leq 1$ pour tout $k \geq 0$.

Démonstration

On a

$$\begin{aligned}\left|\frac{1}{n}\sum_{k=0}^{n-1} a_k - a\right| &\leq \frac{1}{n}\sum_{k=0}^{n-1} |a_k - a| \\ &\leq \frac{2N}{n} + \frac{1}{n}\sum_{k=N}^{n-1} |a_k - a|,\end{aligned}$$

pour tout $N \geq 1$. Le majorant ci-dessus est plus petit que $\varepsilon > 0$ arbitraire si $n > 4N/\varepsilon$, où N est tel que $|a_k - a| < \varepsilon/2$ pour tout $k \geq N$.

1.9.2 Lemme 2 sur la limite d'une somme

On a

$$\sum_{k\geq 1} a_k b_{n,k} \to b \sum_{k\geq 1} a_k \text{ lorsque } n \to \infty,$$

si $b_{n,k} \to b$ lorsque $n \to \infty$ pour tout $k \geq 1$, où $a_k \geq 0$ et $0 \leq b_{n,k} \leq 1$ pour tous $n, k \geq 1$, dans les cas suivants :

(a) $\sum_{k\geq 1} a_k < \infty$; ou sinon

(b) $b > 0$.

Remarque 1. Le résultat s'applique à $b_{n,k} = b_{n-k}$ si $k \leq n$, et $b_{n,k} = 0$ autrement, avec $0 \leq b_m \leq 1$ pour tout $m \geq 0$ et $b_m \to b$ lorsque $m \to \infty$.

Remarque 2. Dans le cas où $\sum_{k\geq 1} a_k < \infty$, la condition $0 \leq b_{n,k} \leq 1$ peut être remplacée par $|b_{n,k}| \leq B < \infty$, en utilisant le fait qu'on a alors

$$0 \leq \frac{b_{n,k} + B}{2B} \leq 1.$$

Démonstration

(a) On a

$$\begin{aligned}\left|\sum_{k\geq 1} a_k(b_{n,k}-b)\right| &\leq \sum_{k\geq 1} a_k\,|b_{n,k}-b| \\ &\leq \sum_{k=1}^{N} a_k\,|b_{n,k}-b| + 2\sum_{k>N} a_k,\end{aligned}$$

pour tout $N \geq 1$. Le majorant ci-dessus est plus petit que $\varepsilon > 0$ arbitraire si N est assez grand pour que $\sum_{k>N} a_k < \varepsilon/4$, puis si n est assez grand pour que $|b_{n,k} - b| < \varepsilon(2N\sum_{k=1}^{N} a_k)^{-1}$ pour $k = 1, \ldots, N$.

(b) On a

$$\sum_{k\geq 1} a_k b_{n,k} \geq \sum_{k\geq 1}^{N} a_k b_{n,k},$$

pour tout $N \geq 1$. Le minorant ci-dessus est plus grand que $M > 0$ arbitraire si N est assez grand pour que $\sum_{k=1}^{N} a_k > 2M/b$, puis si n est assez grand pour que $b_{n,k} > b/2$ pour $k = 1, \ldots, N$.

1.9.3 Lemme 3 sur la condition d'apériodicité

Pour un état j d'une chaîne de Markov à temps discret, les conditions suivantes sont équivalentes :

(1) $d(j) = \text{pgcd}\{n \geq 1 : P_{jj}^{(n)} > 0\} = 1$;

(2) $P_{jj}^{(n)} > 0$ pour tout $n \geq N(j)$ pour un certain entier $N(j) \geq 1$.

Dans ce cas, l'état j est apériodique et, si j est accessible à partir de i, alors il existe un entier $N(i,j) \geq 1$ tel que $P_{ij}^{(n)} > 0$ pour tout $n \geq N(i,j)$.

Corollaire. La matrice de transition P d'une chaîne irréductible apériodique sur un nombre fini d'états admet une puissance P^N, pour un certain entier $N \geq 1$, dont toutes les entrées sont strictement positives.

Démonstration

Il est évident que (2) implique (1). On suppose que la condition (1) est satisfaite pour un état j et on définit l'ensemble

$$M = \{n \geq 1 : P_{jj}^{(n)} > 0\},$$

qui est non vide. Cet ensemble satisfait alors les conditions suivantes :

(1) $\text{pgcd}\{n \geq 1 : n \text{ dans } M\} = 1$;

(1') $n_1 + n_2$ est dans M si n_1, n_2 sont dans M, car $P_{jj}^{(n_1+n_2)} \geq P_{jj}^{(n_1)} P_{jj}^{(n_2)}$.

On montre d'abord que M contient deux entiers consécutifs. Sinon, il existe un entier $k \geq 2$ tel que ν et $\nu + k$ appartiennent à M, et $n_2 - n_1 \geq k$ pour tous n_1, n_2 dans M satisfaisant $n_2 > n_1$. Par la condition (1), il existe un entier n dans M qui n'est pas divisible par k, c'est-à-dire que $n = mk + r$ pour certains entiers $m \geq 0$ et $0 < r < k$. Par la condition (1'), les entiers $n_2 = (m+1)(\nu+k)$ et $n_1 = n+(m+1)\nu$ appartiennent à M, mais la différence satisfait

$$0 < n_2 - n_1 = (m + 1)k - n = k - r < k,$$

ce qui est une contradiction.

On suppose maintenant que ν et $\nu + 1$ appartiennent à M, et on montre que tout $n \geq N(j) = \nu^2$ est dans M. En effet, on a alors $0 \leq n - \nu^2 = j\nu + l$ pour certains entiers $j \geq 0$ et $0 \leq l < \nu$. La condition (1') garantit que

$$n = l(\nu + 1) + (\nu + j - l)\nu$$

appartient à M.

Enfin, si j est accessible à partir de i, il existe un entier $m(i, j) \geq 0$ tel que

$$P_{ij}^{(m(i,j))} > 0,$$

et alors

$$P_{ij}^{(n)} \geq P_{ij}^{(m(i,j))} P_{jj}^{(n-m(i,j))} > 0,$$

dès que $n \geq N(i, j) = m(i, j) + N(j) \geq 1$.

Lorsqu'une chaîne est irréductible apériodique sur un nombre fini d'états, disons les états $0, 1, \ldots, N-1$, on a la même inégalité pour toute paire d'états i et j dès que

$$n \geq \max\{N(k, l) : k, l = 0, 1, \ldots, N - 1\}.$$

1.10 Exercices

1.1. Supposons que le temps qu'il fait d'une journé à la suivante est décrit par une chaîne de Markov sur les états 0, 1, 2 (0 pour ensoleillé, 1 pour nuageux, 2 pour pluvieux) dont la matrice de transition est donnée par

$$P = \begin{pmatrix} 1/2 & 1/2 & 0 \\ 1/4 & 1/2 & 1/4 \\ 0 & 1/2 & 1/2 \end{pmatrix}.$$

On est jeudi et c'est nuageux. Déterminer : (a) la probabilité que les trois prochains jours soient ensoleillés ; (b) la probabilité que dimanche prochain soit ensoleillé.

1.2. En utilisant les propriétés d'une matrice de transition, montrer que si $P^{(2)}$ est la matrice de transition en deux pas d'une chaîne de Markov à temps discret sur deux états, 0 et 1, alors les entrées dans la première colonne de cette matrice satisfont l'inégalité

$$P_{00}^{(2)} \geq P_{10}^{(2)}.$$

1.3. Une unité de production comprend deux machines-outils qui fonctionnent indépendamment l'une de l'autre. Chaque machine-outil a une fiabilité de 0,9 au cours d'une journée, ce qui signifie que sa probabilité de tomber en panne pendant cette période est de 0,1. Il faut une nuit pour réparer une machine-outil qui tombe en panne, mais une seule à la fois peut être réparée. (a) Quelle est la matrice de transition pour le nombre de machines-outils en état de fonctionnement au début d'une journée ? (b) S'il faut deux nuits pour réparer une machine-outil, quels états peut-on considérer pour avoir une chaîne de Markov et quelle est sa matrice de transition ?

1.4. On considère un pentagone régulier dont les sommets sont numérotés de 1 à 5 dans le sens des aiguilles d'une montre. Initialement (soit à l'instant 0), deux coccinelles sont placées aux sommets 1 et 3. À chaque instant suivant, chacune des coccinelles se déplace, indépendamment de l'autre, vers l'un des deux sommets adjacents avec probabilité 1/2 pour chacun d'eux. Combien de temps en moyenne faudra-t-il pour que les deux coccinelles se rencontrent au même sommet ? *Suggestion.* Considérer la distance en nombre d'arêtes entre les deux coccinelles.

1.5. Deux joueurs de tennis, A et B, sont rendus à égalité dans un jeu. Il faut deux points d'avance pour être déclaré vainqueur. Un joueur qui a un point d'avance est dit en avantage. En supposant que A a une probabilité p de gagner chaque point, et B une probabilité 1 - p, indépendamment de tous les autres points, déterminer : (a) la probabilité pour A d'être déclaré vainqueur ; (b) l'espérance du nombre de fois que A sera en avantage avant la fin du jeu.

1.6. On lance une pièce de monnaie non pipée plusieurs fois indépendamment jusqu'à ce qu'on obtienne trois faces consécutives (FFF). Les résultats des trois premiers jets sont FPF. En incluant ces trois premiers jets, déterminer la probabilité d'obtenir trois piles consécutives (PPP) avant la fin du jeu.

1.7. (SOA M A05 #5) Une espèce de fleurs peut se trouver dans trois états : viable (0), en voie de disparition (1) ou éteinte (2). Les transitions d'état d'une année à la suivante sont modélisées par une chaîne de Markov non homogène avec la matrice de transition Q_i de l'année $i-1$ à l'année i définie comme suit :

$$Q_1 = \begin{pmatrix} 0{,}85 & 0{,}15 & 0 \\ 0 & 0{,}7 & 0{,}3 \\ 0 & 0 & 1 \end{pmatrix}, \qquad Q_2 = \begin{pmatrix} 0{,}9 & 0{,}1 & 0 \\ 0{,}1 & 0{,}7 & 0{,}2 \\ 0 & 0 & 1 \end{pmatrix},$$

$$Q_3 = \begin{pmatrix} 0{,}95 & 0{,}05 & 0 \\ 0{,}2 & 0{,}7 & 0{,}1 \\ 0 & 0 & 1 \end{pmatrix}, \qquad Q_i = \begin{pmatrix} 0{,}95 & 0{,}05 & 0 \\ 0{,}5 & 0{,}5 & 0 \\ 0 & 0 & 1 \end{pmatrix},$$

pour $i \geq 4$. Calculer la probabilité que l'espèce de fleurs s'éteigne ultimement étant donné qu'elle est initialement en voie de disparition.

1.8. Dans un processus de branchement avec générations séparées, chaque individu de chaque génération, indépendamment de tous les autres, produit k individus de la génération suivante avec probabilité $(1-p)p^k$ pour $k \geq 0$. Déterminer la probabilité d'extinction de la descendance d'un individu : (a) si $0 < p < 1/2$; (b) si $p = 1/2$; (c) si $1/2 < p < 1$. Dans le cas où l'extinction est certaine, déterminer le nombre total moyen de descendants d'un individu.

1.9. Supposons que, dans un processus de branchement, le nombre d'individus produits par chaque individu de chaque génération a comme fonction génératrice $\varphi(s) = 1/2 + (1/2)s^3$. Quelle est la probabilité d'extinction de la population s'il y a 2 individus à la génération initiale ?

1.10. Supposons que, dans un processus de branchement, le nombre d'individus produits par chaque individu de la génération n a comme fonction génératrice $\psi(s) = 1/4+(3/4)s$ si n est pair et $\varphi(s) = 1/4+(3/4)s^2$ si n est impair. Quelle est la probabilité d'extinction de la population s'il y a un seul individu à la génération initiale ($n = 0$) ?

1.11. Une plante survit d'un printemps au suivant avec probabilité 3/4 et, dans ce cas, elle produit le printemps suivant 0, 1 ou 2 autres plantes identiques à elle-même avec la même probabilité 1/3. Une plante peut donc survivre et se reproduire plusieurs printemps de suite. On suppose une seule plante au départ et on considère le nombre total de plantes à chaque printemps suivant. (a) L'extinction est-elle certaine ? (b) Si elle ne l'est pas, quelle est sa probabilité ?

1.12. On considère un processus de branchement avec générations séparées et on suppose que chaque individu de chaque génération, indépendamment de tous les autres, produit un nombre d'individus de la génération suivante selon une loi binomiale de paramètres 3 et 1/2, c'est-à-dire un nombre $k \geq 0$ avec probabilité

$$p_k = \frac{3!}{k!(3-k)!}\left(\frac{1}{2}\right)^3.$$

À la génération initiale, il y a deux individus. (a) A-t-on extinction certaine de la population ? (b) Sinon, quelle est la probabilité d'extinction de la population ?

1.13. On lance un dé non pipé à répétition de façon indépendante. On représente par X_n le nombre maximum de points obtenus lors des n premiers jets. Déterminer : (a) la matrice de transition de cette chaîne ; (b) les états transients, récurrents, périodiques et apériodiques.

1.14. Déterminer les classes d'états transientes, récurrentes nulles, récurrentes positives, périodiques (dans ce cas donner leur période) et ergodiques de la chaîne de Markov sur les états $0, 1, \ldots,$ dont la matrice de transition est :

(a)

$$P = \begin{pmatrix} 0 & 1/3 & 1/3 & 0 & 1/3 \\ 1/2 & 0 & 0 & 1/2 & 0 \\ 0 & 0 & 0 & 1 & 0 \\ 0 & 0 & 0 & 0 & 1 \\ 0 & 0 & 1/2 & 1/2 & 0 \end{pmatrix};$$

(b)

$$P = \begin{pmatrix} 0 & 1/4 & 0 & 0 & 1/4 & 1/4 & 1/4 \\ 0 & 0 & 1 & 0 & 0 & 0 & 0 \\ 1/3 & 0 & 0 & 1/3 & 0 & 0 & 1/3 \\ 1/2 & 0 & 0 & 0 & 1/2 & 0 & 0 \\ 0 & 0 & 0 & 0 & 0 & 1 & 0 \\ 0 & 0 & 0 & 0 & 1/2 & 0 & 1/2 \\ 0 & 0 & 0 & 0 & 0 & 1/2 & 1/2 \end{pmatrix}.$$

Justifier brièvement vos affirmations.

1.15. Une chaîne de Markov sur trois états, disons 0, 1 et 2, a comme matrice de transition

$$P = \begin{pmatrix} 1/4 & 3/4 & 0 \\ 0 & 1 & 0 \\ 1/2 & 0 & 1/2 \end{pmatrix}.$$

Déterminer : (a) les classes d'états et leur type ; (b) la matrice de transition en n pas ; (c) la limite de cette matrice lorsque n tend vers l'infini. *Suggestion.* Diagonaliser la matrice de transition.

1.16. On considère la marche aléatoire sur les entiers avec probabilités de transition données par

$$P_{i,i+1} = p, \quad P_{i,i-1} = q = 1 - p,$$

avec $0 < p < 1$. (a) Déterminer $P_{ij}^{(n)}$ et en déduire que tous les états communiquent entre eux, et donc que la chaîne est nécessairement irréductible. (b) Montrer que les états de la marche aléatoire ne peuvent être récurrents positifs en utilisant la formule de Stirling donnée par

$$\lim_{n\to\infty} \frac{n!}{n^{n+1/2}e^{-n}\sqrt{2\pi}} = 1.$$

(c) Montrer que tous les états sont récurrents nuls si $p = 1/2$, et transients sinon. *Remarque.* Si $a_n, b_n \geq 0$ et $\lim_{n\to\infty} a_n/b_n = 1$, alors $\sum_{n=1}^{\infty} a_n$ et $\sum_{n=1}^{\infty} b_n$ convergent ou divergent ensemble.

1.17. Dans un test de Vrai ou Faux, les questions sont posées de telle façon que suite à une réponse Vrai, une réponse Vrai est choisie les trois quarts du temps en moyenne et suite à une réponse Faux, une réponse Faux est choisie les deux tiers du temps en moyenne. Quelle est la fraction attendue des réponses Vrai sur un grand nombre de questions ?

1.18. Supposons que, d'une génération à la suivante, les familles changent de groupe de revenu (bas, moyen, élevé) selon une chaîne de Markov dont la matrice de transition est

$$P = \begin{pmatrix} 0{,}6 & 0{,}3 & 0{,}1 \\ 0{,}2 & 0{,}7 & 0{,}1 \\ 0{,}1 & 0{,}3 & 0{,}6 \end{pmatrix}.$$

Comment devraient se répartir les familles dans les trois groupes de revenu après un grand nombre de générations ?

1.19. Les résultats successifs de parties d'échecs d'un joueur contre un logiciel d'échecs suivent une chaîne de Markov sur les états V pour victoire, D pour défaite et N pour nulle avec la matrice de transition correspondante donnée par

$$P = \begin{pmatrix} 3/4 & 0 & 1/4 \\ 0 & 3/4 & 1/4 \\ 1/2 & 1/4 & 1/4 \end{pmatrix}.$$

Déterminer : (a) la proportion moyenne de victoires à long terme de ce joueur ; et (b) l'espérance du nombre de parties d'une victoire à la suivante.

1.20. Soit S_n la somme des points obtenus en lançant un dé non pipé n fois de façon indépendante. La probabilité que S_n soit un multiple du nombre 6 converge-t-elle lorsque n tend vers l'infini ? Si oui, quelle est la limite ?

1.21. Une chaîne de Markov sur les états $0, 1, 2, 3$ et 4 a comme matrice de transition

$$P = \begin{pmatrix} 0 & 0 & 1/2 & 1/4 & 1/4 \\ 0 & 1/2 & 1/2 & 0 & 0 \\ 0 & 1/4 & 3/4 & 0 & 0 \\ 0 & 0 & 0 & 1 & 0 \\ 1 & 0 & 0 & 0 & 0 \end{pmatrix}.$$

Déterminer, si elles existent, les limites des probabilités de transition en n pas suivantes : (a) $\lim_{n\to\infty} P_{00}^{(n)}$; (b) $\lim_{n\to\infty} P_{01}^{(n)}$.

1.22. Une boutique d'électronique garde en inventaire au plus 3 unités d'un produit, alors que chaque jour, la demande est de 0, 1, 2 et 3 avec probabilités correspondantes 3/10, 4/10, 2/10 et 1/10. Elle renouvelle l'inventaire à 3 unités pour le lendemain matin seulement si le nombre d'unités du produit est inférieur ou égal à 1 en fin de journée. Déterminer : (a) la matrice de transition pour le nombre d'unités à la fin d'une journée, d'une journée à la suivante ; (b) le profit net moyen par jour à long terme si le profit réalisé sur une unité vendue est de 12 dollars et le coût pour garder une unité en inventaire durant une nuit est de 2 dollars. Comparer ce profit à celui obtenu dans le cas où l'inventaire est toujours renouvelé à 3 unités pour le lendemain matin.

1.23. Montrer avec un exemple qu'une chaîne de Markov avec deux classes d'équivalence (la chaîne n'est donc pas irréductible) peut avoir plusieurs distributions stationnaires même si les deux classes sont ergodiques.

1.24. Une chaîne de Markov sur un nombre fini d'états avec matrice de transition P est dite ***régulière*** s'il existe un entier $N \geq 1$ tel que la matrice P^N est strictement positive (c'est-à-dire que toutes ses entrées sont supérieures à 0). Montrer que la chaîne de Markov sur les états $0, 1, 2, 3$ et 4 avec la matrice de transition ci-dessous est régulière et trouver sa distribution stationnaire :

$$P = \begin{pmatrix} 3/4 & 1/4 & 0 & 0 & 0 \\ 3/4 & 0 & 1/4 & 0 & 0 \\ 3/4 & 0 & 0 & 1/4 & 0 \\ 3/4 & 0 & 0 & 0 & 1/4 \\ 1 & 0 & 0 & 0 & 0 \end{pmatrix}.$$

1.25. Une sauterelle se déplace sur les sites 0, 1 et 2 disposés sur un cercle en allant à chaque saut au site adjacent dans le sens des aiguilles d'une montre avec probabilité p et au site adjacent dans le sens contraire avec probabilité $1-p$. Soit $P_{ij}^{(n)}$ la probabilité de passer du site i au site j en n sauts. (a) Déterminer les valeurs de p pour lesquelles $P_{ij}^{(n)}$ converge pour tous i, j et trouver alors les valeurs limites. (b) Répondre à la même question pour $(1/n)\sum_{k=0}^{n-1} P_{ij}^{(k)}$. (c) Répondre aux deux mêmes questions dans le cas où on ajoute un site 3.

1.26. Dans une population, il y a trois types de caractères génétiques, soit D pour dominant, R pour récessif et H pour hybride. En supposant des accouplements entre frères et soeurs au hasard à l'intérieur des familles, les lois de Mendel prédisent les probabilités de transition ci-dessous d'une génération à la suivante pour les couples de parents DD, RR, DH, DR, HH et HR dans cet ordre :

$$P = \begin{pmatrix} 1 & 0 & 0 & 0 & 0 & 0 \\ 0 & 1 & 0 & 0 & 0 & 0 \\ 1/4 & 0 & 1/2 & 0 & 1/4 & 0 \\ 0 & 0 & 0 & 0 & 1 & 0 \\ 1/16 & 1/16 & 1/4 & 1/8 & 1/4 & 1/4 \\ 0 & 1/4 & 0 & 0 & 1/4 & 1/2 \end{pmatrix}.$$

Déterminer, si elle existe, la distribution limite des couples de parents étant donné un couple HH initialement.

1.27. Le modèle de diffusion d'Ehrenfest pour le nombre de molécules d'un gaz dans un compartiment A qui communique avec un compartiment B qui contiennent ensemble m molécules (on peut aussi imaginer m puces sur deux chiens, A et B) admet les probabilités de transition

$$P_{i,i-1} = \frac{i}{m}, \quad P_{i,i+1} = \frac{m-i}{m},$$

pour $i = 1, \ldots, m-1$ et $P_{0,1} = P_{m,m-1} = 1$. Cette chaîne est irréductible. (a) Vérifier que la distribution binomiale de paramètres m et $1/2$ donnée par

$$\pi_i = \frac{m!}{i!(m-i)!2^m},$$

pour $i = 0, 1, \ldots, m$, satisfait les équations de stationnarité et qu'elle est donc la distribution stationnaire. (b) Est-ce que $P_{i,i}^{(n)}$ converge vers π_i pour tout i lorsque n tend vers l'infini ? Justifier brièvement.

1.28. Une chaîne de Markov à temps discret sur les entiers supérieurs ou égaux à 0 a comme probabilités de transition

$$P_{i,i+1} = p, \quad P_{i,i} = q, \quad P_{i,0} = 1 - p - q,$$

pour tout $i \geq 1$, et $P_{0,1} = p, P_{0,0} = 1 - p$, avec $p, q > 0$ et $p + q < 1$. Déterminer : (a) les valeurs de p et q pour lesquelles la chaîne est récurrente positive ; (b) l'espérance du temps de premier retour à l'état 0 à partir de l'état 0 lorsque la chaîne est récurrente positive.

1.29. Une chaîne de Markov à temps discret sur les entiers supérieurs ou égaux à 0 a comme probabilités de transition

$$P_{i,i+1} = \frac{1}{2(i+1)}, \quad P_{i,0} = 1 - \frac{1}{2(i+1)},$$

pour $i \geq 0$. Déterminer : (a) les classes d'états et leur type (transiente, récurrente positive ou nulle, ergodique) ; (b) $\lim_{n\to\infty} P_{0,2}^{(n)}$ si la limite existe, en précisant pourquoi la limite existe ou pourquoi elle n'existe pas.

1.30. Une machine à sous dans un casino vous donne 3 dollars si vous gagnez une partie, mais il faut payer 2 dollars par partie pour jouer. Il est annoncé sur la machine qu'il y a toujours au moins une chance sur deux de gagner à chaque partie. En effet, la probabilité de succès à une partie est égale à $(k+1)/(k+2)$, où k représente le nombre de succès aux deux parties précédentes. Est-ce que cette machine à sous est profitable à long terme pour le casino ?

1.31. Supposons qu'un jour ensoleillé (S) est suivi d'un jour ensoleillé avec probabilité $2/3$ et d'un jour nuageux avec probabilité $1/3$, indépendamment du temps des autres jours, alors qu'un jour nuageux (N) est suivi d'un jour nuageux avec probabilité $1/2$ et d'un jour ensoleillé avec probabilité $1/2$, indépendamment du temps des autres jours. Étant donné que c'est nuageux depuis deux jours, quelle est l'espérance du nombre de jours nuageux supplémentaires avant d'avoir deux jours ensoleillés consécutifs ?

1.32. Un joueur de basketball a manqué ses deux premiers paniers et par la suite, il réussit un panier avec les probabilités suivantes : $1/2$ s'il a manqué ses deux paniers précédents, $2/3$ s'il a manqué l'un ou l'autre de ses deux paniers précédents et $3/4$ s'il a réussi ses deux paniers précédents. Déterminer : (a) l'espérance du nombre de tentatives, en excluant les deux premières, pour réussir deux paniers consécutifs ; (b) l'espérance du nombre de paniers réussis sur toutes les tentatives décrites en (a).

1.33. Une compagnie d'assurances utilise un système de bonus-malus avec des niveaux de risque représentés par les entiers naturels. Si un assuré ne fait aucune réclamation durant une année et survit, ce qui se produit avec probabilité $3/4$, son niveau de risque est diminué de 1 l'année suivante (ou reste le même si ce niveau est 1), alors que s'il fait une réclamation et survit, ce qui a probabilité $1/8$, son niveau de risque est augmenté de 1. S'il décède, avec la probabilité complémentaire 1/8, son niveau de risque tombe à 0. Calculer : (a) la probabilité que l'assuré décède avant d'atteindre le niveau de risque 3 à partir du niveau 1 ; et (b) l'espérance du nombre d'années sans réclamation avant que l'assuré ne décède ou n'atteigne le niveau de risque 3 à partir du niveau 1.

1.34. Deux amies, Ariane (A) et Béatrice (B), jouent à roche-papier-ciseaux jusqu'à ce que l'une des deux mène par deux parties, roche (R) l'emportant sur ciseaux, papier (P) l'emportant sur roche, ciseaux (C) l'emportant sur papier, et deux stratégies identiques créant l'égalité en effaçant tous les gains précédents. Les cinq états possibles pour décrire l'issue du jeu sont : -2 pour victoire de A, -1 pour avantage pou A, 0 pour égalité, $+1$ pour avantage pou B, $+2$ pour victoire de B. Ainsi, si les stratégies utilisées par A et B, respectivement, au cours des 5 premières parties sont *(R, P)*, *(C, P)*, *(P, R)*, *(C, C)* et *(C, R)*, les états consécutifs à partir de l'état initial 0 sont $+1$, 0, -1, 0 et $+1$. On suppose qu'Ariane et Béatrice choisissent chaque fois leur stratégie au hasard et indépendamment. Déterminer : (a) la matrice de transition de cette chaîne ; (b) les classes d'états et leur type (transiente, récurrente positive ou nulle, périodique ou apériodique) ; (c) l'espérance du nombre de parties avant la fin du jeu.

1.35. Dans une série de parties indépendantes, un joueur mise 1 dollar sur chaque partie. Selon l'issue de la partie, on suppose que le joueur triple sa mise avec probabilité 1/7, qu'il la double avec probabilité 1/2, et qu'il la perd sinon. Déterminer la probabilité de la ruine du joueur étant donné qu'il dispose d'un avoir initial de 5 dollars.

1.36. Le nombre d'individus produits par chaque individu dans un processus de branchement est 1, 2 ou 3 avec la même probabilité p, et 0 avec la probabilité $1 - 3p$, pour $0 < p < 1$, indépendamment de tous les autres. Déterminer : (a) la condition sur p pour que la descendance d'un individu ne s'éteigne pas avec probabilité 1 ; (b) la probabilité d'extinction de la descendance d'un individu sous la condition trouvée en (a).

1.37. On considère un processus de branchement avec générations séparées et on suppose que chaque individu de chaque génération, indépendamment de tous les autres, produit $2k$ individus de la génération suivante avec probabilité $(1-p)p^k$ pour $k \geq 0$, où $0 < p < 1$. Il est à noter que le nombre d'individus produits est pair avec une probabilité qui est égale à 1. Déterminer : (a) les valeurs de p pour lesquelles l'extinction de la descendance d'un individu est certaine ; dans ce cas, (b) l'espérance du nombre total de descendants d'un individu avant l'extinction ; et dans le cas contraire, (c) la probabilité d'extinction de la descendance d'un individu.

1.38. On considère le modèle de la ruine du joueur avec un avoir initial $S_0 = 1$ et un avoir après n parties pour $n \geq 1$ donné par

$$S_n = S_0 + \xi_1 + \cdots + \xi_n,$$

où $\xi_k = 2$ avec probabilité p et $\xi_k = -1$ avec probabilité $1-p$, indépendamment pour $k \geq 1$ avec $0 < p < 1$. Cela signifie que le joueur mise 1 sur chaque partie, qu'il gagne le double de sa mise en plus de récupérer celle-ci avec probabilité p, et qu'il perd cette mise avec probabilité $1-p$. On définit

$$N = \min\{n \geq 1 : S_n = 0\},$$

qui représente le temps jusqu'à la ruine du joueur. En utilisant la théorie des processus de branchement, déterminer les valeurs de p pour lesquelles : (a) la ruine est certaine, c'est-à-dire $Pr(N < \infty) = 1$; et (b) la ruine se produit en un temps moyen fini, c'est-à-dire $E(N) < \infty$. Dans ce cas, quelle est la valeur de $E(N)$?

1.39. Supposons que le nombre d'étudiants gradués supervisés par un professeur d'une année à la suivante suive une chaîne de Markov sur les entiers $0, 1, 2, 3$ et 4 avec probabilités de transition données par

$$P_{01} = P_{43} = 1 \text{ et } P_{i,i-1} = P_{i,i+1} = 1/2, \text{ pour } i = 1, 2, 3.$$

(a) Pourquoi la distribution stationnaire existe-t-elle et quelle est-elle ? (b) Quelle est la proportion moyenne de temps à long terme où ce professeur supervisera au moins un étudiant ? (c) En supposant que ce professeur commence à superviser un premier étudiant cette année, quelle est l'espérance du nombre d'années consécutives (en incluant l'année en cours) durant lesquelles ce professeur supervisera au moins un étudiant ? (d) Est-ce que $P_{00}^{(n)}$ converge lorsque $n \to \infty$ et pourquoi ?

1.40. Une chaîne de Markov sur les états 0, 1, 2, 3 et 4 a comme matrice de transition

$$P = \begin{pmatrix} 1/3 & 2/3 & 0 & 0 & 0 \\ 1/3 & 0 & 2/3 & 0 & 0 \\ 0 & 1/3 & 2/3 & 0 & 0 \\ 1/4 & 1/4 & 1/4 & 0 & 1/4 \\ 1/4 & 1/4 & 1/4 & 1/4 & 0 \end{pmatrix}.$$

Déterminer : (a) les classes d'états et leur type (transiente, récurrente nulle ou positive, périodique) ; (b) $\lim_{n\to\infty} P^n$.

1.41. Une chaîne de Markov à temps discret sur les états 0, 1, 2, 3 et 4 a des probabilités de transition en un pas données par la matrice

$$P = \begin{pmatrix} 0 & 1/4 & 1/4 & 1/4 & 1/4 \\ 0 & 1/2 & 0 & 1/2 & 0 \\ 0 & 0 & 1 & 0 & 0 \\ 0 & 1/4 & 0 & 3/4 & 0 \\ 1/4 & 1/4 & 1/4 & 1/4 & 0 \end{pmatrix}.$$

Déterminer : (a) les classes d'états et leur type (transiente ou récurrente, et dans ce cas récurrente positive ou nulle, apériodique ou périodique, et dans ce cas leur période, ergodique) ; (b) la limite lorsque n tend vers l'infini de la probabilité de transition de 0 à 1 en n pas, $P_{01}^{(n)}$, si cette limite existe.

1.42. Une chaîne de Markov à temps discret sur les états 0, 1, 2, 3 et 4 possède des probabilités de transition en un pas données par la matrice

$$P = \begin{pmatrix} 0 & 1/3 & 1/3 & 1/3 & 0 \\ 1/2 & 0 & 1/4 & 0 & 1/4 \\ 0 & 0 & 1 & 0 & 0 \\ 0 & 0 & 0 & 1/3 & 2/3 \\ 0 & 0 & 0 & 2/3 & 1/3 \end{pmatrix}.$$

Déterminer : (a) les classes d'états et leur type (transiente, récurrente positive ou nulle, périodique ou apériodique) ; (b) la limite lorsque n tend vers l'infini de la probabilité de transition de 0 à 4 en n pas, $P_{04}^{(n)}$, si la limite existe.

1.43. Une chaîne de Markov à temps discret sur les états 0, 1, 2, 3 et 4 a des probabilités de transition en un pas données par la matrice

$$P = \begin{pmatrix} 1 & 0 & 0 & 0 & 0 \\ 0 & 1/2 & 0 & 0 & 1/2 \\ 1/2 & 0 & 0 & 1/2 & 0 \\ 0 & 0 & 1/2 & 0 & 1/2 \\ 0 & 1/4 & 0 & 0 & 3/4 \end{pmatrix}.$$

Déterminer : (a) les classes d'états et leur type (transiente ou récurrente, et dans ce cas récurrente positive ou nulle, apériodique ou périodique, et dans ce cas leur période) ; (b) la limite lorsque n tend vers l'infini de la probabilité de transition de 2 à 1 en n pas, $P_{21}^{(n)}$, si cette limite existe.

1.44. Une chaîne de Markov à temps discret sur les états $0, 1, \ldots, 5$ a des probabilités de transition en un pas données par la matrice

$$P = \begin{pmatrix} 0 & 1/3 & 0 & 1/3 & 0 & 1/3 \\ 1 & 0 & 0 & 0 & 0 & 0 \\ 0 & 1 & 0 & 0 & 0 & 0 \\ 0 & 0 & 1 & 0 & 0 & 0 \\ 0 & 0 & 0 & 1 & 0 & 0 \\ 0 & 0 & 0 & 0 & 1 & 0 \end{pmatrix}.$$

Déterminer : (a) la distribution stationnaire si elle existe ; (b) la limite lorsque n tend vers l'infini de la probabilité de transition de 0 à 0 en n pas, $P_{00}^{(n)}$, si la limite existe ; (c) la limite lorsque n tend vers l'infini de $(1/n)\sum_{k=0}^{n-1} P_{05}^{(k)}$, où $P_{05}^{(k)}$ est la probabilité de transition de 0 à 5 en un nombre k de pas, si la limite existe. Justifier brièvement l'existence ou non de la limite dans chaque cas.

1.45. Une personne dispose de trois parapluies qui sont ou bien au bureau ou bien à la maison. Au départ de la maison tous les matins et du bureau tous les soirs, elle prend un parapluie s'il pleut à ce moment-là et s'il y a un parapluie disponible à cet endroit-là. Supposons qu'il pleuve à chaque départ avec probabilité $1/4$ indépendamment de tous les autres. Soit X_n le nombre de parapluies disponibles au lieu du départ au moment du n-ième départ. Déterminer : (a) les états et la matrice de transition de cette chaîne ; (b) la proportion moyenne de fois à long terme que la personne se fera mouiller parce qu'il pleut au moment du départ et qu'il n'y a aucun parapluie disponible au lieu du départ à ce moment-là.

1.46. Les probabilités de transition en un pas d'une chaîne de Markov sur les états $0, 1, \ldots, 5$ sont représentées dans la figure 26. Calculer la limite de $P_{51}^{(n)}$ lorsque $n \to \infty$. Justifier votre réponse.

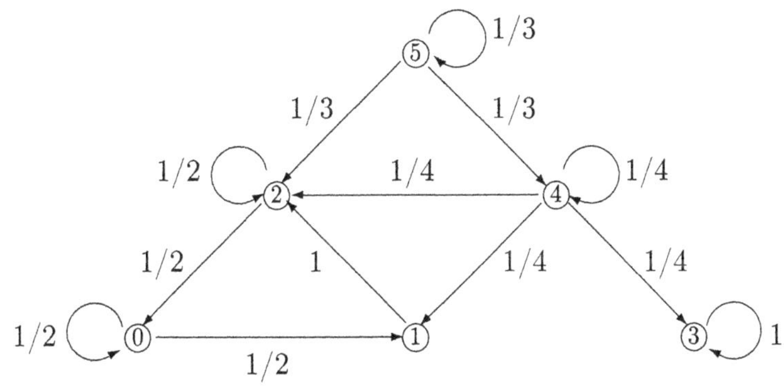

FIGURE 26. Probabilités de transition pour 6 états.

1.47. Une chaîne de Markov sur les états 0, 1, 2, 3 et 4 a comme matrice de transition

$$P = \begin{pmatrix} 0 & 1/2 & 1/2 & 0 & 0 \\ 1/3 & 0 & 1/3 & 1/3 & 0 \\ 0 & 0 & 1 & 0 & 0 \\ 0 & 0 & 0 & 1/4 & 3/4 \\ 0 & 0 & 0 & 3/4 & 1/4 \end{pmatrix}.$$

Déterminer : (a) les classes d'états et leur type (transiente, récurrente positive ou nulle, périodique ou apériodique) ; (b) la probabilité d'atteindre ultimement l'état 4 à partir de l'état 0, représentée par f_{04} ; et (c) la limite de la probabilité de transition de l'état initial 0 à l'état 4 après n pas lorsque $n \to \infty$, c'est-à-dire $\lim_{n\to\infty} P_{04}^{(n)}$.

Chapitre 2

Chaînes de Markov à temps continu

2.1 Description générale

La description des chaînes de Markov à temps continu présentée dans cette section est la plus intuitive. Il s'agit en fait d'une construction à partir de temps de séjour et de probabilités de changement d'état sous des conditions qui sont généralement vérifiées. Cette description n'est cependant pas la plus générale. Elle exclut notamment la possibilité de temps de séjour instantanés. Elle convient toutefois pour la plupart des applications.

2.1.1 Retour sur les chaînes à temps discret

Considérons une chaîne de Markov $\{X_n\}_{n\geq 0}$ à temps discret sur les états $i \geq 0$, dont les probabilités de transition sont données par P_{ij}, pour $i, j \geq 0$. Un temps de séjour à l'état i est noté S_i. La figure 27 illustre la situation.

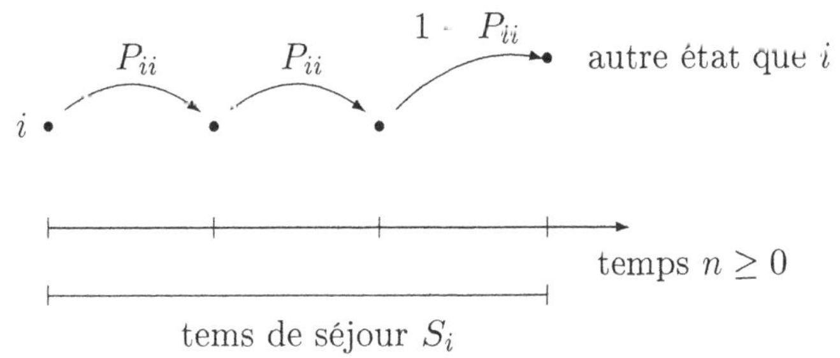

FIGURE 27. Temps de séjour à un état i d'une chaîne de Markov à temps discret.

Le temps S_i correspond à un nombre de transitions avant de changer d'état à partir de l'état i. On remarque les propriétés ci-dessous.

- Le temps de séjour S_i prend la valeur entière $k \geq 1$ avec probabilité

$$Pr(S_i = k) = P_{ii}^{k-1}(1 - P_{ii}),$$

  et par conséquent,

$$Pr(S_i > l) = \sum_{k \geq l+1} Pr(S_i = k) = (1 - P_{ii}) \sum_{k \geq l+1} P_{ii}^k = P_{ii}^l,$$

  pour tout entier $l \geq 0$.

- Le temps de séjour S_i est donc une variable aléatoire discrète qui suit une *loi géométrique* de paramètre $1 - P_{ii}$, ce qui est noté $S_i \sim \mathrm{G}(1 - P_{ii})$. Le cas $P_{ii} = 0$ correspond à un temps de séjour de 1 pour un état *réfléchissant* et le cas $P_{ii} = 1$ à un temps de séjour infini pour un état *absorbant*.

- L'espérance du temps de séjour S_i est donnée par

$$E(S_i) = \sum_{l \geq 0} Pr(S_i > l) = \sum_{l \geq 0} P_{ii}^l = \frac{1}{1 - P_{ii}}.$$

- La loi de probabilité du temps de séjour S_i est *sans mémoire*, car pour tous entiers $k, l \geq 1$, on a

$$\begin{aligned} Pr(S_i > k + l \mid S_i > k) &= \frac{Pr(S_i > k + l)}{Pr(S_i > k)} \\ &= \frac{P_{ii}^{k+l}}{P_{ii}^k} \\ &= P_{ii}^l \\ &= Pr(S_i > l). \end{aligned}$$

- Par la propriété markovienne, le temps de séjour S_i à l'état i est indépendant des états visités auparavant et des temps de séjour à ces états.

- Finalement, les probabilités de transition conditionnelles étant donné qu'il y a changement d'état à partir de i, c'est-à-dire lorsqu'on quitte l'état i, ne dépendent pas des temps de séjour et des transitions qui ont précédé. De plus, ces probabilités sont données par

$$q_{ij} = \begin{cases} \dfrac{P_{ij}}{1 - P_{ii}} & \text{si } j \neq i, \\ 0 & \text{si } j = i. \end{cases}$$

Par convention, $q_{ij} = 0$ pour tout j si $P_{ii} = 1$, c'est-à-dire si i est absorbant.

La matrice de transition lorsqu'il y a changement d'état, soit $Q = (q_{ij})$, dont l'entrée sur la rangée i et dans la colonne j est donnée par la probabilité q_{ij}, pour tous les états i et j, ainsi que les paramètres des lois géométriques pour les temps de séjour décrivent entièrement la chaîne.

2.1.2 Chaînes à temps continu

Considérons maintenant un temps de séjour S_i à un état $i \geq 0$ dans un contexte de processus à temps continu $\{X_t\}_{t \geq 0}$. La figure 28 illustre un tel temps.

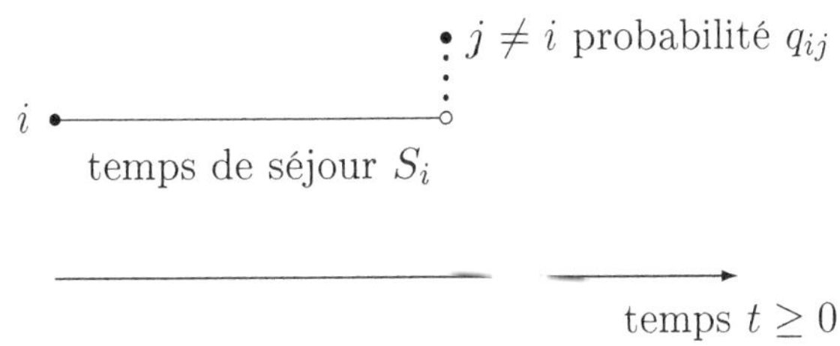

FIGURE 28. Temps de séjour à un état i d'une chaîne de Markov à temps continu.

On a par hypothèse les propriétés ci-dessous.

- Le temps de séjour S_i est une variable aléatoire de loi continue à valeurs réelles strictement positives, interdisant ainsi les visites instantanées. Il suit en fait une *loi exponentielle* de paramètre $0 \leq \lambda_i < \infty$, ce qui est noté $S_i \sim \text{Exp}(\lambda_i)$, avec $\lambda_i = 0$ lorsque i est un état *absorbant*.

- Le temps de séjour S_i prend donc une valeur réelle supérieure à $h > 0$ avec probabilité

$$Pr(S_i > h) = \int_h^\infty \lambda_i e^{-\lambda_i t} dt = e^{-\lambda_i h}.$$

Par un développement limité de Taylor, on obtient

$$Pr(S_i > h) = 1 - \lambda_i h + o(h),$$

où $o(h)/h \to 0$ lorsque $h \to 0$. On a donc

$$Pr(0 < S_i \leq h) = 1 - e^{-\lambda_i h} = \lambda_i h + o(h).$$

Ainsi, λ_i est le *taux* avec lequel on quitte l'état i. Il s'agit en fait d'un taux instantané. De plus, on a l'inégalité

$$Pr(0 < S_i \leq h) \leq \lambda_i h.$$

En effet, $1 - e^{-\lambda_i h}$ pour $h \geq 0$ est une fonction concave dont la dérivée à $h = 0$ est la pente de la droite $\lambda_i h$ pour $h \geq 0$. L'inégalité ci-dessus en découle comme illustré dans la figure 29.

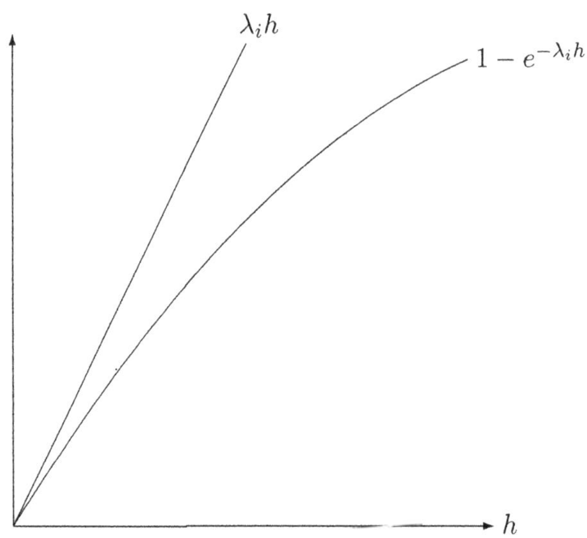

FIGURE 29. Représentation de l'inégalité $1 - e^{-\lambda_i h} \leq \lambda_i h$.

– L'espérance du temps de séjour S_i est donnée par

$$E(S_i) = \int_0^\infty Pr(S_i > h)dh = \int_0^\infty e^{-\lambda_i h}dh = \frac{1}{\lambda_i}.$$

- La loi de probabilité du temps de séjour S_i est *sans mémoire*, car pour tous nombres réels $s, h > 0$, on a

$$\begin{aligned} Pr(S_i > s + h \mid S_i > s) &= \frac{Pr(S_i > s + h)}{Pr(S_i > s)} \\ &= \frac{e^{-\lambda_i(s+h)}}{e^{-\lambda_i s}} \\ &= e^{-\lambda_i h} \\ &= Pr(S_i > h). \end{aligned}$$

- Le temps de séjour S_i à l'état i est indépendant des états visités auparavant et des temps de séjour à ces états.

- Lorsqu'on quitte l'état i, il y a transition de i à $j \neq i$ avec probabilité q_{ij}, indépendamment des temps de séjour et des transitions qui ont précédé. On a $q_{ij} = 0$ par définition si $j = i$, ou par convention si i est absorbant ($\lambda_i = 0$). Si i n'est pas absorbant ($\lambda_i > 0$), alors on a

$$\sum_j q_{ij} = 1.$$

La matrice de transition lorsqu'il y a changement d'état, soit $Q = (q_{ij})$, et les paramètres des lois exponentielles pour les temps de séjour décrivent entièrement le processus. Si on définit X_t comme l'état à l'instant t, alors $\{X_t\}_{t \geq 0}$ est une *chaîne de Markov à temps continu*, c'est-à-dire

$$\begin{aligned} Pr(X_{t+h} = j \mid X_t = i, X_s = i_s \text{ pour } 0 \leq s < t) &= Pr(X_{t+h} = j \mid X_t = i) \\ &= P_{ij}(h), \end{aligned}$$

pour tous les états j, i, i_s pour $0 \leq s < t$ et pour tous nombres réels $t, h > 0$. Les probabilités $P_{ij}(h)$ sont des *probabilités de transition* du début à la fin d'un intervalle de temps de longueur $h > 0$.

Remarque. Les chaînes à temps discret et les chaînes à temps continu ont des propriétés analogues. La plus importante de ces propriétés est d'être des processus sans mémoire : leur comportement futur étant donné l'état présent ne dépend pas des états et des temps de séjour passés. En effet, les temps de séjour sont sans mémoire et les changements d'état sont indépendants de tous les états précédents.

2.1.3 Minimum de variables de loi exponentielle

Soit $T_1, \ldots, T_n$ des variables aléatoires indépendantes de loi exponentielle de paramètres respectifs $\lambda_1, \ldots, \lambda_n$. On définit

$$T = \min(T_1, \ldots, T_n).$$

De façon typique, les variables $T_1, \ldots, T_n$ représentent des temps avant que des événements différents ne se produisent, et alors T est le temps avant que le premier de ces événements ne se produise. On a les propriétés suivantes :

(a) la variable aléatoire T est de loi exponentielle de paramètre $\lambda_1 + \cdots + \lambda_n$, c'est-à-dire

$$T \sim \text{Exp}(\lambda_1 + \cdots + \lambda_n);$$

(b) la variable aléatoire T prend la valeur de T_i avec une probabilité proportionnelle à λ_i, c'est-à-dire

$$Pr(T = T_i) = \frac{\lambda_i}{\lambda_1 + \cdots + \lambda_n},$$

pour $i = 1, \ldots, n$; et

(c) l'événement $T = T_i$ est indépendant de la variable aléatoire T.

Démonstration

(a) En utilisant les hypothèses d'indépendance et de loi exponentielle pour les variables aléatoires $T_1, \ldots, T_n$, on obtient

$$\begin{aligned} Pr(T > t) &= Pr(\min(T_1, \ldots, T_n) > t) \\ &= Pr(T_1 > t, \ldots, T_n > t) \\ &= Pr(T_1 > t) \times \cdots \times Pr(T_n > t) \\ &= e^{-\lambda_1 t} \times \cdots \times e^{-\lambda_n t} \\ &= e^{-(\lambda_1 + \cdots + \lambda_n)t}, \end{aligned}$$

pour tout $t > 0$.

(b) En conditionnant sur la valeur prise par T_i et en utilisant l'indépendance des variables $T_1, \ldots, T_n$, on calcule

$$\begin{aligned}
Pr(T = T_i) &= \int_0^\infty Pr(T_j \geq s \text{ pour tout } j \neq i)\lambda_i e^{-\lambda_i s} ds \\
&= \int_0^\infty \left(\prod_{j \neq i} e^{-\lambda_j s} \right) \lambda_i e^{-\lambda_i s} ds \\
&= \lambda_i \int_0^\infty \left(e^{-s \sum_{j=1}^n \lambda_j} \right) ds \\
&= \lambda_i \left(\frac{e^{-s \sum_{j=1}^n \lambda_j}}{-\sum_{j=1}^n \lambda_j} \right) \Bigg|_{s=0}^{\infty} \\
&= \frac{\lambda_i}{\sum_{j=1}^n \lambda_j}.
\end{aligned}$$

(c) En utilisant les mêmes arguments que précédemment, mais en conditionnant sur la valeur prise par $T_i > t$, on trouve

$$\begin{aligned}
Pr(T = T_i, T > t) &= \lambda_i \left(\frac{e^{-s \sum_{j=1}^n \lambda_j}}{-\sum_{j=1}^n \lambda_j} \right) \Bigg|_{s=t}^{\infty} \\
&= \frac{\lambda_i}{\sum_{j-1}^n \lambda_j} e^{-t \sum_{j=1}^n \lambda_j} \\
&= Pr(T = T_i) \times Pr(T > t),
\end{aligned}$$

pour tout $t > 0$.

2.1.4 Conditionnement sur le premier changement d'état

La probabilité d'atteindre ultimement un état à partir d'un autre état dans une chaîne de Markov à temps continu peut être obtenue en conditionnant sur le premier changement d'état. La méthode est analogue au conditionnement sur la première transition dans une chaîne de Markov à temps discret, mais en utilisant les probabilités de transition lorsqu'il y a changement d'état, qui sont données par les entrées de la matrice $Q = (q_{ij})$. On obtient ainsi un système d'équations linéaires qu'il suffit de résoudre.

Considérons par exemple l'espérance du temps avant d'atteindre un état à partir d'un autre état, disons

$$\tau_i = E(\text{temps avant l'état } 0 \mid \text{départ de l'état } i).$$

Un conditionnement sur le premier changement d'état donne l'équation

$$\tau_i = \frac{1}{\lambda_i} + \sum_j q_{ij}\tau_j,$$

où $1/\lambda_i$ est l'espérance d'un temps de séjour à l'état i, pour tout $i \neq 0$. Il suffit alors de résoudre ce système avec $\tau_0 = 0$.

2.1.5 Exemple : maintenance de rampes mobiles

Dans cet exemple, deux rampes mobiles fonctionnent indépendamment l'une de l'autre, chacune pendant un temps de loi $\text{Exp}(\mu)$, jusqu'à ce que l'une des deux tombe en panne. Lorsque cela se produit, la rampe mobile en panne est réparée par un technicien. Cependant, comme il y a un seul technicien, une seule rampe mobile peut être réparée à la fois. Le temps de cette réparation est de loi $\text{Exp}(\nu)$. Tous les temps de réparation et de fonctionnement sont indépendants.

Soit X_t le nombre de rampes mobiles qui fonctionnent à l'instant $t \geq 0$. Il y a trois états possibles : 0, 1 ou 2. Lorsqu'on est à l'état 0, on y reste jusqu'à ce que la rampe mobile qui est en réparation soit remise en fonction, soit un temps S_0 de loi $\text{Exp}(\nu)$. Si en revanche on est à l'état 2, on y reste jusqu'à ce que l'une des deux rampes mobiles qui sont en fonction tombe en panne, soit un temps $S_2 = \min(T_1, T_2)$, où T_1 et T_2 sont des variables aléatoires indépendantes de loi $\text{Exp}(\mu)$, donc un temps de loi $\text{Exp}(2\mu)$. Enfin, si on est à l'état 1, cela signifie qu'une rampe mobile est en fonction, ce qu'elle reste un temps T de loi $\text{Exp}(\mu)$, alors que l'autre est en réparation, ce qu'elle reste un temps R de loi $\text{Exp}(\nu)$ qui est indépendant de T. Dans ce cas, après un temps $S_1 = \min(T, R)$ de loi $\text{Exp}(\mu + \nu)$, il y a transition de l'état 1 à l'état 0 avec probabilité

$$q_{10} = Pr(S_1 = T) = \frac{\mu}{\mu + \nu},$$

et transition de l'état 1 à l'état 2 avec probabilité

$$q_{12} = Pr(S_1 = R) = \frac{\nu}{\mu + \nu}.$$

La situation est schématisée dans la figure 30.

On s'intéresse à l'espérance du temps avec au moins une rampe mobile en fonction à partir du moment où il y en a deux en fonction. On pose

$$\tau_i = E(\text{temps avant l'état } 0 \mid \text{départ de l'état } i),$$

pour $i = 0, 1, 2$, et on applique la méthode de conditionnement sur le premier changement d'état.

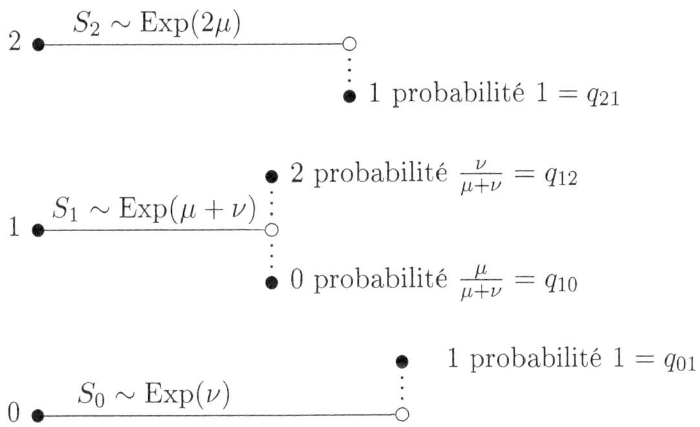

FIGURE 30. Temps de séjour aux différents états et probabilités de changement d'état pour des rampes mobiles.

On obtient alors le système d'équations linéaires

$$\begin{aligned} \tau_1 &= \frac{1}{\nu+\mu} + \frac{\mu}{\nu+\mu}\tau_0 + \frac{\nu}{\nu+\mu}\tau_2, \\ \tau_2 &= \frac{1}{2\mu} + \tau_1, \end{aligned}$$

avec $\tau_0 = 0$. En effet, une fois à l'état 1, par exemple, on y reste un temps de loi $\text{Exp}(\nu+\mu)$ d'espérance $1/(\nu+\mu)$, à la suite de quoi on passe ou bien à l'état 0 avec probabilité $\mu/(\nu+\mu)$, ou bien à l'état 2 avec probabilité $\nu/(\nu+\mu)$. Dans le premier cas, on ajoute τ_0, qui est trivialement 0, à l'espérance du temps avant d'atteindre l'état 0. Dans le deuxième cas, on ajoute τ_2, qui est à son tour l'espérance du temps passé à l'état 2, soit $1/(2\mu)$ plus l'espérance du temps avant d'atteindre l'état 0 à partir de l'état 1, soit τ_1. En exprimant τ_1 en fonction de τ_2, on obtient

$$\tau_2 = \frac{1}{2\mu} + \frac{1}{\nu+\mu} + \frac{\nu}{\nu+\mu}\tau_2,$$

d'où on trouve

$$\begin{aligned} \tau_2 &= \left(1 - \frac{\nu}{\nu+\mu}\right)^{-1}\left(\frac{\nu+3\mu}{2\mu(\nu+\mu)}\right) \\ &= \frac{\nu+3\mu}{2\mu^2}. \end{aligned}$$

2.1.6 Hypothèse supplémentaire sur les changements d'état

On fait une hypothèse supplémentaire qui rend négligeable la probabilité de plusieurs changements d'état sur un petit intervalle de temps.

Hypothèse supplémentaire. Pour tout état i, on a

$$Pr(2 \text{ changements d'état ou plus dans } [t, t+h] \mid \text{état } i \text{ à } t) = o(h).$$

Cette hypothèse fait en sorte que la probabilité de points d'accumulation pour les temps d'arrivée de changements d'état est nulle. Elle signifie donc que les changements d'état sont isolés avec probabilité 1.

L'hypothèse supplémentaire est vérifiée si

$$\sum_{j:j\neq i} \lambda_j q_{ij} < \infty,$$

pour tout état i. En effet, la probabilité ci-dessus satisfait (voir la figure 31)

$$\begin{aligned}\sum_{j:j\neq i} Pr(S_i + S_j < h) q_{ij} &\leq \sum_{j:j\neq i} Pr(S_i < h, S_j < h) q_{ij} \\ &= \sum_{j:j\neq i} Pr(S_i < h) Pr(S_j < h) q_{ij} \\ &\leq \sum_{j:j\neq i} \lambda_i \lambda_j h^2 q_{ij},\end{aligned}$$

d'où

$$\frac{1}{h} \sum_{j:j\neq i} Pr(S_i + S_j < h) q_{ij} \leq h\lambda_i \sum_{j:j\neq i} \lambda_j q_{ij} \to 0 \text{ lorsque } h \to 0.$$

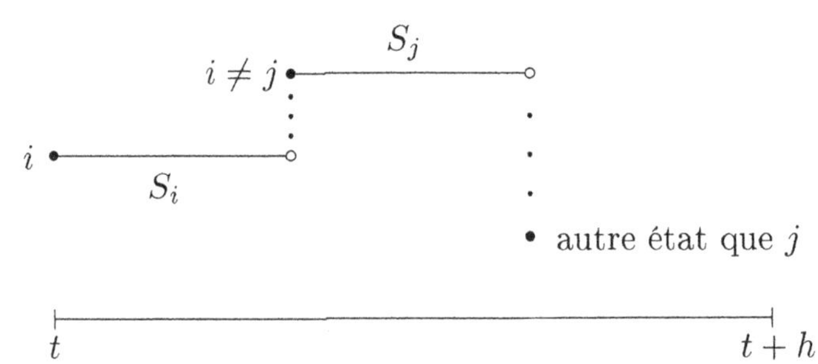

FIGURE 31. Au moins deux changements d'état dans l'intervalle de temps $[t, t+h]$ à partir de l'état i.

Remarque. L'hypothèse supplémentaire sur les changements d'état est vérifiée si l'une des conditions suivantes est satisfaite :

- le nombre d'états est fini ;
- $q_{ij} \neq 0$ pour un nombre fini de j pour tout i ; ou
- $\lambda_j \leq \lambda < \infty$ pour tout j.

Ces conditions couvrent tous les cas de chaîne de Markov à temps continu considérés dans ce chapitre.

2.1.7 Probabilités de transition infinitésimales

L'hypothèse supplémentaire sur les changements d'état permet d'obtenir des approximations pour les probabilités de transition sur de petits intervalles de temps, appelées *probabilités de transition infinitésimales*. Les deux situations pour le calcul de celles-ci sont illustrées dans la figure 32.

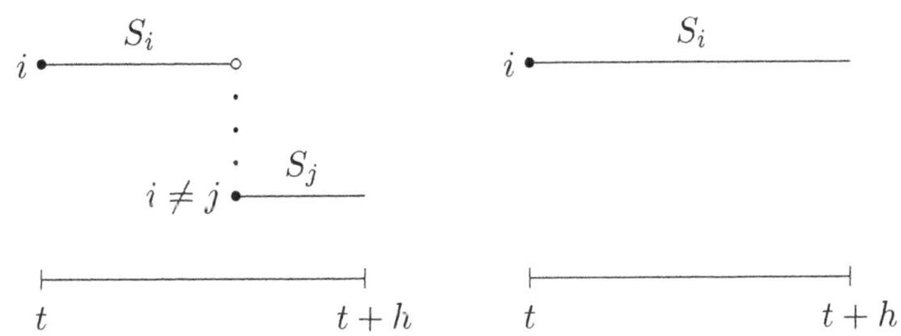

FIGURE 32. Deux situations avec au plus un changement d'état dans l'intervalle de temps $[t, t+h]$ à partir de l'état i.

Ainsi, pour tout $j \neq i$, on a

$$P_{ij}(h) = Pr(X_{t+h} = j \mid X_t = i) = Pr(S_i < h) \times q_{ij} \times Pr(S_j > h) + o(h),$$

où $o(h)$ représente la probabilité de réalisation de l'événement avec au moins deux changements d'état, donc avec $S_i, S_j < h$. On obtient alors

$$P_{ij}(h) = \lambda_i q_{ij} h + o(h).$$

Cela signifie que $\lambda_i q_{ij}$ est le *taux* avec lequel on quitte l'état i pour l'état j.

De même, on obtient

$$P_{ii}(h) = Pr(S_i > h) + o(h) = 1 - \lambda_i h + o(h),$$

où λ_i est le *taux* avec lequel on quitte l'état i.

2.2 Chaînes à espace d'états fini

L'objectif de cette section est d'évaluer les probabilités de transition $P_{ij}(t)$ pour tout $t \geq 0$ pour une chaîne de Markov à temps continu sur un nombre fini d'états, disons $i, j = 0, 1, \ldots, N$. La méthode pour le faire est de déduire, puis de résoudre un système d'équations différentielles.

2.2.1 Générateur et probabilités de transition

On a vu dans la section précédente que les probabilités de transition infinitésimales sont données par

$$P_{ij}(h) = \begin{cases} \lambda_i q_{ij} h + o(h) & \text{si } j \neq i, \\ 1 - \lambda_i h + o(h) & \text{si } j = i. \end{cases}$$

On en déduit que

$$\frac{P_{ij}(h) - P_{ij}(0)}{h} = \begin{cases} \lambda_i q_{ij} + \frac{o(h)}{h} & \text{si } j \neq i, \\ \\ -\lambda_i + \frac{o(h)}{h} & \text{si } j = i, \end{cases}$$

où $P_{ij}(0) = 1$ si $j = i$, et 0 sinon. On a alors

$$a_{ij} = \lim_{h \to 0} \frac{P_{ij}(h) - P_{ij}(0)}{h} = \begin{cases} \lambda_i q_{ij} \geq 0 & \text{si } j \neq i, \\ -\lambda_i \leq 0 & \text{si } j = i. \end{cases}$$

Ces limites sont les entrées du *générateur* de la chaîne, noté $A = (a_{ij})$. Les entrées de cette matrice satisfont

$$\sum_j a_{ij} = 0,$$

pour tout i. En effet,

$$\sum_j a_{ij} = a_{ii} + \sum_{j:j \neq i} a_{ij} = -\lambda_i + \lambda_i \sum_{j:j \neq i} q_{ij},$$

où

$$\sum_{j:j \neq i} q_{ij} = \begin{cases} 1 & \text{si } \lambda_i > 0, \\ 0 & \text{si } \lambda_i = 0. \end{cases}$$

En notation matricielle, on a donc

$$A\mathbf{1} = \mathbf{0},$$

où $\mathbf{1}$ est un vecteur dont toutes les composantes sont 1 et $\mathbf{0}$, un vecteur dont toutes les composantes sont 0. On remarque que $a_{ij} = 0$ pour tout j si i est absorbant ($\lambda_i = 0$).

Pour les probabilités de transition de l'instant 0 à l'instant $t + h$ pour $h > 0$ petit, on considère l'état à l'instant intermédiaire t (voir la figure 33). Ainsi, on obtient

$$P_{ij}(t+h) = \sum_k P_{ik}(t)P_{kj}(h),$$

pour $i, j = 0, 1, \ldots, N$. C'est l'*équation de Chapman-Kolmogorov.* En notation matricielle, on a donc

$$P(t+h) = P(t)P(h),$$

d'où

$$\frac{P(t+h) - P(t)}{h} = P(t)\frac{P(h) - I}{h},$$

avec I qui représente la matrice identité. On conclut alors que

$$P'(t) = \lim_{h \to 0} \frac{P(t+h) - P(t)}{h} = P(t) \lim_{h \to 0} \frac{P(h) - I}{h} = P(t)A.$$

C'est l'*équation progressive de Kolmogorov.*

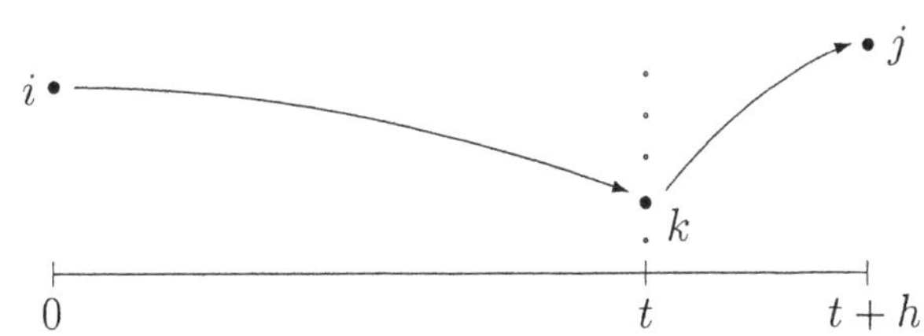

FIGURE 33. Transition de i à j de l'instant 0 à l'instant $t + h$ en passant par l'état k à l'instant intermédiaire t.

De même, si on considère l'état à l'instant intermédiaire h entre 0 et $t + h$ et qu'on laisse tendre h vers 0, on obtient l'équation différentielle matricielle

$$P'(t) = AP(t),$$

qui est l'*équation rétrograde de Kolmogorov.*

Les équations progressive et rétrograde de Kolmogorov ont comme solution

$$P(t) = e^{At} = \sum_{n\geq 0} \frac{A^n t^n}{n!}.$$

En effet, on a alors

$$\begin{aligned}
\frac{d}{dt}e^{At} &= \left(\sum_{n\geq 1} \frac{nA^{n-1}t^{n-1}}{n!}\right) A \\
&= \left(\sum_{n\geq 0} \frac{A^n t^n}{n!}\right) A \\
&= e^{At}A \\
&= Ae^{At}.
\end{aligned}$$

Pour calculer $P(t)$, on suppose ici que le générateur A est diagonalisable. On a donc

$$A = Q\Lambda Q^{-1},$$

où

$$\Lambda = \begin{pmatrix} \lambda_0 & & & \\ & \lambda_1 & & \\ & & \ddots & \\ & & & \lambda_N \end{pmatrix}$$

est la matrice diagonale des valeurs propres de A, répétées selon leurs multiplicités, et Q est une matrice inversible dont les colonnes sont des vecteurs propres à droite associés à ces valeurs propres. On a alors

$$\begin{aligned}
e^{At} &= \sum_{n\geq 0} \frac{Q\Lambda^n Q^{-1} t^n}{n!} \\
&= Q\left(\sum_{n\geq 0} \frac{\Lambda^n t^n}{n!}\right) Q^{-1} \\
&= Qe^{\Lambda t}Q^{-1} \\
&= Q \begin{pmatrix} e^{\lambda_0 t} & & & \\ & e^{\lambda_1 t} & & \\ & & \ddots & \\ & & & e^{\lambda_N t} \end{pmatrix} Q^{-1}.
\end{aligned}$$

2.2.2 Exemple : retour sur la maintenance de rampes mobiles

On reprend l'exemple des deux rampes mobiles avec les hypothèses suivantes :

- temps de fonctionnement de chaque rampe mobile de loi $\text{Exp}(\mu)$;
- une seule rampe mobile réparée à la fois et temps de réparation de loi $\text{Exp}(\nu)$; et
- indépendance de tous les temps de fonctionnement et de réparation.

On passe de l'état 0 à l'état 1 au taux ν et de l'état 2 à l'état 1 au taux 2μ, alors qu'on quitte l'état 1 pour l'état 2 au taux ν et pour l'état 0 au taux μ. Le générateur pour le nombre de rampes mobiles en fonction est donc donné par

$$A = \begin{pmatrix} -\nu & \nu & 0 \\ \mu & -(\nu+\mu) & \nu \\ 0 & 2\mu & -2\mu \end{pmatrix}.$$

On pose arbitrairement $\mu = 1$ et $\nu = 2$ de telle sorte que

$$A = \begin{pmatrix} -2 & 2 & 0 \\ 1 & -3 & 2 \\ 0 & 2 & -2 \end{pmatrix}.$$

Les valeurs propres sont alors obtenues en solutionnant l'équation caractéristique

$$\begin{aligned} 0 &= \det(A - \lambda I) \\ &= \det \begin{pmatrix} -\lambda-2 & 2 & 0 \\ 1 & -\lambda-3 & 2 \\ 0 & 2 & -\lambda-2 \end{pmatrix} \\ &= (-\lambda-2)\left((-\lambda-3)(-\lambda-2)-4\right) - 2(-\lambda-2) \\ &= -\lambda(\lambda+2)(\lambda+5). \end{aligned}$$

Les valeurs propres sont donc $\lambda = 0, -2, -5$. Des vecteurs propres à droite associés à ces valeurs propres sont obtenus en solutionnant l'équation

$$\lambda \begin{pmatrix} x \\ y \\ z \end{pmatrix} = A \begin{pmatrix} x \\ y \\ z \end{pmatrix} = \begin{pmatrix} -2x+2y \\ x-3y+2z \\ 2y-2z \end{pmatrix}.$$

Il y a trois cas à considérer :

- si $\lambda = 0$, alors

  $$x = y = z,$$

  d'où

  $$\begin{pmatrix} x \\ y \\ z \end{pmatrix} = \begin{pmatrix} 1 \\ 1 \\ 1 \end{pmatrix}$$

  en prenant arbitrairement $x = 1$;

- si $\lambda = -2$, alors

  $$y = 0, \quad x = -2z,$$

  et on obtient

  $$\begin{pmatrix} x \\ y \\ z \end{pmatrix} = \begin{pmatrix} -2 \\ 0 \\ 1 \end{pmatrix}$$

  en prenant arbitrairement $z = 1$;

- enfin, si $\lambda = -5$, alors

  $$3x = 3z = -2y,$$

  et dans ce cas,

  $$\begin{pmatrix} x \\ y \\ z \end{pmatrix} = \begin{pmatrix} -2 \\ 3 \\ -2 \end{pmatrix}$$

  en prenant arbitrairement $y = 3$.

On définit donc

$$Q = \begin{pmatrix} 1 & -2 & -2 \\ 1 & 0 & 3 \\ 1 & 1 & -2 \end{pmatrix}.$$

On trouve alors

$$Q^{-1} = -\frac{1}{15}\begin{pmatrix} -3 & -6 & -6 \\ 5 & 0 & -5 \\ 1 & -3 & 2 \end{pmatrix}.$$

La matrice A peut s'écrire sous la forme

$$\begin{aligned} A &= Q\Lambda Q^{-1} \\ &= \begin{pmatrix} 1 & -2 & -2 \\ 1 & 0 & 3 \\ 1 & 1 & 2 \end{pmatrix}\begin{pmatrix} 0 & 0 & 0 \\ 0 & -2 & 0 \\ 0 & 0 & -5 \end{pmatrix}\begin{pmatrix} 3 & 6 & 6 \\ -5 & 0 & 5 \\ -1 & 3 & -2 \end{pmatrix}\frac{1}{15}. \end{aligned}$$

La matrice de transition de l'instant 0 à l'instant t est alors donnée par

$$\begin{aligned} P(t) &= Qe^{\Lambda t}Q^{-1} \\ &= \begin{pmatrix} 1 & -2 & -2 \\ 1 & 0 & 3 \\ 1 & 1 & 2 \end{pmatrix}\begin{pmatrix} e^{0t} & 0 & 0 \\ 0 & e^{-2t} & 0 \\ 0 & 0 & e^{-5t} \end{pmatrix}\begin{pmatrix} 3 & 6 & 6 \\ -5 & 0 & 5 \\ -1 & 3 & -2 \end{pmatrix}\frac{1}{15}. \end{aligned}$$

Ainsi, on obtient

$$\begin{aligned} \lim_{t\to\infty} P(t) &= \begin{pmatrix} 1 & -2 & -2 \\ 1 & 0 & 3 \\ 1 & 1 & 2 \end{pmatrix}\begin{pmatrix} 1 & 0 & 0 \\ 0 & 0 & 0 \\ 0 & 0 & 0 \end{pmatrix}\begin{pmatrix} 3 & 6 & 6 \\ -5 & 0 & 5 \\ -1 & 3 & -2 \end{pmatrix}\frac{1}{15} \\ &= \begin{pmatrix} 1/5 & 2/5 & 2/5 \\ 1/5 & 2/5 & 2/5 \\ 1/5 & 2/5 & 2/5 \end{pmatrix}. \end{aligned}$$

Il est important de remarquer que toutes les lignes de la matrice de transition limite sont identiques, ce qui signifie que la chaîne oublie l'état initial à long terme. De plus, les entrées sur chaque ligne correspondent aux proportions moyennes de temps à long terme dans les états 0, 1 et 2, respectivement.

2.3 Processus de Poisson

2.3.1 Description générale

Un *processus de Poisson* est une chaîne de Markov à temps continu $\{X_t\}_{t\geq 0}$, qui compte le nombre d'arrivées d'un événement qui se produisent au hasard dans le temps à un taux constant, par exemple des clients ou des accidents. L'*intensité* d'un processus de Poisson est le taux instantané $\nu > 0$ avec lequel les arrivées se produisent.

Dans un processus de Poisson d'intensité ν, les temps entre deux arrivées consécutives, appelés *temps d'inter-arrivée*, sont indépendants et de loi exponentielle de paramètre ν. Si le nombre d'arrivées dans l'intervalle de temps $[0, t]$ est i, alors l'état du processus à l'instant $t \geq 0$ est i, c'est-à-dire $X_t = i$. Le temps avant l'arrivée du prochain événement est de loi $\text{Exp}(\nu)$. La chaîne passe alors de l'état i à l'état $i + 1$ avec probabilité 1.

Plus généralement, lorsque le taux d'arrivée dépend de l'état courant de telle sorte qu'on passe de l'état $i \geq 0$ à l'état $i+1$ avec probabilité 1 après un temps de loi $\text{Exp}(\nu_i)$, alors $\{X_t\}_{t\geq 0}$ où X_t représente l'état à l'instant $t \geq 0$ est appelé un *processus de naissance*. Un processus de naissance est donc un processus croissant sur tous les entiers positifs avec augmentation d'une unité à la fois avec probabilité 1. Le paramètre ν_i est le *taux de naissance* avec lequel on passe de l'entier $i \geq 0$ à l'entier suivant. La situation est schématisée dans la figure 34.

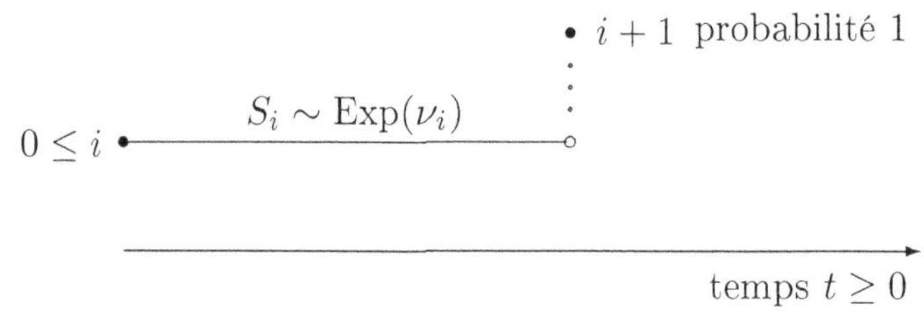

FIGURE 34. Processus de naissance, en particulier processus de Poisson lorsque $\nu_i = \nu$.

2.3.2 Nombre d'arrivées dans un intervalle de temps

Si $\{X_t\}_{t\geq 0}$ est un processus de Poisson d'intensité ν pour les arrivées d'un événement, alors le nombre d'arrivées dans l'intervalle de temps $[0, t]$ suit une loi de Poisson de paramètre νt, notée $\text{Poisson}(\nu t)$. En fait, cela est le cas pour le nombre d'arrivées dans tout intervalle de temps de longueur égale à t, indépendamment des arrivées en dehors de cet intervalle. Le processus est alors à *accroissements indépendants*.

La figure 35 représente un intervalle de temps $[0, t]$ subdivisé en N sous-intervalles de longueur t/N. On suppose que N est grand de telle sorte que t/N est petit et que la probabilité de deux arrivées ou plus dans un même sous-intervalle est négligeable. Pour chacun de ces sous-intervalles, la probabilité qu'un événement se produise est

$$p_N = Pr(S \leq t/N) = \frac{\nu t}{N} + o\left(\frac{t}{N}\right) \cong \frac{\nu t}{N}.$$

Ici, S est de loi $\mathrm{Exp}(\nu)$. D'autre part, la probabilité qu'aucun événement ne se produise est

$$1 - p_N = 1 - \frac{\nu t}{N} + o\left(\frac{t}{N}\right) \cong 1 - \frac{\nu t}{N}.$$

Enfin, l'arrivée ou non de l'événement dans tout sous-intervalle ne dépend pas de ce qui se passe dans les autres sous-intervalles.

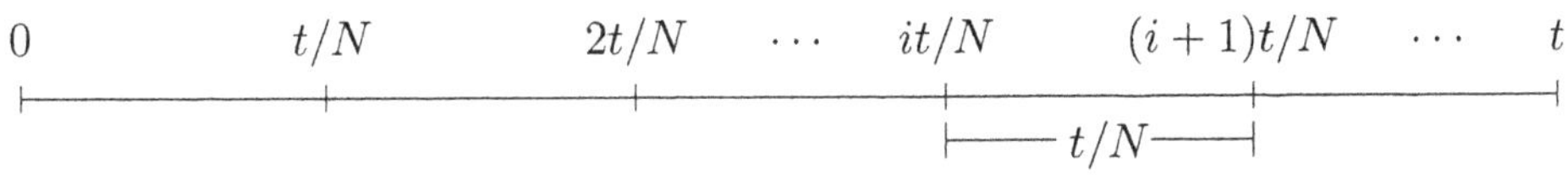

FIGURE 35. Intervalle $[0, t]$ subdivisé en N sous-intervalles de longueur t/N.

On s'intéresse au nombre d'événements qui se produisent dans l'intervalle de temps $[0, t]$, représenté par X_t. Les N sous-intervalles correspondent à N épreuves indépendantes, chacune donnant lieu à un succès (qui correspond à l'arrivée d'un événement) avec probabilité p_N ou à un échec avec probabilité $1 - p_N$. Le nombre total de succès suit alors une loi binomiale avec paramètres N et p_N dont l'espérance satisfait

$$Np_N \to \nu t,$$

et la variance

$$Np_N(1 - p_N) \to \nu t,$$

lorsque $N \to \infty$. On a donc l'approximation

$$\begin{aligned} Pr(X_t = k \mid X_0 = 0) &\cong \binom{N}{k}\left(\frac{\nu t}{N}\right)^k \left(1 - \frac{\nu t}{N}\right)^{N-k} \\ &= \frac{N}{N} \times \frac{N-1}{N} \times \cdots \times \frac{N-k+1}{N} \times \frac{(\nu t)^k}{k!} \times \frac{\left(1 - \frac{\nu t}{N}\right)^N}{\left(1 - \frac{\nu t}{N}\right)^k} \\ &\to \frac{(\nu t)^k}{k!} e^{-\nu t}, \end{aligned}$$

pour tout $k \geq 0$, lorsque $N \to \infty$.

Plus rigoureusement, l'équation de Chapman-Kolmogorov pour la probabilité de transition ci-dessus, représentée par $P_{0k}(t)$, donne

$$P_{0k}(t + h) = P_{0k}(t)(1 - \nu h + o(h)) + P_{0,k-1}(t)(\nu h + o(h)) + o(h),$$

pour tous $t, h > 0$ et tout $k \geq 1$. Cela conduit à l'équation différentielle

$$P'_{0k}(t) = \lim_{h \to 0} \frac{P_{0k}(t + h) - P_{0k}(t)}{h} = \nu P_{0,k-1}(t) - \nu P_{0k}(t).$$

En utilisant le fait que $P_{00}(t) = e^{-vt}$, il est facile de vérifier que

$$P_{0k}(t) = \frac{(\nu t)^k}{k!} e^{-\nu t},$$

pour tout $k \geq 0$. Cela signifie que X_t, étant donné que $X_0 = 0$, suit une loi de Poisson de paramètre νt, donc d'espérance et de variance données par νt.

En fait, le même raisonnement montre que

$$Pr(X_{t+s} - X_s = k \mid X_s = i) = \frac{(\nu t)^k}{k!} e^{-\nu t},$$

pour tout $s > 0$. L'indépendance de $X_{t+s} - X_s$ par rapport à X_s découle essentiellement du fait que la loi exponentielle est sans mémoire, et sa distribution est identique à celle de $X_t - X_0$ parce que l'intensité du processus est constante au cours du temps.

2.3.3 Distribution des temps d'arrivée

Le premier événement dans un processus de Poisson d'intensité ν arrive après un temps de loi exponentielle de paramètre ν. Le n-ième événement arrive après un temps

$$T_n = S_0 + \cdots + S_{n-1},$$

où $S_0, \ldots, S_{n-1}$ sont des variables aléatoires indépendantes de loi exponentielle de paramètre ν. Or,

$$Pr(T_n \leq t) = \sum_{k \geq n} P_{0k}(t) = \sum_{k \geq n} \frac{(\nu t)^k}{k!} e^{-\nu t}.$$

La fonction de densité de T_n est donnée par la dérivée de la probabilité ci-dessus par rapport à t, soit

$$\begin{aligned} \frac{d}{dt} Pr(T_n \leq t) &= -\nu e^{-\nu t} \sum_{k \geq n} \frac{(\nu t)^k}{k!} + \nu e^{-\nu t} \sum_{k \geq n} \frac{(\nu t)^{k-1}}{(k-1)!} \\ &= \nu e^{-\nu t} \frac{(\nu t)^{n-1}}{(n-1)!}, \end{aligned}$$

pour tout $t > 0$. La loi correspondante est appelée une *loi gamma* de paramètres n et ν, notée $\text{Gamma}(n, \nu)$.

2.3.4 Arrivée d'événements d'un type donné

On suppose que des événements (par exemple, des accidents) se produisent selon un processus de Poisson d'intensité ν et que chaque événement qui se produit est d'un type donné A (par exemple, un accident avec des blessures corporelles) avec la même probabilité p, indépendamment de tous les autres événements. Alors, les événements de type A se produisent selon un processus de Poisson d'intensité νp. Cela signifie que le taux d'arrivée des événements de type A est νp.

En effet, soit N le nombre d'événements à se produire avant qu'un événement de type A ne se réalise. Cette variable aléatoire suit une loi géométrique de paramètre p. Soit aussi T_i le temps entre l'arrivée du $(i-1)$-ième événement (instant initial si $i = 1$) et l'arrivée du i-ième événement, pour $i \geq 1$. Cette variable aléatoire suit une loi exponentielle de paramètre ν. De plus, toutes les variables sont indépendantes.

On a alors

$$T = \sum_{i=1}^{N} T_i \sim \text{Exp}(\nu p).$$

Autrement dit, la somme d'un nombre de loi géométrique de variables aléatoires de même loi exponentielle est de loi exponentielle si toutes les variables sont indépendantes. Intuitivement, cette propriété découle de la propriété de ces variables d'être sans mémoire. Formellement, on trouve

$$\begin{aligned}
Pr(T > t) &= \sum_{n=1}^{\infty} Pr(T > t \mid N = n) Pr(N = n) \\
&= \sum_{n=1}^{\infty} \left(\sum_{k=0}^{n-1} \frac{(\nu t)^k e^{-\nu t}}{k!} \right) p(1-p)^{n-1} \\
&= \sum_{k=0}^{\infty} \frac{(\nu t)^k e^{-\nu t}}{k!} \sum_{n \geq k+1} p(1-p)^{n-1} \\
&= \sum_{k=0}^{\infty} \frac{(\nu t)^k e^{-\nu t}}{k!} (1-p)^k \\
&= e^{-\nu t} e^{\nu t(1-p)} \\
&= e^{-\nu t p},
\end{aligned}$$

pour tout $t > 0$. La situation dans le cas particulier où $N = 3$ est illustrée dans la figure 36.

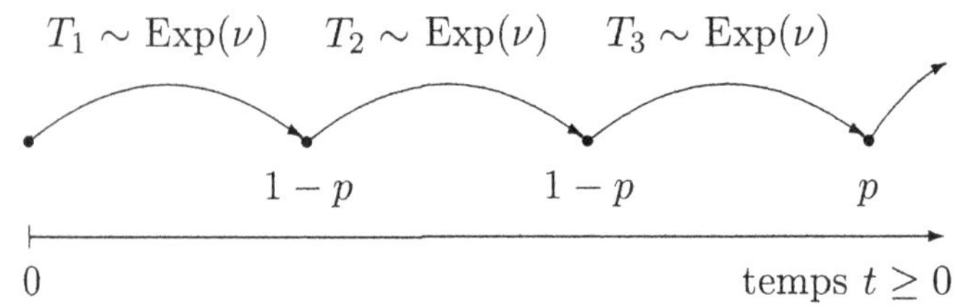

FIGURE 36. Temps jusqu'à l'arrivée d'un événement de probabilité p dans une suite d'événements qui se produisent au hasard au taux ν.

2.3.5 Arrivée d'événements de deux types

Si $\{X_t\}_{t\geq 0}$ et $\{Y_t\}_{t\geq 0}$ sont des processus de Poisson indépendants d'intensités respectives ν_1 et ν_2 (par exemple, pour l'arrivée d'accidents avec blessures corporelles et l'arrivée d'accidents avec dommages matériels seulement), alors $\{X_t + Y_t\}_{t\geq 0}$ est un processus de Poisson d'intensité $\nu_1 + \nu_2$.

En effet, le résultat découle du fait que la variable aléatoire $T = \min(T_1, T_2)$ est de loi $\text{Exp}(\nu_1+\nu_2)$ si les variables aléatoires T_1 et T_2 sont indépendantes de loi exponentielle de paramètres respectifs ν_1 et ν_2. Ici, T_1 représente un temps avant que X_t augmente de 1 et de même T_2 un temps avant que Y_t augmente de 1, de telle sorte que la somme augmente de 1 à la fin du minimum de ces deux temps, représenté par T.

2.3.6 Distribution conditionnelle des temps d'arrivée

Étant donné une seule arrivée dans un intervalle de temps $[0, t]$ dans un processus de Poisson d'intensité ν, on s'attend à ce que le temps de cette arrivée suive une loi uniforme sur $[0, t]$. En effet, le taux d'arrivée étant constant, il n'y a pas de raison pour que l'événement se produise de préférence dans une région de l'intervalle plutôt qu'une autre.

Plus généralement, étant donné n arrivées dans $[0, t]$, les temps ordonnés de ces arrivées, représentés par $T_1, \ldots, T_n$, sont distribués comme les statistiques d'ordre de variables aléatoires indépendantes $U_1, \ldots, U_n$, toutes de loi uniforme sur $[0, t]$. Autrement dit, les n arrivées se produisent à des instants choisis au hasard et indépendamment dans l'intervalle $[0, t]$.

En effet, si X_t représente le nombre d'arrivées dans $[0, t]$, alors on a la décomposition

$$X_t = Z_1 + Z_2,$$

où Z_1 et Z_2 sont les nombres d'arrivées dans $[0, s]$ et $(s, t]$, respectivement. Ces variables aléatoires sont donc indépendantes. De plus, elles sont de loi de

Poisson de paramètres respectifs $s\nu$ et $(t-s)\nu$. La loi conditionnelle de Z_1, étant donné que $X_t = n$, est binomiale de paramètres n et s/t, car

$$Pr(Z_1 = k, Z_2 = n-k \mid X_t = n) = \frac{\frac{(\nu s)^k}{k!}e^{-\nu s} \times \frac{(\nu(t-s))^{n-k}}{(n-k)!}e^{-\nu(t-s)}}{\frac{(\nu t)^n}{n!}e^{-\nu t}}$$

$$= \frac{n!}{k!(n-k)!}\left(\frac{s}{t}\right)^k\left(1-\frac{s}{t}\right)^{n-k},$$

pour $k = 0, 1, \ldots, n$. Cela signifie que chacune des n arrivées dans $[0, t]$ se produit dans $[0, s]$ avec probabilité s/t indépendamment des autres. Si U_i est un temps choisi au hasard parmi les temps d'arrivée ordonnés $T_1, \ldots, T_n$, alors

$$Pr(U_i \leq s \mid X_t = n) = \frac{s}{t},$$

pour $0 < s \leq t$. Donc, la variable U_i est de *loi uniforme* sur $[0, t]$, notée $\mathrm{U}[0, t]$.

De façon analogue, les nombres d'arrivées dans les intervalles $[s_0, s_1]$, $(s_1, s_2], \ldots, (s_n, s_{n+1}]$, avec $s_0 = 0$ et $s_{n+1} = t$, représentés par $Z_1, \ldots, Z_{n+1}$ ont une distribution conditionnelle de loi multinomiale de paramètres n et $(s_1 - s_0)/t, \ldots, (s_{n+1} - s_n)/t$, étant donné que $X_t = n$, c'est-à-dire

$$Pr(Z_1 = k_1, \ldots, Z_{n+1} = k_{n+1} \mid X_t = n)$$
$$= \frac{n!}{k_1! \times \cdots \times k_{n+1}!}\left(\frac{s_1 - s_0}{t}\right)^{k_1} \times \cdots \times \left(\frac{s_{n+1} - s_n}{t}\right)^{k_{n+1}}.$$

Cela signifie que chacune des n arrivées dans $[0, t]$ se produit dans les intervalles ci-dessus avec probabilités proportionnelles à la longueur de ces intervalles, indépendamment des autres. Si $U_1, \ldots, U_n$ sont choisis au hasard sans remise parmi les temps d'arrivée ordonnés $T_1, \ldots, T_n$, alors on a l'égalité

$$Pr(U_1 \leq s_1, \ldots, U_n \leq s_n \mid X_t = n) = \frac{s_1}{t} \times \cdots \times \frac{s_n}{t}$$
$$= Pr(U_1 \leq s_1 \mid X_t = n) \times \cdots \times Pr(U_n \leq s_n \mid X_t = n),$$

pour $0 \leq s_1 \leq \cdots \leq s_n \leq 1$. En fait, c'est pour $0 \leq s_1, \ldots, s_n \leq 1$, car toute permutation de $U_1, \ldots, U_n$ a la même distribution conjointe. L'égalité ci-dessus montre que ces variables sont indépendantes.

2.4 Processus de mort

2.4.1 Description générale

Un *processus de mort* $\{X_t\}_{t\geq 0}$ est une chaîne de Markov à temps continu sur les entiers positifs avec transition de $i \geq 1$ à $i-1$, qui correspond à une mort, avec probabilité 1 après un temps de loi $\text{Exp}(\mu_i)$ (voir la figure 37). Le paramètre μ_i est le *taux de mort* avec lequel on passe de l'entier $i \geq 1$ à l'entier précédent. De plus, on a $\mu_0 = 0$ de telle sorte que 0 est une état absorbant. Un processus de mort est toujours décroissant. Lorsque le processus est utilisé pour décrire la taille d'une population, l'état 0 correspond à l'extinction de la population.

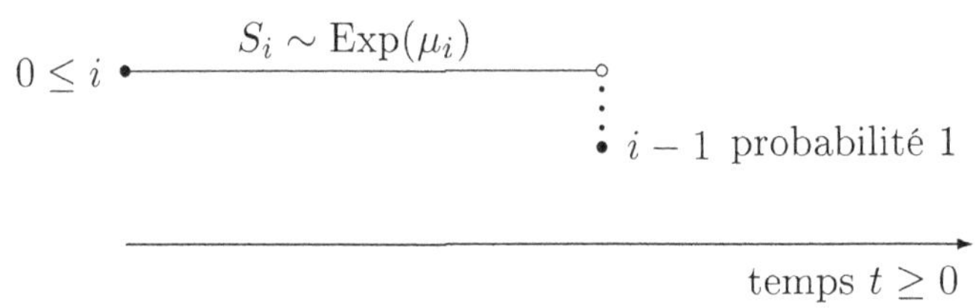

FIGURE 37. Processus de mort (avec $\mu_0 = 0$ de telle sorte que l'état 0 est absorbant).

2.4.2 Processus de mort linéaire

Dans un *processus de mort linéaire*, le taux de mort est de la forme $\mu_i = i\mu$ lorsqu'on est à l'état $i \geq 0$. C'est le cas, par exemple, pour une population sans naissance où chaque individu vit indépendamment des autres pendant un temps aléatoire qui suit une loi exponentielle de paramètre μ. Ainsi, si la taille de la population est $i \geq 1$ à un moment donné, la taille diminue à $i-1$ après un temps

$$S_i = \min(T_1, \ldots, T_i),$$

où $T_1, \ldots, T_i$ sont des temps aléatoires indépendants de loi $\text{Exp}(\mu)$. On a donc

$$S_i \sim \text{Exp}(i\mu).$$

De plus, ce temps de séjour est indépendant de tous les autres. La figure 38 illustre les temps de séjour aux différents états dans le cas où l'état initial est $k \geq 1$.

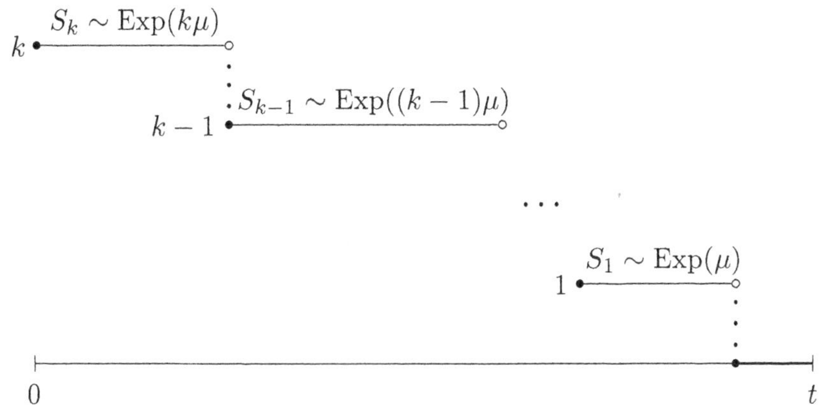

FIGURE 38. Processus de mort linéaire à partir de l'état $k \geq 1$ à l'instant 0 jusqu'à l'instant $t > 0$ où il y a extinction.

On remarque que la probabilité que la population soit éteinte à l'instant $t > 0$ étant donné que sa taille est $k \geq 1$ initialement est donnée par

$$Pr(\text{extinction à } t \mid \text{état } k \text{ à } 0) = Pr(S_k + \cdots + S_1 < t).$$

Or, la population est éteinte à l'instant $t > 0$ si et seulement si les temps de vie indépendants des k individus à l'instant 0 sont inférieurs à t, c'est-à-dire

$$\begin{aligned} Pr(S_k + \cdots + S_1 < t) &= Pr(T_1 < t, \ldots, T_k < t) \\ &= Pr(T_1 < t) \times \cdots \times Pr(T_k < t) = (1 - e^{-\mu t})^k. \end{aligned}$$

Cela est illustré dans la figure 39.

FIGURE 39. Représentation de $k \geq 1$ temps de vie individuels inférieurs à $t > 0$ pour la construction d'un processus de mort linéaire.

2.4.3 Processus de naissance de Yule

Le *processus de naissance de Yule* est un processus de naissance linéaire avec taux de naissance de la forme $\nu_i = i\nu$ lorsqu'on est à l'état $i \geq 1$. C'est la situation, par exemple, lorsque chacune des cellules d'une population se divise en deux après un temps aléatoire qui suit une loi exponentielle de paramètre ν, indépendamment des autres cellules. L'état de la chaîne est le nombre total de cellules dans la population. Si ce nombre est $i \geq 1$, alors il augmente à $i+1$ après un temps de séjour

$$S_i = \min(T_1, T_2, \ldots, T_i) \sim \text{Exp}(i\nu)$$

indépendant des autres temps de séjour, où $T_1, \ldots, T_i$ sont des temps aléatoires indépendants de loi $\text{Exp}(\nu)$. Ces variables représentent des temps de vie de cellules-mères avant de se diviser en deux cellules-filles.

La loi de probabilité conditionnelle de X_t, le nombre de cellules au temps $t > 0$, étant donné que $X_0 = 1$, peut être obtenue à partir d'une analogie avec le processus de mort linéaire. En effet, on a

$$Pr(X_t > k \mid X_0 = 1) = Pr(S_1 + \cdots + S_k < t) = \left(1 - e^{-\nu t}\right)^k,$$

pour tout $k \geq 1$, puisque les temps de séjour $S_1, \ldots, S_k$ satisfont les mêmes conditions que dans la section précédente (voir la figure 40). Ainsi, le nombre de cellules qui sont présentes au temps $t > 0$ lorsqu'il n'y a qu'une cellule au départ suit une loi géométrique de paramètre $e^{-\nu t}$.

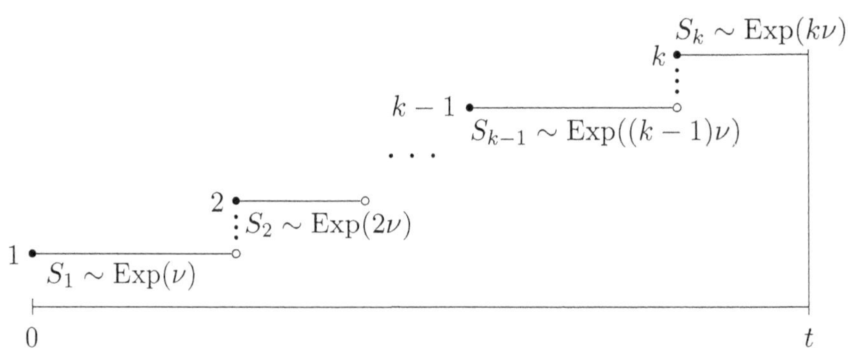

FIGURE 40. Processus de naissance linéaire à partir de l'état 1 à l'instant 0 jusqu'à l'état $k \geq 1$ à l'instant $t > 0$.

2.4.4 *Processus de coalescence

Le *processus de coalescence* est un processus de mort particulier avec taux de mort donné par

$$\mu_i = \frac{i(i-1)}{2}$$

lorsqu'on est à l'état $i \geq 1$. Le processus de coalescence est utilisé en génétique des populations pour les lignées ancestrales d'un échantillon aléatoire de gènes. Le taux μ_i correspond au nombre de paires de lignées qui peuvent coalescer en remontant le temps pour n'en former qu'une seule, parmi un total de i lignées. C'est le cas si chaque paire de lignées coalesce au taux 1 indépendamment des autres. Lorsqu'une paire de lignées coalesce, le nombre total de lignées diminue1 de i à $i-1$. De plus, une seule coalescence peut se produire à la fois avec probabilité 1. Le processus pour 16 lignées initiales est illustré dans la figure 41.

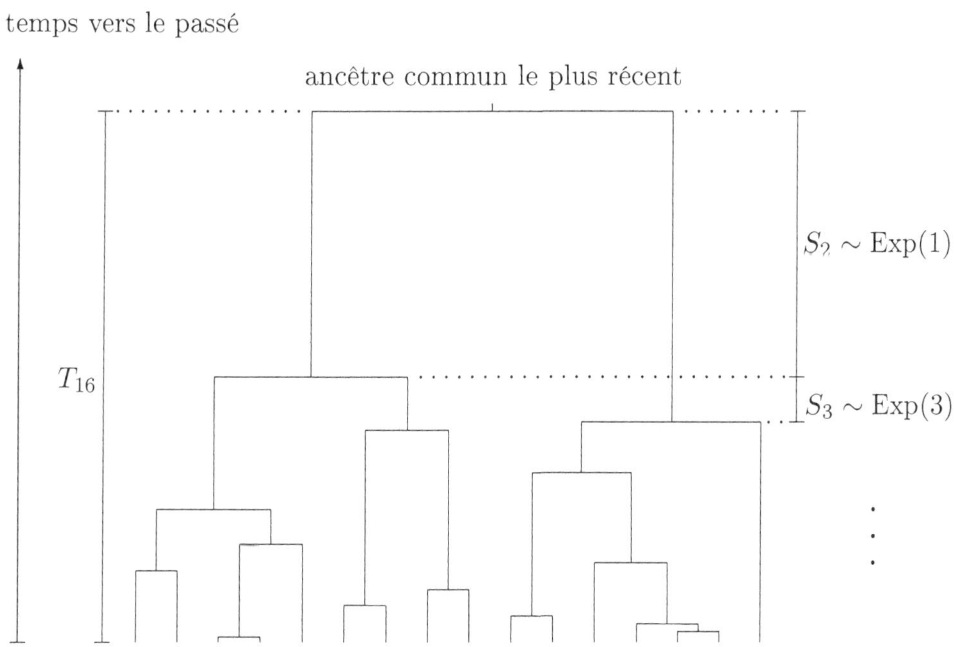

FIGURE 41. Arbre de coalescence à partir de 16 lignées initiales.

À partir d'un échantillon de $i \geq 2$ gènes, on peut suivre les lignées en remontant le temps jusqu'à ce qu'on ait une seule lignée pour la première fois. Cela se produit lorsqu'on arrive à l'*ancêtre commun le plus récent.* On obtient ainsi un *arbre de coalescence.*

Soit T_i le temps nécessaire pour arriver à l'ancêtre commun le plus récent à partir de $i \geq 2$ gènes. On a

$$T_i = \sum_{j=2}^{i} S_j,$$

où S_j représente le temps passé avec j lignées, pour $j = 2, \ldots, i$. Ce temps est de loi Exp$((j(j-1)/2)$. De plus, les temps $S_1, \ldots, S_i$ sont des variables aléatoires indépendantes. Pour l'espérance de T_i, on obtient donc

$$E(T_i) = \sum_{j=2}^{i} E(S_j) = \sum_{j=2}^{i} \frac{2}{j(j-1)} = 2\sum_{j=2}^{i}\left(\frac{1}{j-1} - \frac{1}{j}\right) = 2\left(1 - \frac{1}{i}\right).$$

Quant à la variance, elle est donnée par

$$\begin{aligned}
Var(T_i) = \sum_{j=2}^{i} Var(S_j) &= \sum_{j=2}^{i}\left(\frac{2}{j(j-1)}\right)^2 \\
&= 4\sum_{j=2}^{i}\left(\frac{1}{j-1} - \frac{1}{j}\right)^2 \\
&= 4\sum_{j=1}^{i-1}\frac{1}{j^2} + 4\sum_{j=2}^{i}\frac{1}{j^2} - 8\sum_{j=2}^{i}\frac{1}{j(j-1)} \\
&= 8\sum_{j=1}^{i}\frac{1}{j^2} - 4 - \frac{4}{i^2} - 8\left(1 - \frac{1}{i}\right).
\end{aligned}$$

Par conséquent, on obtient

$$\lim_{i\to\infty} E(T_i) = 2$$

et

$$\lim_{i\to\infty} Var(T_i) = 8\sum_{j=1}^{\infty}\frac{1}{j^2} - 12 = \frac{8\pi^2}{6} - 12 \approx 1{,}16.$$

Il est intéressant de remarquer que $E(S_2) = Var(S_2) = 1$, ce qui signifie que le temps passé avec deux lignées est responsable de plus de la moitié de l'espérance du temps jusqu'à l'ancêtre commun le plus récent, et de la plupart de la variance de ce temps, à partir d'un nombre quelconque de lignées.

Un autre élément intéressant de l'arbre de coalescence est la longueur totale de toutes les branches verticales jusqu'à l'ancêtre commun le plus récent. Cette longueur à partir de $i \geq 2$ lignées est donnée par la variable

$$L_i = \sum_{j=2}^{i} jS_j.$$

Son espérance est

$$E(L_i) = \sum_{j=2}^{i} jE(S_j) = 2\sum_{j=2}^{i} \frac{1}{j-1} \approx 2\int_1^i \frac{1}{x}dx = 2\ln(i).$$

On suppose maintenant que des mutations se produisent au hasard le long de toutes les branches verticales de l'arbre de coalescence selon des processus de Poisson indépendants d'intensité λ. De plus, les mutations transforment le matériel génétique à des sites tous différents du brin d'ADN qui détermine le gène considéré. Chacune de ces mutations correspond à un site polymorphe dans l'échantillon, dans le sens que certains des gènes échantillonnés portent le matériel génétique de l'ancêtre commun le plus récent à ce site alors que d'autres portent le matériel mutant.

Le nombre de sites polymorphes dans un échantillon de taille $i \geq 2$ est représenté par N_i. En conditionnant sur la longueur totale de toutes les branches verticales de l'arbre de coalescence, soit L_i, dont la fonction de densité est représentée par $f(l)$, on obtient

$$\begin{aligned} E(N_i) &= \int_0^\infty E(N_i \mid L_i = l) f(l)dl \\ &= \int_0^\infty \lambda l f(l)dl \\ &= \lambda E(L_i) \\ &\approx 2\lambda \ln(i). \end{aligned}$$

Cela permet d'estimer le taux de mutation λ par le nombre de sites polymorphes observés dans un échantillon de taille i divisé par $2\ln(i)$.

Remarque. Dans le modèle de Wright-Fisher pour une population de taille N à générations séparées (voir l'exemple à la section 1.2.2), les N individus de la génération $n+1$ sont des copies de N individus de la génération n choisis au hasard avec remise. On considère un échantillon aléatoire sans remise de $i \geq 2$ individus à une génération donnée, et on suit les i lignées de ces individus en remontant le temps. Les lignées de deux individus coalescent lorsque ces individus sont des copies d'un même individu de la génération précédente. Soit S_i le temps jusqu'à la première coalescence en prenant N générations comme unité de temps et en laissant $N \to \infty$. La probabilité qu'il n'y ait aucune coalescence en une génération est

$$\frac{N \times (N-1) \times \cdots \times (N-i+1)}{N \times N \times \cdots \times N} = 1 - \frac{i(i-1)}{2N} + o(N^{-1}).$$

En désignant par $\lfloor Nt \rfloor$ la *partie entière* de Nt pour tout $t > 0$ fixé, on a alors

$$Pr(S_i > t) = \lim_{N\to\infty} \left(1 - \frac{i(i-1)}{2N} + o(N^{-1})\right)^{\lfloor Nt \rfloor} = e^{-\frac{i(i-1)}{2}t}.$$

De plus, étant donné qu'il y a au moins une coalescence, la probabilité conditionnelle qu'il y en ait exactement une a comme limite 1. Le nombre de lignées ancestrales est donc décrit par un processus de coalescence. C'est le cas pour beaucoup d'autres modèles de population lorsque la taille tend vers l'infini.

2.5 Processus de naissance et de mort

2.5.1 Description générale

Le *processus de naissance et de mort* combine le processus de naissance et le processus de mort en un seul. Ici, une fois à l'état $i \geq 0$, on y reste un temps de loi $\text{Exp}(\nu_i + \mu_i)$ avant d'aller soit à l'état $i+1$ avec probabilité $\nu_i/(\nu_i+\mu_i)$, soit à l'état $i-1$ avec probabilité $\mu_i/(\nu_i+\mu_i)$ (voir la figure 42). Cela est le cas si le temps avant une naissance est de loi $\text{Exp}(\nu_i)$ et le temps avant une mort est de loi $\text{Exp}(\mu_i)$, les deux temps étant indépendants. Les paramètres ν_i et μ_i sont les *taux de naissance* et les *taux de mort*, respectivement. On suppose que $\mu_0 = 0$.

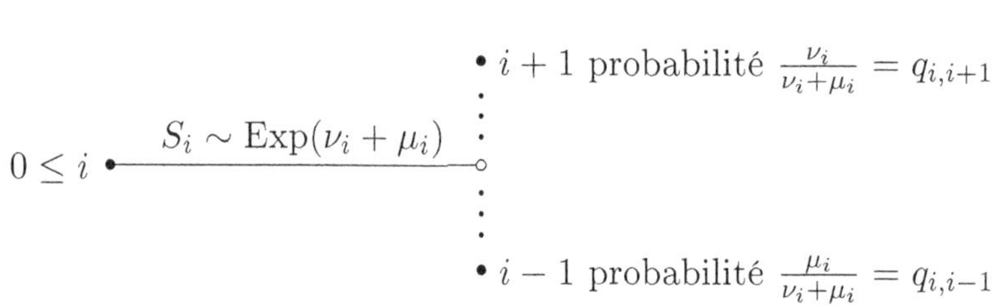

FIGURE 42. Processus de naissance et de mort.

2.5.2 Processus à temps de vie infini

Un processus de naissance et de mort est à *temps de vie infini*, sous-entendu avec probabilité 1, si

$$\sum_j P_{ij}(t) = 1,$$

pour tout état i et pour tout instant $t > 0$. Autrement dit, la probabilité d'une *explosion*, dans le sens que l'état ne reste pas fini, en un temps fini est égale à 0.

Une condition suffisante pour qu'un processus de naissance et de mort soit à temps de vie infini est

$$\sum_j \frac{1}{\mu_j + \nu_j} = \infty.$$

Cela signifie que l'espérance de la somme des temps de séjour aux différents états, en supposant une naissance à la fin de chacun d'eux, est infinie. La démonstration de ce résultat est reportée à la section 2.7.1.

Remarque. Une explosion en un temps fini ne peut se produire que dans le cas d'une chaîne de Markov à temps continu. En effet, dans le cas d'une chaîne de Markov à temps discret, il ne peut y avoir qu'un nombre fini de changements d'état en un temps fini, ce qui exclut la possibilité d'explosion.

2.5.3 Systèmes d'attente

On considére un *système d'attente* de type $M/M/s$. La lettre M, pour *memoryless* qui signifie sans mémoire, est une notation utilisée pour signifier une loi exponentielle. Ainsi, le premier M signifie que le temps entre deux arrivées consécutives de client, qui est un temps d'inter-arrivée, suit une loi exponentielle, disons de paramètre ν. Le deuxième M signifie que le *temps de service* d'un client suit aussi une loi exponentielle, disons de paramètre μ. Les temps entre les arrivées consécutives et les temps de service sont tous supposés indépendants. Le processus d'arrivée est donc un processus de Poisson. Finalement, s représente le nombre de serveurs pour les clients dans le système. La figure 43 représente la situation dans le cas d'un seul serveur ($s = 1$).

Le nombre de clients X_t en attente ou en train de se faire servir dans le système à l'instant t, pour $t \geq 0$, est un processus de naissance et de mort dont les paramètres dépendent du nombre de serveurs.

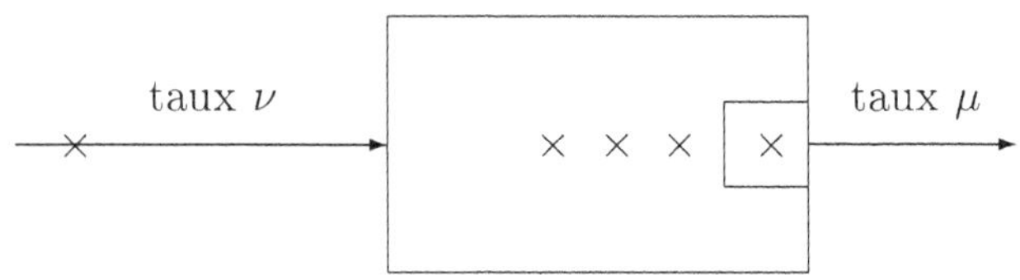

FIGURE 43. Système d'attente $M/M/1$.

Trois systèmes sont à considérer :

- $M/M/1$. Dans le cas où il n'y a qu'un seul serveur, celui-ci est occupé dès qu'il y a au moins un client dans le système. Ainsi, on a

$$\begin{aligned} \nu_i &= \nu \text{ pour } i \geq 0, \\ \mu_i &= \mu \text{ pour } i \geq 1, \\ \mu_0 &= 0. \end{aligned}$$

- $M/M/s$ pour $1 < s < \infty$. Dans ce cas, le nombre de serveurs occupés est égal au nombre de clients dans le système jusqu'à un maximum donné par s. Le taux de naissance est le même que précédemment, soit $\nu_i = \nu$ pour tout $i \geq 0$, mais le taux de mort est

$$\mu_i = \begin{cases} i\mu & \text{pour } 0 \leq i \leq s, \\ s\mu & \text{pour } i \geq s+1. \end{cases}$$

- $M/M/\infty$. Dans ce cas, le nombre de serveurs occupés est égal au nombre de clients dans le système, qui n'est jamais saturé. Le taux de naissance est toujours $\nu_i = \nu$, alors que le taux de mort est $\mu_i = i\mu$, pour $i \geq 0$.

2.5.4 Équation progressive de Kolmogorov

L'*équation progressive de Kolmogorov* pour la dérivée de la probabilité de transition de l'état i à l'état j dans un processus de naissance et de mort de l'instant 0 à l'instant t est donnée par

$$P'_{ij}(t) = \mu_{j+1} P_{i,j+1}(t) + \nu_{j-1} P_{i,j-1}(t) - (\mu_j + \nu_j) P_{ij}(t),$$

pour $i, j \geq 0$, avec $\nu_{-1} = \mu_0 = 0$ et $P_{ij}(0) = 1$ si $j = i$, et 0 sinon. Cette équation est obtenue en considérant la probabilité de transition de l'état i à l'état j de l'instant 0 à l'instant $t + h$ et en conditionnant sur l'état à l'instant intermédiaire t. Lorsque h est petit, les probabilités des visites aux états autres que $j-1$, j ou $j+1$ à cet instant sont négligeables.

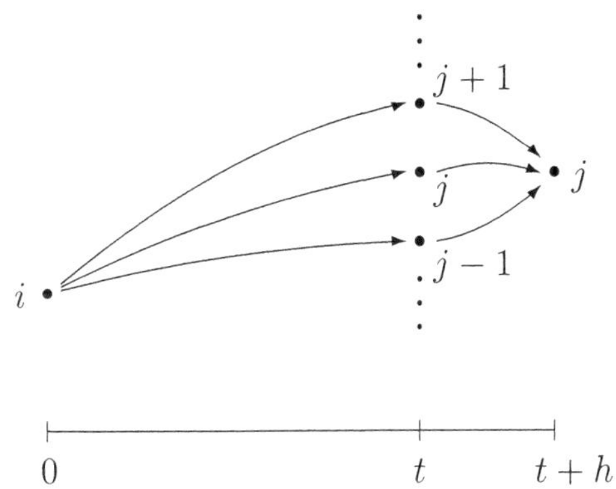

FIGURE 44. Transitions pour l'équation progressive de Kolmogorov.

En effet, l'équation de Chapman-Kolmogorov (voir la figure 44) donne

$$\begin{aligned} P_{ij}(t+h) &= \sum_k P_{ik}(t)P_{kj}(h) \\ &= P_{i,j+1}(t)(\mu_{j+1}h + o(h)) \\ &\quad + P_{i,j-1}(t)(\nu_{j-1}h + o(h)) \\ &\quad + P_{ij}(t)(1 - (\mu_j + \nu_j)h + o(h)) \\ &\quad + \sum_{k \neq j-1,j,j+1} P_{ik}(t)P_{kj}(h), \end{aligned}$$

pour $i \geq 0$ et $j \geq 2$. Or, pour tout $k \neq j-1, j, j+1$, on a

$$P_{kj}(h) \leq \max(Pr(S_{j-2} + S_{j-1} < h), Pr(S_{j+2} + S_{j+1} < h)),$$

où S_l désigne un temps de séjour à l'état $l \geq 0$. De plus,

$$\begin{aligned} Pr(S_{j-2} + S_{j-1} < h) &\leq Pr(S_{j-2} < h, S_{j-1} < h) \\ &= Pr(S_{j-2} < h)Pr(S_{j-1} < h) \\ &\leq (\mu_{j-2} + \nu_{j-2})(\mu_{j-1} + \nu_{j-1})h^2. \end{aligned}$$

De même,

$$Pr(S_{j+2} + S_{j+1} < h) \leq (\mu_{j+2} + \nu_{j+2})(\mu_{j+1} + \nu_{j+1})h^2.$$

On conclut que

$$\sum_{k \neq j-1,j,j+1} P_{ik}(t)P_{kj}(h) = o(h).$$

Il est à noter que cette fonction $o(h)$ dépend de j. En regroupant toutes les fonctions $o(h)$, on a

$$\frac{P_{ij}(t+h) - P_{ij}(t)}{h} = \mu_{j+1}P_{i,j+1}(t) + \nu_{j-1}P_{i,j-1}(t) - (\mu_j + \nu_j)P_{ij}(t) + \frac{o(h)}{h}.$$

La limite lorsque $h \to 0$ donne l'équation progressive de Kolmogorov pour $i \geq 0$ et $j \geq 2$. Un raisonnement analogue donne l'équation pour $j = 0, 1, 2$.

2.5.5 Processus linéaire avec immigration

Un processus de naissance et de mort avec $\nu_i = i\nu + \lambda$ et $\mu_i = i\mu$, pour $i \geq 0$, est un *processus linéaire avec immigration*. C'est un processus qui décrit une population qui reçoit des immigrants au taux λ et dans laquelle chaque individu donne naissance à un autre individu au taux ν et meurt au taux μ, indépendamment des autres. Dans ce qui suit, on suppose que $\mu \neq \nu$. On définit

$$M(t) = \sum_{j \geq 0} jP_{ij}(t),$$

soit l'espérance du nombre d'individus à l'instant $t \geq 0$ étant donné qu'il y en a i à l'instant 0. En utilisant l'équation progressive de Kolmogorov, on obtient

$$\begin{aligned} M'(t) &= \sum_{j\geq 1} jP'_{ij}(t) \\ &= \sum_{j\geq 1}(j+1)(j+1)\mu P_{i,j+1}(t) + \sum_{j\geq 1}(j-1)((j-1)\nu + \lambda)P_{i,j-1}(t) \\ &\quad - \sum_{j\geq 1} j(j\mu + j\nu + \lambda)P_{ij}(t) - \sum_{j\geq 1}(j+1)\mu P_{i,j+1}(t) \\ &\quad + \sum_{j\geq 1}((j-1)\nu + \lambda)P_{i,j-1}(t) \\ &= -\mu P_{ij}(t) - \sum_{j\geq 1}(j+1)\mu P_{i,j+1}(t) + \sum_{j\geq 1}(j-1)\nu P_{i,j-1}(t) \\ &\quad + \lambda \sum_{j\geq 1} P_{i,j-1}(t). \end{aligned}$$

Or,

$$\sum_{j\geq 1} P_{i,j-1}(t) = 1,$$

car

$$\sum_{i\geq 0} \frac{1}{i\mu + i\nu + \lambda} = \infty.$$

Cette condition garantit que le processus est à temps de vie infini. On a alors

$$M'(t) = (-\mu + \nu)M(t) + \lambda,$$

avec $M(0) = i$. On essaie une solution de la forme

$$M(t) = F(t)e^{(\nu-\mu)t},$$

où $e^{(\nu-\mu)t}$ est la solution de l'équation homogène (lorsque $\lambda = 0$). Ainsi,

$$\begin{aligned} M'(t) &= (F'(t) + F(t)(\nu - \mu))e^{(\nu-\mu)t} \\ &= ((\nu - \mu)F(t) + \lambda e^{(\mu-\nu)t})e^{(\nu-\mu)t}. \end{aligned}$$

On doit donc avoir

$$F'(t) = \lambda e^{(\mu-\nu)t},$$

c'est-à-dire

$$F(t) = \frac{\lambda}{\mu - \nu}e^{(\mu-\nu)t} + c,$$

pour une certaine constante c. On trouve $c = i - \lambda/(\mu - \nu)$, à partir de l'égalité $F(0) = M(0) = i$. On obtient donc comme solution

$$M(t) = \frac{\lambda}{\mu - \nu}(1 - e^{(\nu-\mu)t}) + ie^{(\nu-\mu)t},$$

d'où

$$\lim_{t\to\infty} M(t) = \begin{cases} \infty & \text{si } \nu > \mu, \\ \dfrac{\lambda}{\mu - \nu} & \text{si } \nu < \mu. \end{cases}$$

Ce résultat suggère l'existence d'une distribution stationnaire dans le cas où $\nu < \mu$ si $\lambda > 0$, mais l'absorption à l'état 0, donc l'extinction de la population, avec probabilité 1 si $\lambda = 0$.

2.5.6 *Processus linéaire sans immigration

On considère le processus de naissance et de mort avec $\nu_i = i\nu$ et $\mu_i = i\mu$, pour $i \geq 0$, qui correspond à un *processus linéaire sans immigration*. L'état 0, qui correspond à l'extinction, est donc absorbant.

Les probabilités de changement d'état à partir de tout état $i \geq 1$ sont données par

$$q_{i,i+1} = \frac{i\nu}{i\nu + i\mu} = \frac{\nu}{\nu + \mu}, \quad q_{i,i-1} = \frac{i\mu}{i\nu + i\mu} = \frac{\mu}{\nu + \mu}.$$

La probabilité d'extinction à partir de l'état $i \geq 1$ est donc la même que la probabilité de ruine d'un joueur contre un adversaire infiniment riche dans une série de parties, étant donné un avoir initial de i et une mise de 1 sur chaque partie, qui est doublée avec probabilité $p = \nu/(\nu + \mu)$ indépendamment des autres ou perdue avec la probabilité complémentaire.

Si $\nu > \mu$, c'est-à-dire si $p > 1/2$, alors la probabilité d'extinction est donnée par

$$\left(\frac{1-p}{p}\right)^i = \left(\frac{\mu}{\nu}\right)^i.$$

Si en revanche $\nu \leq \mu$, c'est-à-dire si $p \leq 1/2$, alors l'extinction est certaine. Dans ce cas, on définit

$$\tau_i = E(\text{temps avant l'état 0} \mid \text{départ de l'état } i).$$

En conditionnant sur le premier changement d'état, on obtient l'équation

$$\tau_i = \frac{1}{i(\nu + \mu)} + \frac{\nu}{\nu + \mu}\tau_{i+1} + \frac{\mu}{\nu + \mu}\tau_{i-1},$$

pour tout $i \geq 1$, avec $\tau_0 = 0$. Cette équation est équivalente à

$$\tau_i - \tau_{i+1} = \frac{1}{i\nu} + \frac{\mu}{\nu}(\tau_{i-1} - \tau_i).$$

En itérant jusqu'à ce qu'on arrive à $\tau_0 - \tau_1 = -\tau_1$, on obtient alors l'expression

$$\tau_i - \tau_{i+1} = \sum_{j=1}^{i} \frac{1}{j\nu}\left(\frac{\mu}{\nu}\right)^{i-j} - \left(\frac{\mu}{\nu}\right)^i \tau_1.$$

D'autre part,

$$\tau_i \leq \tau_{i+1} \leq \tau_i + \tau_1.$$

En effet, on a $\tau_i = E(T_i)$, où T_i représente le temps jusqu'à l'extinction de la descendance de i individus dans une population où chaque individu donne naissance à un autre individu au taux ν et meurt au taux μ, et ce indépendamment des autres. Or,

$$E(T_i) \leq E(T_{i+1}) = E(\max(T_i, T_1)) \leq E(T_i + T_1) = E(T_i) + E(T_1),$$

où T_i et T_1 sont des variables aléatoires indépendantes, ce qui donne le résultat énoncé.

Dans le cas où $\nu = \mu$, on a

$$\tau_1 = \sum_{j=1}^{i} \frac{1}{j\nu} + \tau_{i+1} - \tau_i \geq \sum_{j=1}^{i} \frac{1}{j\nu},$$

pour tout $i \geq 1$. On faisant tendre i vers l'infini, on obtient $\tau_1 = \infty$.

Dans le cas où $\nu < \mu$, on a

$$z_i \leq \tau_1 = z_i + \left(\frac{\nu}{\mu}\right)^i (\tau_{i+1} - \tau_i) \leq z_i + \left(\frac{\nu}{\mu}\right)^i \tau_1,$$

pour tout $i \geq 1$, où

$$z_i = \sum_{j=1}^{i} \frac{1}{j\nu} \left(\frac{\nu}{\mu}\right)^j.$$

En faisant tendre i vers l'infini et en supposant que $\tau_1 < \infty$, on trouve

$$\tau_1 = \sum_{j=1}^{\infty} \frac{1}{j\nu} \left(\frac{\nu}{\mu}\right)^j = -\frac{\ln(1 - \nu/\mu)}{\nu}.$$

Il reste à montrer que $\tau_1 < \infty$. On remarque d'abord que $\tau_1 \leq E(L_1)$, où L_1 représente le temps avant d'atteindre 0 à partir de 1 dans un processus de naissance et de mort avec taux de naissance et de mort donnés par $\nu_i = \nu$ et $\mu_i = i\mu$, respectivement, pour $i \geq 1$. En effet, un temps de séjour à tout état $i \geq 1$ dans ce processus est d'espérance $(\nu + \mu)^{-1} \geq (i(\nu + \mu))^{-1}$, alors que les probabilités de transition lorsqu'on change d'état sont les mêmes. Or,

$$L_1 = \sum_{k=1}^{N_1} S_k,$$

où N_1 représente le nombre de parties jusqu'à la ruine du joueur contre un adversaire infiniment riche étant donné un avoir initial de 1, et S_k pour tous les entiers $k \geq 1$ sont des variables aléatoires de loi Exp$(\nu + \mu)$, toutes les variables étant indépendantes. En conditionnant sur la valeur de N_1, on a

$$\begin{aligned} E(L_1) &= \sum_{n=1}^{\infty} E\left(\sum_{k=1}^{n} S_k\right) Pr(N_1 = n) \\ &= \sum_{n=1}^{\infty} \left(\sum_{k=1}^{n} E(S_k)\right) Pr(N_1 = n) \\ &= \sum_{n=1}^{\infty} \frac{n}{\nu + \mu} Pr(N_1 = n) \\ &= \frac{E(N_1)}{\nu + \mu}. \end{aligned}$$

Or,

$$E(N_1) = \frac{1}{1-2p} = \frac{\mu+\nu}{\mu-\nu} < \infty.$$

On conclut que $\tau_1 \leq (\mu-\nu)^{-1} < \infty$.

2.5.7 *Équation rétrograde de Kolmogorov

L'*équation rétrograde de Kolmogorov* pour la dérivée de la probabilité de transition de l'état i à l'état j dans un processus de naissance et de mort de l'instant 0 à l'instant $t \geq 0$ est donnée par

$$P'_{ij}(t) = \mu_i P_{i-1,j}(t) + \nu_i P_{i+1,j}(t) - (\mu_i + \nu_i) P_{ij}(t),$$

pour $i, j \geq 0$, avec $\mu_0 = 0$ et $P_{ij}(0) = 1$ si $j = i$, et 0 sinon. Cette équation est obtenue en considérant le processus aux instants 0, h et $t + h$.

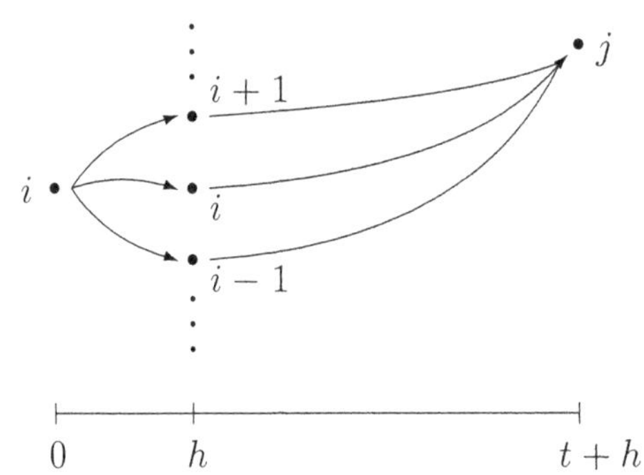

FIGURE 45. Transitions pour l'équation rétrograde de Kolmogorov.

Dans ce cas, comme illustré dans la figure 45, l'équation est déduite à partir de

$$\begin{aligned} P_{ij}(t+h) = &(\mu_i h + o(h)) P_{i-1,j}(t) \\ &+ (\nu_i h + o(h)) P_{i+1,j}(t) \\ &+ (1 - (\mu_i + \nu_i) h + o(h)) P_{ij}(t) \\ &+ \sum_{k \neq i-1,i,i+1} P_{ik}(h) P_{kj}(t), \end{aligned}$$

pour $i \geq 1$ et $j \geq 0$, où

$$\begin{aligned} \sum_{k \neq i-1,i,i+1} P_{ik}(h) P_{kj}(t) &\leq Pr(S_{i-1} + S_i < h) + Pr(S_{i+1} + S_i < h) \\ &\leq (\mu_{i-1} + \nu_{i-1})(\mu_i + \nu_i) h^2 + (\mu_{i+1} + \nu_{i+1})(\mu_i + \nu_i) h^2, \end{aligned}$$

qui est une fonction $o(h)$ pour $i \geq 1$, et de même pour $i = 0$.

2.6 Distribution stationnaire et théorème ergodique

2.6.1 Définition d'une distribution stationnaire

Soit $\{X_t\}_{t\geq 0}$ une chaîne de Markov à temps continu sur un nombre fini d'états ou un processus de naissance et de mort à temps de vie infini sur une infinité d'états. On suppose la chaîne irréductible, avec un temps de séjour à tout état i de loi exponentielle de paramètre $\lambda_i > 0$, de telle sorte que l'état i est non absorbant, et de probabilités de transition q_{ij} de l'état i à l'état $j \neq i$ lorsqu'on quitte l'état i qui sont telles que la matrice stochastique $Q = (q_{ij})$ est irréductible. La situation est illustrée dans la figure 46.

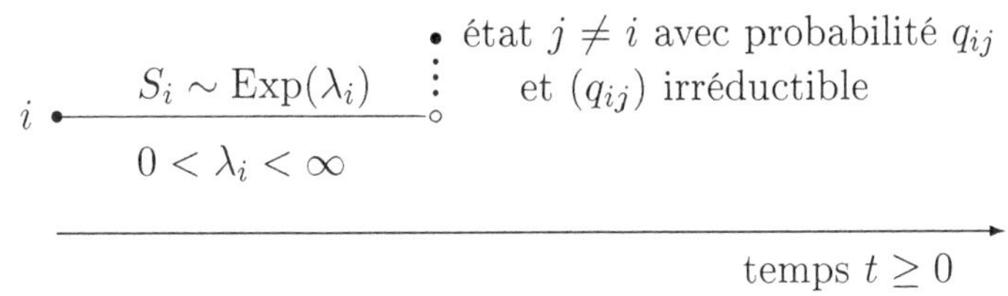

FIGURE 46. Représentation d'une chaîne de Markov à temps continu irréductible.

Une *distribution stationnaire* $\boldsymbol{\pi} = (\pi_i)$ pour cette chaîne est définie par les trois conditions suivantes :

(a) $\pi_j > 0$ pour tout j ;

(b) $\sum_j \pi_j = 1$; et

(c) $\pi_j \lambda_j = \sum_{i\neq j} \pi_i \lambda_i q_{ij}$ pour tout j, ou $\boldsymbol{\pi} A = \mathbf{0}$ en notation matricielle.

Ici, $A = (a_{ij})$, avec $a_{ij} = \lambda_i q_{ij}$ si $j \neq i$, et $a_{ij} = -\lambda_j$ si $j = i$, est le *générateur* de la chaîne, et $\mathbf{0}$ est un vecteur dont toutes les composantes sont 0.

Les conditions (a) et (b) garantissent que la distribution stationnaire est une distribution de probabilité strictement positive. Par le théorème ergodique (section 2.6.7), la probabilité π_j correspond à la fraction moyenne de temps à long terme que la chaîne passe à l'état j. La condition (c) signifie alors que le flot de sortie de l'état j est égal au flot d'entrée à l'état j. C'est l'*équation de stationnarité*.

Remarque. La distribution stationnaire pour la matrice stochastique Q est donnée par

$$\left(\frac{\pi_j\lambda_j}{\sum_k \pi_k\lambda_k}\right).$$

2.6.2 Exemple : promenade aléatoire sur des sous-ensembles

On imagine neuf nénuphars dans un étang qui correspondent à autant de sites dont quatre sont occupés chacun par une grenouille. On suppose que chaque grenouille saute à un taux de 1 sur l'un des nénuphars inoccupés choisi au hasard, indépendamment des autres grenouilles. On obtient ainsi une promenade aléatoire sur les sous-ensembles formés des 4 nénuphars occupés parmi les 9. Ainsi, il y a $9!/(4! \times 5!) = 126$ états possibles pour la chaîne, numérotés de 1 à 126. Le temps de séjour à un état est un minimum de 4 temps indépendants de loi Exp(1). Le taux avec lequel on quitte l'état i est donc $\lambda_i = 4$, pour $i = 1, \ldots, 126$. Par symétrie, le taux avec lequel on passe de l'état i à l'état j est le même que le taux avec lequel on passe de l'état j à l'état i, c'est-à-dire

$$\lambda_i q_{ij} = \lambda_j q_{ji},$$

pour $j \neq i$. Ici, on a

$$q_{ij} = \frac{1}{5 \times 4} = \frac{1}{20}$$

si i et j diffèrent par un seul nénuphar occupé, et 0 sinon. En effet, un changement d'état correspond au remplacement au hasard d'un nénuphar parmi les 4 qui étaient occupés par un nénuphar parmi les 5 qui étaient inoccupés. Le générateur A étant symétrique, on a

$$\mathbf{1}A = A\mathbf{1} = \mathbf{0}.$$

Donc, $\pi_i = 1/126$ pour $i = 1, \ldots, 126$ est une distribution stationnaire.

2.6.3 Exemple : comptoirs de service en série

On considère deux comptoirs de service en série, c'est-à-dire qu'après avoir été servi à un comptoir 1, un client se rend à un comptoir 2 pour recevoir un autre service. Cependant, par impatience, un client qui arrive à un comptoir déjà occupé quitte aussitôt le système. Les clients arrivent au comptoir 1 selon un processus de Poisson d'intensité 2. Le temps de service au comptoir 1 suit une loi exponentielle de paramètre 4, alors que le temps de service au comptoir 2 suit une loi exponentielle de paramètre 2. Tous les temps de service sont indépendants et ils sont également indépendants du processus d'arrivée.

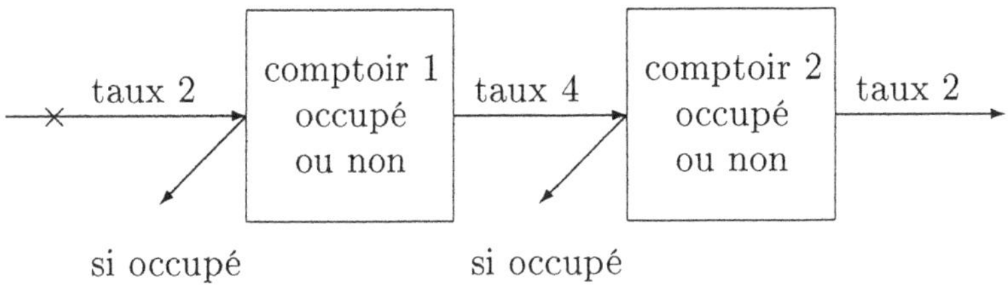

FIGURE 47. Deux comptoirs de service en série.

Tel qu'illustré dans la figure 47, les quatre états possibles du système sont qu'aucun comptoir n'est occupé (0), seul le comptoir 1 est occupé (1), seul le comptoir 2 est occupé (2), et les deux comptoirs sont occupés (12).

Le générateur A pour les états dans l'ordre donné est

$$A = \begin{pmatrix} -2 & 2 & 0 & 0 \\ 0 & -4 & 4 & 0 \\ 2 & 0 & -4 & 2 \\ 0 & 2 & 4 & -6 \end{pmatrix}.$$

Le système à résoudre afin de déterminer la distribution stationnaire est

$$\begin{pmatrix} \pi_0, & \pi_1, & \pi_2, & \pi_{12} \end{pmatrix} A = \begin{pmatrix} 0, & 0, & 0, & 0 \end{pmatrix}$$

avec la contrainte que $\pi_0 + \pi_1 + \pi_2 + \pi_{12} = 1$. La solution est donnée par

$$\begin{pmatrix} \pi_0, & \pi_1, & \pi_2, & \pi_{12} \end{pmatrix} = \begin{pmatrix} 1/3, & 2/9, & 1/3, & 1/9 \end{pmatrix}.$$

À l'aide de cette distribution stationnaire, plusieurs quantités intéressantes peuvent être calculées.

- La proportion moyenne de temps à long terme avec le comptoir 2 occupé est donnée par
$$\pi_2 + \pi_{12} = \frac{4}{9}.$$
- Le nombre moyen de serveurs occupés à long terme est donné par la somme du nombre de serveurs occupés pour chaque état multiplié par la proportion moyenne de temps à long terme passé à cet état, soit
$$0 \times \pi_0 + 1 \times (\pi_1 + \pi_2) + 2 \times \pi_{12} = \frac{7}{9}.$$
- La proportion moyenne à long terme de clients servis au comptoir 2 parmi tous les clients qui se présentent est
$$\pi_0 + \left(\frac{2}{2+4}\right) \times \pi_2 = \frac{4}{9}.$$

En effet, à long terme, un client qui se présente à un instant au hasard est servi au comptoir 2 si les deux comptoirs sont libres à son arrivée (probabilité π_0), ou si le comptoir 1 est libre et le comptoir 2 occupé (probabilité π_2), mais que celui-ci se libère avant la fin du service au comptoir 1 (probabilité $2/(2+4)$, soit la probabilité qu'un temps de loi Exp(2) se termine avant un temps de loi Exp(4) qui lui est indépendant). On remarque que le taux d'arrivée des clients est égal au taux de sortie des clients lorsque le comptoir 2 est occupé. Or, le comptoir 2 est occupé 4/9 du temps en moyenne à long terme, donc la proportion moyenne à long terme de clients servis au comptoir 2 doit être égale aussi à 4/9.

– Le temps moyen à long terme qu'un client qui se présente passe dans le système est donné par

$$0 \times (\pi_1 + \pi_{12}) + \left(\frac{1}{4} + \frac{1}{2}\right) \times \pi_0 + \left(\frac{1}{4} + \frac{2}{2+4} \times \frac{1}{2}\right) \times \pi_2 = \frac{7}{18}.$$

En effet, à long terme, un client qui se présente à un instant au hasard ne passe pas de temps dans le système si le comptoir 1 est occupé à son arrivée (probabilité $\pi_1 + \pi_{12}$). En revanche, si aucun des deux comptoirs n'est occupé à son arrivée (probabilité π_0), il passe un temps moyen 1/4 au comptoir 1, puis un temps moyen 1/2 au comptoir 2. Finalement, si le comptoir 1 est libre à son arrivée mais le comptoir 2 est occupé (probabilité π_2), il passe un temps moyen 1/4 au comptoir 1 auquel on ajoute un temps moyen 1/2 au comptoir 2 seulement si celui-ci se libère entre-temps (probabilité $2/(2+4)$).

Il est à remarquer que les raisonnements pour déduire les deux dernières quantités sont valides parce que le processus d'arrivée de clients est un processus de Poisson, et donc que toute arrivée ne dépend pas des autres.

2.6.4 Processus de naissance et de mort stationnaire

On considère un processus de naissance et de mort à temps de vie infini sur tous les entiers positifs pour lequel les taux de naissance ν_i et les taux de mort μ_i, pour $i \geq 0$, sont tous finis et strictement positifs sauf $\mu_0 = 0$. Dans ce cas, la distribution stationnaire existe si et seulement si

$$\sum_{k \geq 0} \theta_k < \infty,$$

où

$$\theta_k = \frac{\nu_0 \times \nu_1 \times \cdots \times \nu_{k-1}}{\mu_1 \times \mu_2 \times \cdots \times \mu_k},$$

pour $k \geq 1$, avec $\theta_0 = 1$. La distribution stationnaire $\boldsymbol{\pi} = (\pi_i)$ est alors

$$\pi_i = \frac{\theta_i}{\sum_{k \geq 0} \theta_k},$$

pour tout $i \geq 0$.

Cette affirmation peut être vérifiées par récurrence. Tout d'abord, le générateur est de la forme

$$A = \begin{pmatrix} -\nu_0 & \nu_0 & & & & & \\ \mu_1 & -(\nu_1 + \mu_1) & \nu_1 & & & & \\ & \cdot & \cdot & \cdot & & & \\ & & \cdot & \cdot & \nu_{j-1} & & \\ & & & \cdot & -(\nu_j + \mu_j) & \cdot & \\ & & & & \mu_{j+1} & \cdot & \cdot \\ & & & & & \cdot & \cdot \\ & & & & & & \cdot \end{pmatrix}.$$

La distribution stationnaire $\boldsymbol{\pi} = (\pi_i)$ est déterminée par le système d'équations

$$\boldsymbol{\pi} A = \mathbf{0}.$$

Ainsi, la première équation de ce système est

$$0 = -\nu_0 \pi_0 + \mu_1 \pi_1,$$

d'où

$$\pi_1 = \frac{\nu_0}{\mu_1} \pi_0 = \theta_1 \pi_0.$$

Si on suppose que

$$\pi_i = \theta_i \pi_0,$$

pour $i = 1, \ldots, j$, alors la $(j+1)$-ième équation du système donne

$$0 = \nu_{j-1} \pi_{j-1} - (\nu_j + \mu_j) \pi_j + \mu_{j+1} \pi_{j+1},$$

c'est-à-dire

$$\pi_{j+1} = \frac{(\nu_j + \mu_j) \pi_j - \nu_{j-1} \pi_{j-1}}{\mu_{j+1}}.$$

Par conséquent, on obtient

$$\begin{aligned}\pi_{j+1} &= \left(\frac{\nu_0 \times \nu_1 \times \cdots \times \nu_{j-1} \times (\nu_j + \mu_j)}{\mu_1 \times \cdots \times \mu_j \times \mu_{j+1}} - \frac{\nu_0 \times \nu_1 \times \cdots \times \nu_{j-1} \times \mu_j}{\mu_1 \times \cdots \times \mu_j \times \mu_{j+1}}\right)\pi_0 \\ &= \left(\frac{\nu_0 \times \nu_1 \times \cdots \times \nu_j}{\mu_1 \times \mu_2 \times \cdots \times \mu_{j+1}}\right)\pi_0 \\ &= \theta_{j+1}\pi_0.\end{aligned}$$

Il y a donc une distribution stationnaire si et seulement si $\pi_0 > 0$, et dans ce cas, on a

$$1 = \sum_{i=0}^{\infty} \pi_i = \pi_0 \sum_{i=0}^{\infty} \theta_i$$

si et seulement si

$$\pi_0 = \frac{1}{\sum_{i \geq 0} \theta_i},$$

avec $\sum_{i \geq 0} \theta_i < \infty$.

Remarque. Dans le cas d'un processus de naissance et de mort sur les entiers $0, 1, \ldots, N$ avec $0 < \nu_i < \infty$ pour $i = 0, 1, \ldots, N-1$ et $0 < \mu_i < \infty$ pour $i = 1, \ldots, N$ mais $\mu_0 = \nu_N = 0$, la distribution stationnaire $\boldsymbol{\pi} = (\pi_i)$ est donnée par

$$\pi_i = \frac{\theta_i}{\sum_{j=0}^{N} \theta_j},$$

pour $i = 0, 1, \ldots, N$.

2.6.5 Système d'attente stationnaire $M/M/1$

Soit un système d'attente de type $M/M/1$ avec comme règle de service «premier arrivé, premier servi». Le nombre de clients dans le système est un processus de naissance et de mort avec taux de naissance $\nu_i = \nu$ pour tout $i \geq 0$ et taux de mort $\mu_i = \mu$ pour tout $i \geq 1$, où ν est le taux d'arrivée des clients et μ le taux de service d'un client. On a alors

$$\theta_k = \left(\frac{\nu}{\mu}\right)^k,$$

pour tout $k \geq 1$, avec $\theta_0 = 1$. Ainsi,

$$\sum_{k \geq 0} \theta_k = \begin{cases} \infty & \text{si } \nu \geq \mu, \\ \dfrac{1}{1 - \nu/\mu} & \text{si } \nu < \mu. \end{cases}$$

Donc, la distribution stationnaire $\boldsymbol{\pi} = (\pi_i)$ existe si et seulement si $\nu < \mu$, et elle est alors donnée par

$$\pi_i = \left(\frac{\nu}{\mu}\right)^i \left(1 - \frac{\nu}{\mu}\right),$$

pour tout $i \geq 0$. Il s'agit donc de la distribution de probabilité de $X - 1$, où X est une variable aléatoire de loi géométrique de paramètre $1 - \nu/\mu$.

Voici quelques remarques intéressantes au sujet de ce système.

- La probabilité π_0 représente la fraction moyenne de temps à long terme où le serveur est libre et la probabilité $1 - \pi_0$, la fraction moyenne de temps à long terme où le serveur est occupé.

- Le nombre moyen de clients dans le système à long terme est donné par

$$L = \frac{1}{1 - \nu/\mu} - 1 = \frac{\nu/\mu}{1 - \nu/\mu},$$

  où $1/(1-\nu/\mu)$ est l'espérance d'une variable aléatoire de loi géométrique de paramètre $1 - \nu/\mu$. Ainsi, $L \to \infty$ lorsque $\nu/\mu \to 1$.

- Le temps moyen à long terme qu'un client passe dans le système est donné par

$$\begin{aligned} W &= \sum_{i \geq 0} \frac{(i+1)}{\mu} \pi_i \\ &= \sum_{i \geq 0} \frac{i\pi_i}{\mu} + \sum_{i \geq 0} \frac{\pi_i}{\mu} \\ &= \frac{L}{\mu} + \frac{1}{\mu} \\ &= \frac{1}{\mu(1 - \nu/\mu)}. \end{aligned}$$

  On obtient donc l'égalité

$$L = \nu W.$$

  C'est la *formule de Little*. La quantité L représente un nombre moyen de clients dans le système à l'arrivée d'un client. La quantité νW représente un nombre moyen de clients dans le système au départ d'un client. L'égalité a lieu a l'état stationnaire.

2.6.6 Système d'attente stationnaire $M/M/\infty$

Dans le cas d'un système d'attente de type $M/M/\infty$, les taux de naissance et de mort sont donnés par $\nu_i = \nu$ et $\mu_i = i\mu$, respectivement, pour $i \geq 0$, comme illustré dans la figure 48.

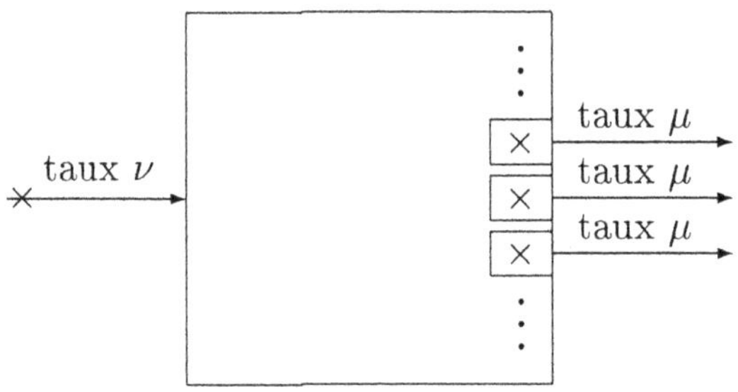

FIGURE 48. Système d'attente avec une infinité de serveurs.

Dans ce cas, on a

$$\theta_k = \frac{\nu_0 \times \cdots \times \nu_{k-1}}{\mu_1 \times \cdots \times \mu_k} = \frac{\nu^k}{k!\mu^k},$$

pour $k \geq 1$, avec $\theta_0 = 1$. Ainsi,

$$\sum_{k\geq 0} \theta_k = \sum_{k\geq 0} \frac{(\nu/\mu)^k}{k!} = e^{\nu/\mu} < \infty,$$

pour tous $\nu, \mu > 0$. La distribution stationnaire $\boldsymbol{\pi} = (\pi_i)$ existe dans tous les cas et elle est donnée par

$$\pi_i = \frac{(\nu/\mu)^i}{i!} e^{-\nu/\mu},$$

pour tout $i \geq 0$.

Le temps moyen W qu'un client passe dans le système équivaut simplement à l'espérance d'une variable de loi exponentielle de paramètre μ, soit $1/\mu$. D'autre part, le nombre moyen de clients dans le système à l'état stationnaire est

$$L = \frac{\nu}{\mu},$$

soit l'espérance d'une variable de loi de Poisson de paramètre ν/μ. On vérifie ici encore la formule de Little, soit $L = \nu W$.

2.6.7 Théorème ergodique

Le théorème ergodique permet d'interpréter la distribution stationnaire lorsque celle-ci existe. Sa démonstration pour une chaîne de Markov à temps continu sous les conditions ci-dessous est reportée à la section 2.7.2.

Si $\{X_t\}_{t\geq 0}$ est une chaîne de Markov à temps continu irréductible sur un nombre fini d'états ou un processus de naissance et de mort irréductible à temps de vie infini sur une infinité d'états, alors on a

$$P_{ij}(t) = Pr(X_t = j \mid X_0 = i) \to \pi_j \geq 0 \text{ lorsque } t \to \infty.$$

De plus, ou bien $\pi_j = 0$ pour tout j, ou bien $\pi_j > 0$ pour tout j, et dans ce cas, (π_j) est l'unique distribution stationnaire.

2.7 *Démonstrations

2.7.1 Processus à temps de vie infini

Un processus de naissance et de mort est à temps de vie infini, c'est-à-dire qu'il satisfait

$$\sum_j P_{ij}(t) = 1,$$

pour tout état i et pour tout instant $t > 0$, si

$$\sum_j \frac{1}{\mu_j + \nu_j} = \infty.$$

Démonstration

On note d'abord que si le temps de vie est infini dans le cas où il y a une naissance à la fin de chacun des temps de séjour, alors il est infini dans tous les cas. On considère donc un processus de naissance avec taux de naissance $\nu_j + \mu_j$ pour tout $j \geq 0$. Pour tout $i \geq 0$, on définit

$$T_i = \sum_{j\geq i} S_j,$$

où S_j représente un temps de séjour à l'état $j \geq 0$. On a alors

$$E(T_i) = \sum_{j\geq i} \frac{1}{\mu_j + \nu_j}.$$

On suppose maintenant que

$$p = Pr(T_i > t) = \sum_{j \geq i} P_{ij}(t) < 1,$$

pour un certain $t > 0$. En conditionnant sur l'état à l'instant t, on obtient alors

$$Pr(T_i > 2t) = \sum_{j \geq i} P_{ij}(t) Pr\,(T_j > t) \leq Pr(T_0 > t) \sum_{j \geq i} P_{ij}(t) = p^2.$$

Par récurrence, on trouve

$$Pr(T_i > kt) \leq p^k,$$

pour tout $k \geq 1$. On a donc que

$$E(T_i) = \int_0^\infty Pr(T_i > s)ds \leq \sum_{k=1}^\infty Pr(T_i > kt) \leq \sum_{k=1}^\infty p^k = \frac{p}{1-p} < \infty.$$

Par conséquent, la condition $E(T_0) = \infty$, qui entraîne que $E(T_i) = \infty$ pour tout $i \geq 0$, entraîne aussi que $\sum_{j \geq i} P_{ij}(t) = 1$ pour tout $t > 0$ et tout $i \geq 0$.

2.7.2 Théorème ergodique

Si $\{X_t\}_{t \geq 0}$ est une chaîne de Markov à temps continu irréductible sur un nombre fini d'états ou un processus de naissance et de mort irréductible à temps de vie infini sur une infinité d'états, alors on a

$$P_{ij}(t) = Pr(X_t = j \mid X_0 = i) \to \pi_j \geq 0 \text{ lorsque } t \to \infty.$$

De plus, ou bien $\pi_j = 0$ pour tout j, ou bien $\pi_j > 0$ pour tout j, et dans ce cas, (π_j) est l'unique distribution stationnaire.

Démonstration

On remarque d'abord que $P_{ij}(t) > 0$ pour tout $t > 0$ et tout couple d'états i, j sous la condition que la chaîne est irréductible. En effet, comme illustré dans la figure 49, on a

$$P_{ii}(t) \geq Pr(S_i > t) > 0,$$

où S_i représente un temps de séjour à l'état i. Pour $j \neq i$, il existe des états $i_0 = i, i_1, \ldots, i_n = j$ tous différents, comme illustré dans la figure 50, tels que la probabilité de transition de i_k à i_{k+1} lorsqu'on quitte l'état i_k est strictement positive, c'est-à-dire $q_{i_k i_{k+1}} > 0$ pour $k = 0, 1, \ldots, n-1$. On a alors

$$P_{ij}(t) \geq Pr\left(\sum_{k=0}^{n-1} S_{i_k} < t < \sum_{k=0}^{n} S_{i_k}\right) \prod_{k=0}^{n-1} q_{i_k i_{k+1}} > 0,$$

où S_{i_k} représente un temps de séjour à l'état i_k pour $k = 0, 1, \ldots, n$.

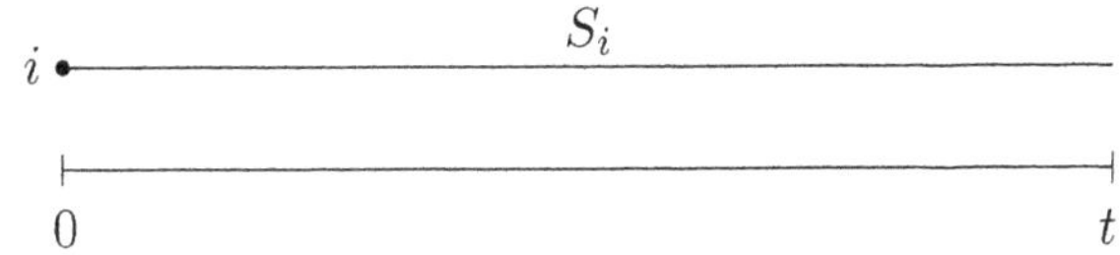

FIGURE 49. Situation pour $P_{ii}(t) > 0$.

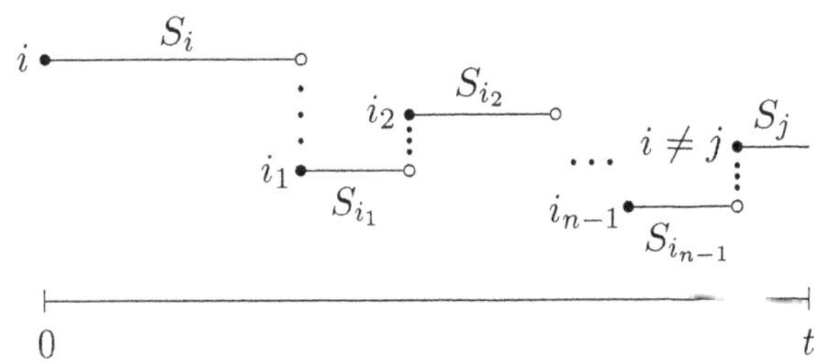

FIGURE 50. Situation pour $P_{ij}(t) > 0$ pour $j \neq i$.

En considérant seulement les instants entiers $n \geq 0$, on obtient une chaîne de Markov à temps discret $\{X_n\}_{n\geq 0}$ dont les probabilités de transition d'un instant au suivant sont données par $P_{ij}(1) > 0$ pour tous états i et j, donc irréductible apériodique. Le théorème ergodique à temps discret garantit alors que

$$P_{ij}(n) \to \pi_j \geq 0 \text{ lorsque } n \to \infty.$$

De plus, ou bien $\pi_j = 0$ pour tout j, ou bien $\pi_j > 0$ pour tout j. Dans ce second cas, on a $\sum_j \pi_j = 1$ et

$$\pi_j = \sum_i \pi_i P_{ij}(n),$$

pour tout $n \geq 0$ et tout état j.

De même, en considérant seulement les instants de la forme $n/2^k$ pour tout $n \geq 0$ pour $k \geq 1$ fixé, on obtient

$$P_{ij}\left(\frac{n}{2^k}\right) \to \pi_j \text{ lorsque } n \to \infty$$

et

$$\pi_j = \sum_i \pi_i P_{ij}\left(\frac{n}{2^k}\right),$$

pour tout $n \geq 0$ et tout état j.

Maintenant, pour tout $t \geq 0$ fixé et tout entier $k \geq 1$ fixé, il existe un entier $n_k(t) \geq 0$ tel que

$$\frac{n_k(t)}{2^k} \leq t < \frac{n_k(t)+1}{2^k}.$$

De plus, on a l'inégalité

$$|P_{ij}(t) - \pi_j| \leq \left|P_{ij}(t) - P_{ij}\left(\frac{n_k(t)}{2^k}\right)\right| + \left|P_{ij}\left(\frac{n_k(t)}{2^k}\right) - \pi_j\right|.$$

Pour $\varepsilon > 0$ arbitraire, le premier terme à droite de l'inégalité est inférieur à $\varepsilon/2$ pour k assez grand (par le lemme sur la continuité uniforme des probabilités de transition de la section 2.7.3), et pour un tel k fixé le deuxième terme à droite de l'inégalité est également inférieur à $\varepsilon/2$ pour $n_k(t)$ assez grand (par ce qui précède), c'est-à-dire pour t assez grand.

Il reste à vérifier les équations de stationnarité pour (π_j) dans le cas où $\pi_j > 0$ pour tout j avec $\sum_j \pi_j = 1$. Tout d'abord, en faisant croître k vers l'infini dans l'équation

$$\pi_j = \sum_i \pi_i P_{ij}\left(\frac{n_k(t)}{2^k}\right),$$

on obtient

$$\pi_j = \sum_i \pi_i P_{ij}(t),$$

pour tout état j et tout $t \geq 0$. Puis, on fait décroître h vers 0 dans l'équation

$$0 = \sum_i \pi_i \left(\frac{P_{ij}(t+h) - P_{ij}(t)}{h}\right).$$

On conclut alors que

$$0 = \sum_i \pi_i P'_{ij}(t),$$

pour tout état j et tout $t \geq 0$. (Dans les deux cas, on utilise le lemme 2 sur la convergence d'une somme de la section 1.9.2.) Finalement, l'équation progressive de Kolmogorov et un changement d'ordre de sommations donnent

$$\begin{aligned} 0 &= \sum_i \pi_i \left(\sum_k P_{ik}(t) a_{kj} \right) \\ &= \sum_k \left(\sum_i \pi_i P_{ik}(t) \right) a_{kj} \\ &= \sum_k \pi_k a_{kj}, \end{aligned}$$

pour tout état j, où a_{kj} représente l'entrée k, j du générateur A de la chaîne de Marvov à temps continu.

2.7.3 Lemme sur la continuité des probabilités de transition

Si $\{X_t\}_{t\geq 0}$ est une chaîne de Markov à temps continu irréductible sur un nombre fini d'états ou un processus de naissance et de mort irréductible à temps de vie infini sur une infinité d'états, alors on a

$$|P_{ij}(t+h) - P_{ij}(t)| \leq C_j h,$$

pour tous $t, h \geq 0$, où C_j est une constante qui peut dépendre de l'état j, et

$$P_{ij}(t) = Pr(X_t = j \mid X_0 = i)$$

est la probabilité de transition de l'état i à l'état j de l'instant 0 à l'instant $t \geq 0$. Ce résultat garantit que la probabilité de transition est uniformément continue.

Démonstration

En conditionnant sur l'état de la chaîne à l'instant t, on obtient

$$P_{ij}(t+h) = \sum_l P_{il}(t) P_{lj}(h).$$

On a donc

$$P_{ij}(t+h) - P_{ij}(t) = \sum_{l \neq j} P_{il}(t) P_{lj}(h) + P_{ij}(t)(P_{jj}(h) - 1),$$

d'où

$$|P_{ij}(t+h) - P_{ij}(t)| \leq \sum_{l \neq j} P_{il}(t) P_{lj}(h) + P_{ij}(t)(1 - P_{jj}(h)).$$

On a toujours

$$1 - P_{jj}(h) \leq Pr(S_j < h) \leq \lambda_j h,$$

où S_j représente un temps de séjour à l'état j qui est de loi exponentielle de paramètre λ_j. De même,

$$P_{lj}(h) \leq Pr(S_l < h) \leq \lambda_l h,$$

pour tout $l \neq j$. Dans le cas d'un processus de naissance et de mort, on utilise plutôt

$$P_{lj}(h) \leq Pr(S_{j-1} < h) \leq \lambda_{j-1} h,$$

pour $l < j$, et

$$P_{lj}(h) \leq Pr(S_{j+1} < h) \leq \lambda_{j+1} h,$$

pour $l > j$. Puisque $\sum_l P_{il}(t) = 1$, on obtient le résultat énoncé avec

$$C_j = \max_l \lambda_l$$

dans le cas d'une chaîne sur un nombre fini d'états, et

$$C_j = \max(\lambda_{j-1}, \lambda_j, \lambda_{j+1})$$

dans le cas d'un processus de naissance et de mort sur un nombre infini d'états.

Remarque. La démonstration montre en fait que le résultat est aussi valide pour n'importe quelle chaîne sur un nombre infini d'états avec $\lambda_l \leq \lambda < \infty$ pour tout état l.

2.8 Exercices

2.1. Deux employés d'une maison de courtage recoivent des appels de clients au sujet d'achat ou de vente de fonds mutuels. Lorsque leurs lignes téléphoniques étaient indépendantes, chacun d'eux était occupé un temps de loi exponentielle d'espérance $1/4$ d'heure avec chaque client, temps pendant lequel tout nouvel appel était rejeté, puis attendait un temps de loi exponentielle d'espérance 1 heure avant de recevoir le prochain appel. Depuis une réorganisation du service, lorsqu'un appel est reçu par un employé qui est occupé, il est transféré à l'autre employé si celui-ci est libre, sinon l'appel est rejeté. Déterminer le générateur pour le nombre d'employés occupés : (a) avant la réorganisation du service, et (b) après la réorganisation du service.

2.2. On suppose qu'un appareil tombe en panne suite à un k-ième choc avec probabilité $k^2/9$ pour $k = 1, 2, 3$ et dans ce cas qu'il est remplacé par un appareil neuf. Si les chocs sont espacés par des intervalles de temps indépendants de loi exponentielle de paramètre 9, quel est le générateur pour le nombre de chocs subis par l'appareil en fonction ?

2.3. Une chaîne de Markov à temps continu sur les états $0, 1$ et 2 a comme générateur

$$\begin{pmatrix} -3 & 2 & 1 \\ 2 & -4 & 2 \\ 0 & 1 & -1 \end{pmatrix}.$$

Déterminer le temps moyen pour atteindre l'état 2 à partir de l'état 0.

2.4. Un sous-marin dispose au départ de trois systèmes de navigation et il reste en mer tant qu'au moins deux de ces systèmes fonctionnent. Les temps de fonctionnement de ces systèmes sont indépendants et de loi exponentielle d'espérances 1 an, 1,5 an et 3 ans, respectivement. Quel est le temps moyen que le sous-marin reste en mer après son départ ?

2.5. Une lampe a besoin de deux batteries pour être opérationnelle. On dispose de quatre batteries numérotées de 1 à 4 dont les temps de vie sont indépendants de loi exponentielle d'espérance 100 heures. On utilise les batteries dans l'ordre (d'abord 1 et 2, puis 3 lorsque l'une des deux premières est épuisée, et ainsi de suite). Soit T le temps de fonctionnement de la lampe et N le numéro de la dernière batterie non épuisée. Trouver l'espérance de T et la distribution de N. Répondre à la même question dans le cas général de $n \geq 2$ batteries.

2.6. Dans une population de N individus, certains sont affectés d'une certaine maladie, d'autres pas. Chaque individu affecté guérit à un taux égal à μ, alors que chaque paire d'individus se rencontre indépendamment des autres à un taux λ et chaque fois que cela se produit entre un individu affecté et un autre qui ne l'est pas, l'individu affecté transmet la maladie à l'autre avec probabilité p. Déterminer le temps moyen pour que tous les individus soient affectés par la maladie étant donné qu'il y en a un seul qui l'est initialement dans le cas où $\mu = 0$ et $p > 0$.

2.7. Une ampoule à l'entrée d'un immeuble a un temps de vie de loi exponentielle d'espérance 100 jours. Lorsqu'elle brûle, le concierge la remplace immédiatement par une neuve. De plus, un employé qui s'occupe de la maintenance journalière remplace l'ampoule par une neuve par mesure préventive selon un processus de Poisson d'intensité 0,02 par jour. Déterminer : (a) le taux de remplacement de l'ampoule ; et (b) la probabilité que la prochaine ampoule remplacée le soit par le concierge.

2.8. On suppose que le prix d'une action d'une grande compagnie est à la hausse (+) dès et aussi longtemps que la dernière nouvelle la concernant est bonne et à la baisse (-) lorsque celle-ci est mauvaise. De plus, ces nouvelles arrivent selon un processus de Poisson d'intensité 2 par jour et chacune d'elles est bonne avec probabilité 2/3 ou mauvaise avec probabilité 1/3 indépendamment de toutes les autres. Quel est le générateur de la chaîne de Markov pour le mouvement (+ ou -) du prix de l'action de cette compagnie ? Justifier brièvement en identifiant bien les états.

2.9. Un câble transatlantique prend un temps de loi exponentielle de paramètre 2 avant de subir un bris. Le temps de réparation est de loi exponentielle de paramètre 5. En supposant deux câbles avec des temps de fonctionnement et de réparation indépendants et deux équipes de réparation, quelle est la probabilité que les deux câbles ne fonctionnent pas après un temps t étant donné qu'ils fonctionnent tous les deux au départ ?

2.10. Dans une prison du Far West, les tentatives d'évasion se produisent selon un processus de Poisson d'intensité 1 par 4 mois, mais elles réussissent seulement avec probabilité 1/2, et dans ce cas tous les prisonniers s'évadent en bloc. D'autre part, il faut un temps de loi exponentielle d'espérance 2 mois pour rattraper et emprisonner à nouveau chaque prisonnier en cavale. On fait les hypothèses habituelles d'indépendance.

Déterminer : (a) le générateur pour le nombre de prisonniers en cavale sur les deux en prison au départ ; et (b) le temps moyen pour que les deux prisonniers en cavale se retrouvent ensemble en prison.

2.11. (SOA M A06 #9) Un jeu dans un casino fait des paiements selon un processus de Poisson d'intensité 5 par heure et le montant d'un paiement peut être de $1, 2, 3$, etc. dollars sans limite. La probabilité qu'un paiement soit égal à i est $1/2^i$ et les paiements sont indépendants les uns des autres. Calculer la probabilité qu'il n'y ait pas de paiement de 1, 2 ou 3 dollars dans une période de 20 minutes.

2.12. (SOA M A06 #10) Vous arrivez à une station de train à 6h15. Jusqu'à 7h00, les trains arrivent selon un processus Poisson d'intensité 1 par 30 minutes. Après 7h00, ils arrivent selon un processus Poisson d'intensité 2 par 30 minutes. Calculer l'espérance du temps que vous devrez attendre avant qu'un train arrive.

2.13. Une chaîne de Markov à temps continu sur les états $0, 1$ et 2 possède comme générateur la matrice

$$A = \begin{pmatrix} -2 & 1 & 1 \\ 2 & -4 & 2 \\ 0 & 1 & -1 \end{pmatrix}.$$

Déterminer la fraction moyenne de temps à long terme que la chaîne passe à l'état 0.

2.14. Un courtier d'assurances reçoit des appels de clients selon un processus de Poisson d'intensité 4 par heure. La conversation téléphonique avec un client dure un temps de loi exponentielle d'espérance $1/4$ d'heure. Si un autre appel arrive durant cette période, il est mis en attente jusqu'à la fin de la conversation en cours, mais alors la ligne téléphonique devient inaccessible et tout nouvel appel est rejeté. D'autre part, un client en attente s'impatiente et libère la ligne après un temps de loi exponentielle d'espérance $1/4$ d'heure. On fait les hypothèses habituelles d'indépendance et on s'intéresse à ce qui se passe dans ce système à long terme. Déterminer : (a) la proportion moyenne de temps où le courtier est au téléphone ; (b) la proportion moyenne de clients auxquels le courtier répond ; et (c) le temps moyen qu'un client passe au téléphone.

2.15. Deux machines, 1 et 2, fonctionnent chacune un temps de loi exponentielle de paramètre 1 avant de tomber en panne et prennent chacune un temps de loi exponentielle de paramètre 1 à se faire réparer. Il y a un seul réparateur et celui-ci répare en priorité la machine 1 lorsque les deux machines sont en panne, quitte à suspendre la réparation de la machine 2. Tous les temps de fonctionnement et de réparation sont indépendants. Déterminer : (a) le générateur pour les machines en fonction, soit 0 (pour aucune), 1, 2 ou 12 (pour les deux) ; (b) la proportion moyenne de temps à long terme avec la machine 2 en fonction.

2.16. Le temps de fonctionnement d'un appareil suit une loi exponentielle d'espérance 2 alors que le temps de réparation suit une loi exponentielle d'espérance $1/2$. Il y a 4 appareils et 2 réparateurs qui peuvent travailler chacun sur un seul appareil à la fois. On suppose que tous les temps de fonctionnement et de réparation sont indépendants. Quel est le nombre moyen de réparateurs en service à long terme ?

2.17. Des automobilistes se présentent à une station-service au taux de 20 par heure, mais n'entrent pas s'il y a au moins quatre voitures dans la station. Il y a deux pompes disponibles dans la station et le temps de service à chacune d'elle est de loi exponentielle d'espérance 6 minutes. (a) Quelle est la distribution stationnaire du nombre de voitures dans la station ? (b) En moyenne à long terme, combien d'automobilistes sont servis par heure ?

2.18. Une boutique qui vend des ordinateurs en garde au plus 3 en stock. Les acheteurs se présentent selon un processus de Poisson d'intensité 2 par semaine et ils repartent avec un ordinateur s'il y en a au moins un en stock. Lorsqu'il reste un seul ordinateur, la boutique en commande 2 et elle les reçoit après un temps de loi exponentielle d'espérance une semaine. Déterminer : (a) le nombre moyen d'ordinateurs en stock à long terme ; et (b) le nombre moyen d'ordinateurs vendus en une semaine à long terme.

2.19. Un coiffeur a de la place pour 2 clients seulement dans son salon. Les clients arrivent selon un processus de Poisson d'intensité 2 par heure, mais ils vont ailleurs s'il y a déjà 2 clients dans le salon. Si le coiffeur coupe les cheveux d'un client selon un temps de loi exponentielle, combien de temps en moyenne devrait-il passer par client afin de perdre seulement $1/7$ de sa clientèle à long terme ?

2.20. Il y a 1278 particules sur un damier de 100 par 100 à l'intérieur d'un plus grand damier. Chaque particule occupe une et une seule case et saute à un taux égal à 1 sur une case choisie au hasard parmi les quatre cases adjacentes. Si la case choisie est située à l'extérieur du damier ou si elle est déjà occupée par une particule, alors le déplacement est annulé. Quelle est la distribution stationnaire pour l'ensemble des cases occupées par les particules ?

2.21. On considère une station de taxis dans un aéroport où les taxis et les clients arrivent selon des processus de Poisson d'intensité 2 et 3, respectivement. On suppose qu'un taxi attend à la station, quel que soit le nombre de taxis présents lors de son arrivée. En revanche, si un client ne trouve pas de taxi à son arrivée, il décide d'utiliser un autre moyen de transport. (a) Quelle est la proportion moyenne à long terme des clients qui prennent un taxi ? (b) Quel est le nombre moyen de taxis en attente à long terme ? (c) Lorsqu'un taxi arrive à un instant au hasard à la station, quel est le temps moyen que ce taxi doit attendre avant de servir un client ?

2.22. Un central téléphonique dispose de m lignes. Les appels arrivent selon un processus de Poisson d'intensité λ. Un appel est accepté s'il y a une ligne libre au moment de son arrivée, qu'il occupe pendant un temps de loi exponentielle de paramètre μ indépendamment de tout le reste. Quelle est la distribution stationnaire du nombre de lignes occupées ?

2.23. Déterminer la distribution stationnaire, si elle existe, du processus de naissance et de mort dont les taux de naissance et de mort aux états $i \geq 0$ sont donnés respectivement par

$$\nu_i = \nu \quad \text{et} \quad \mu_i = \frac{i}{i+1}.$$

2.24. Une population reçoit des immigrants à un taux égal à 1. De plus, chaque individu se reproduit à un taux constant égal à 2 et meurt à un taux donné par $1 + i$ qui dépend de la taille $i \geq 0$ de la population. (a) Déterminer les taux de naissance et de mort pour le nombre total d'individus dans cette population. (b) Existe-t-il une distribution stationnaire ? (On ne demande pas de déterminer cette distribution si elle existe.)

2.25. Des clients se présentent pour recevoir un service selon un processus de Poisson d'intensité λ. Il sont servis un à la fois et le temps de service est de loi exponentielle de paramètre μ. De plus, les clients qui attendent en file pour être servis deviennent impatients et ils quittent la file au taux δ indépendamment les uns des autres. (a) Déterminer la distribution stationnaire dans le cas où $\delta = \mu$; et (b) montrer que la distribution stationnaire existe pour tout $\delta > 0$.

2.26. Un centre de traumatologie dispose de deux salles d'opération. Les arrivées de patients, un à la fois, sont espacées par des temps aléatoires d'espérance 1, alors que les temps d'intervention sont des variables aléatoires d'espérance $1/2$. Tous les temps sont supposés indépendants et de loi exponentielle. Lorsque les deux salles d'opération sont occupées, les patients sont dirigés vers d'autres centres. Déterminer : (a) le générateur pour le nombre de salles d'opération occupées ; (b) l'espérance du temps pour que les deux salles soient libres à partir du moment où elles sont toutes les deux occupées.

2.27. Un assuré passe de la catégorie A à la catégorie B et y reste après une seule réclamation pour un accident majeur ou trois réclamations pour un accident mineur. Supposons qu'un assuré de catégorie A subit des accidents selon un processus de Poisson d'intensité $1/2$, qu'un accident n'est que mineur avec probabilité $3/4$ indépendamment des autres, mais qu'un tel accident n'est pas déclaré avec probabilité $i/3$, où i est le nombre de réclamations précédentes pour un accident mineur. Il y a quatre états possibles pour le statut de l'assuré : $A0$, $A1$, $A2$ et B, où Ai représente la catégorie A avec i réclamations pour un accident mineur au dossier de l'assuré. Déterminer : (a) le générateur pour le statut de l'assuré ; (b) l'espérance du temps pour atteindre le statut B à partir du statut $A0$.

2.28. Une grenouille sur le bord d'un étang (état 0) saute dans l'étang (état 1) et vice versa selon une chaîne de Markov à temps continu dont le générateur est

$$A = \begin{pmatrix} -2 & 2 \\ 2 & -2 \end{pmatrix}.$$

Déterminer : (a) la probabilité que la grenouille soit dans l'étang à l'instant $t \geq 0$ si elle est au bord de l'étang à l'instant 0 ; (b) le générateur pour le nombre de grenouilles dans l'étang si trois grenouilles sautent indépendamment les unes des autres selon le modèle ci-dessus.

2.29. Un médecin de garde reçoit des appels selon un processus de Poisson d'intensité 2 par 24 heures. Un appel nécessite un temps d'intervention de loi exponentielle d'espérance 3 heures, indépendant de tout le reste. Tout nouvel appel durant ce temps est envoyé à un autre médecin. Le médecin commence sa garde le vendredi à 18h. Quelle est la probabilité qu'il puisse passer entièrement la soirée du samedi, soit de 18h à minuit, en famille ?

2.30. Dans une population de $2N$ personnes qui ont chacune un téléphone cellulaire, chaque personne qui n'est pas au téléphone en appelle une autre au hasard qui n'est pas au téléphone au taux instantané de 1 par heure indépendamment des autres, alors que chaque appel dure un temps de loi exponentielle d'espérance 3 minutes. On suppose que tous les temps sont indépendants. Le nombre d'appels en cours est alors un processus de naissance et de mort sur un nombre fini d'états. Déterminer : (a) les taux de naissance et les taux de mort ; (b) la distribution stationnaire pour le nombre d'appels en cours ; (c) l'espérance du nombre d'appels en cours à l'état stationnaire ; et (d) la proportion moyenne de temps à long terme où chaque personne parle au téléphone.

2.31. Le temps que prend un membre d'un club de tennis pour réserver un court par téléphone à partir du moment où il obtient la ligne est de 30 secondes. Les membres appellent selon un processus de Poisson d'intensité $\lambda > 0$ par minute et ils sont mis en attente si la ligne est occupée. La ligne redevient inoccupée losqu'il ne reste plus personne en ligne ni en attente. Déterminer : (a) les valeurs de λ pour lesquelles la ligne redevient noccupée à partir d'un premier appel avec probabilité 1 ; (b) les valeurs de λ pour lesquelles la ligne redevient inoccupée en un temps moyen fini à partir d'un premier appel, et alors, ce temps moyen.

2.32. Un centre culturel reçoit des appels pour la réservation de places à des spectacles selon un processus de Poisson d'intensité 2 et les appels sont dirigés vers deux préposés, un en formation (préposé 1), qui prend un temps exponentiel d'espérance 1 pour finaliser la réservation, et un avec expérience (préposé 2), qui prend un temps exponentiel d'espérance 1/2. Lorsque l'un des préposés est occupé, l'appel est pris par l'autre, alors que lorsque les deux sont libres, l'un des deux au hasard prend l'appel. De plus, lorsque les deux préposés sont occupés, l'appel est mis en attente, ce qui a pour effet de bloquer la ligne aux appels entrants. Dans ce cas, l'appel en attente est pris par le premier préposé qui se libère si la personne en attente ne quitte pas la ligne auparavant par impatience, ce qui se produit au taux instantané de 1. On considère les états 0 (aucun préposé occupé), 1 (préposé 1 seulement occupé), 2 (préposé 2 seulement occupé), 3 (préposés 1 et 2 occupés avec aucun appel en attente), et 4 (préposés 1 et 2 occupés avec un appel en attente). En faisant les hypothèses habituelles pour une chaîne de Markov à temps continu, déterminer : (a) le générateur de la chaîne ; (b) les proportions moyennes à long terme des appels reçus qui seront pris par les préposés 1 et 2, respectivement, en fonction de la distribution stationnaire ; (c) la distribution stationnaire, et donner alors une explication pour laquelle le rapport des proportions trouvées en (b) est différent de 1/2.

2.33. Des clients se présentent à un comptoir de service selon un processus de Poisson d'intensité 2, mais rebroussent chemin si le comptoir est déjà occupé par un client. D'autre part, le temps de service est d'espérance 1/2. Cependant, le serveur quitte son poste pour s'acquitter d'une autre tâche après un temps d'inoccupation d'espérance 1/3 et ne revient qu'après un temps d'espérance 1/4. De plus, un client qui ne trouve aucun serveur en poste à son arrivée quitte le comptoir après un temps d'attente d'espérance 1/5. On suppose que tous les temps sont indépendants et de loi exponentielle. Les états du système sont $(0,0)$, $(0,1)$, $(1,0)$ et $(1,1)$, où la première composante représente le nombre de client au comptoir (0 ou 1) et la deuxième, le nombre de serveur en poste (0 ou 1). Déterminer : (a) le générateur de la chaîne ; (b) l'espérance du temps qu'un client qui se présente au comptoir passe dans le système en fonction de la distribution stationnaire, mais sans la calculer.

2.34. Un entrepreneur en construction a pratiqué trois ouvertures dans une clôture d'un chantier pour permettre aux passants de satisfaire leur curiosité. On suppose que les passants se présentent selon un processus de Poisson d'intensité 3, mais ne s'arrêtent à une ouverture pour regarder qu'avec probabilité 1/3 et seulement s'il y a une ouverture disponible. On suppose qu'un seul passant à la fois peut regarder par une ouverture et que le temps d'observation est de loi exponentielle de paramètre 1 pour chacun. Le générateur pour le nombre d'ouvertures occupées, soit 0, 1, 2 ou 3, dans cet ordre, est donné par

$$A = \begin{pmatrix} -1 & 1 & 0 & 0 \\ 1 & -2 & 1 & 0 \\ 0 & 2 & -3 & 1 \\ 0 & 0 & 3 & -3 \end{pmatrix}.$$

Déterminer : (a) la distribution stationnaire ; (b) la proportion moyenne à long terme de passants qui s'arrêtent pour regarder par une ouverture.

2.35. Trois enfants s'amusent dans une glissade d'un parc. Un seul enfant peut glisser à la fois. On suppose que tous les temps de remontée et de descente sont indépendants et de loi exponentielle, disons de paramètres respectifs λ et μ. On a une chaîne de Markov sur quatre états possibles selon les nombres d'enfants en remontée, en descente et en attente, respectivement : $(3, 0, 0)$, $(2, 1, 0)$, $(1, 1, 1)$ et $(0, 1, 2)$, représentés par 0, 1, 2 et 3, respectivement. En supposant que la remontée prend en moyenne deux fois plus de temps que la descente, déterminer : (a) le générateur de la chaîne ; (b) la distribution stationnaire ; (c) la proportion moyenne de temps à long terme pendant laquelle chaque enfant glissera.

2.36. Une station-service possède deux pompes à essence : une en libre service et une avec service. Le temps de service est plus long à la seconde, car on y effectue certaines vérifications et on y lave le pare-brise. On suppose des temps de service de loi exponentielle, d'espérance 2 min à la première et d'espérance 4 min à la deuxième. Les temps entre les arrivées des automobilistes sont aussi de loi exponentielle, d'espérance 2 min. Tous ces temps sont indépendants. Un automobiliste choisit la pompe en libre service lorsque les deux pompes sont libres, car l'essence y est moins chère ; sinon, il prend celle qui est libre ou qui se libère. Les automobilistes en attente de service s'impatientent et ils quittent la station-service à un taux instantané de $1/4$ par minute indépendamment les uns des autres et de tout le reste. (a) Existe-t-il une distribution stationnaire pour le nombre d'automobilistes dans la station-service ? Si oui, quelle est-elle ? (b) La chaîne pour ce nombre est-elle récurrente positive ? Si oui, quelle est l'espérance du temps pour retourner à l'état 0 à partir de l'état 0 ? (c) Quelle est la fraction moyenne à long terme des automobilistes qui prennent de l'essence en libre-service parmi tous ceux qui prennent de l'essence ?

2.37. Des clients arrivent à un centre commercial selon un processus de Poisson d'intensité 100 par heure. Les temps passés par les clients dans le centre commercial sont des variables aléatoires indépendantes identiquement distribuées, indépendantes du processus d'arrivée. On considère trois hypothèses sur la loi de probabilité d'un tel temps, représenté par X : (a) loi constante de valeur une heure ; (b) loi exponentielle d'espérance une heure ; (c) loi continue quelconque d'espérance une heure, de telle sorte que

$$\int_0^\infty (1 - F(x))dx = 1,$$

où $F(x) = Pr(T \leq x)$. Déterminer dans chaque cas la loi de probabilité pour le nombre de clients dans le centre commercial à l'état stationnaire.

2.38. Un préposé à l'information reçoit des appels téléphoniques de la part de clients selon un processus de Poisson d'intensité 1. Le temps requis pour répondre aux questions d'un client est de loi exponentielle d'espérance 1/2. Si le préposé reçoit un appel alors qu'il est inoccupé (état 0), il prend aussitôt l'appel. S'il reçoit un appel alors qu'il répond à un client (état 1), il prend l'appel pour un temps de loi exponentielle d'espérance 1/4 mais seulement pour dire au nouveau client qu'il sera mis en attente jusqu'à ce qu'il ait terminé avec le client précédent. Pendant ce temps (état 2) et tant que le nouveau client est en attente par la suite (état $2a$), tout nouvel appel est rejeté. D'autre part, un client en attente s'impatiente au taux 2, auquel cas il libère la ligne avant que le préposé ne réponde à ses questions. Déterminer : (a) la distribution stationnaire ; (b) la proportion moyenne de clients à long terme qui ne recevront pas d'information ; (c) le temps en ligne moyen à long terme (avec le préposé ou en attente) d'un client qui appelle. *Suggestion.* Pour (c), déterminer d'abord le temps en ligne moyen d'un client qui appelle alors que le préposé est disponible, représenté par m_0, puis le temps en ligne moyen d'un client qui appelle alors que le préposé est occupé mais personne n'est en attente, représenté par m_1.

Chapitre 3

Processus de renouvellement

3.1 Description générale

On considère l'arrivée d'événements identiques qui sont espacés par des temps aléatoires indépendants de même loi de probabilité, mais quelconque. L'événement en question, comme par exemple le remplacement d'un dispositif, est appelé un renouvellement. Le nombre de renouvellements $N(t)$ qui se produisent dans l'intervalle de temps $(0, t]$ pour tout $t > 0$ avec $N(0) = 0$ définit alors un *processus de renouvellement*. La figure 51 illustre un tel processus.

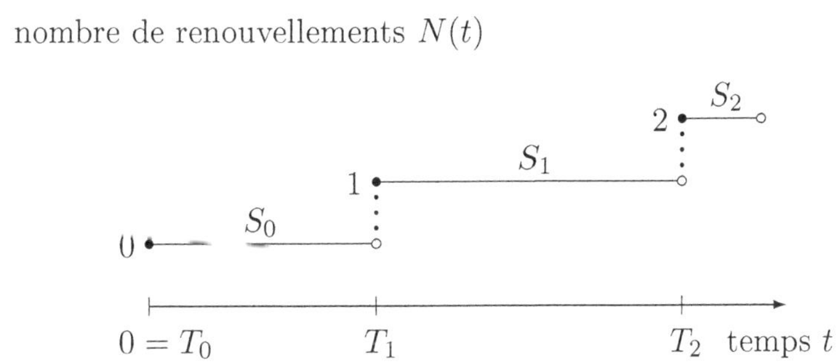

FIGURE 51. Processus de renouvellement.

Le i-ième renouvellement se produit à un temps aléatoire représenté par T_i pour $i \geq 1$. On définit les *temps d'inter-arrivée*

$$S_i = T_{i+1} - T_i,$$

pour $i \geq 0$, avec la convention que $T_0 = 0$. Ces temps correspondent aux temps de séjour aux différents états.

On fait l'hypothèse que les variables aléatoires $S_0, S_1, \ldots$ sont strictement positives, indépendantes et identiquement distribuées, d'espérance $\mu < \infty$ et de variance $\sigma^2 < \infty$.

On considère aussi la possibilité que le temps avant le premier renouvellement, soit S_0, ait une distribution différente du temps entre deux renouvellements consécutifs, avec une espérance $\mu_0 < \infty$ et une variance $\sigma_0^2 < \infty$. Dans ce cas, le processus de renouvellement est dit *avec délai.*

3.2 Théorèmes de renouvellement

3.2.1 Introduction

Dans le cas où les temps d'inter-arrivée $S_0, S_1, \ldots$ sont de loi exponentielle de paramètre λ, le processus d'arrivée $\{N(t)\}_{t\geq 0}$ est un processus de Poisson d'intensité λ. Alors, on a

$$\frac{E(N(t))}{t} = \lambda = \frac{1}{\mu},$$

pour tout $t > 0$. On a en fait

$$\frac{E(N(t+h) - N(t))}{h} = \lambda = \frac{1}{\mu},$$

pour tout $h > 0$ et tout $t \geq 0$, avec la convention que $N(0) = 0$. Ce résultat signifie que $1/\mu$ est le taux d'arrivée instantané des événements.

Dans le cas général, les résultats ci-dessus ne peuvent être exacts qu'asymptotiquement, c'est-à-dire lorsque $t \to \infty$. Cela garantit que $1/\mu$ est le *taux moyen de renouvellement* sur une longue période de temps, ou sur une période de temps de longueur quelconque mais après un long moment.

3.2.2 Théorème de renouvellement élémentaire

On considère un processus de renouvellement avec $S_0 > 0$ d'espérance $\mu_0 < \infty$ pour le temps avant le premier renouvellement, et $S_i > 0$ d'espérance $\mu < \infty$ pour le temps entre les i-ième et $(i+1)$-ième renouvellements, pour $i \geq 1$. Tous ces temps sont indépendants. Si $N(t)$ représente le nombre de renouvellements jusqu'à l'instant $t > 0$ inclusivement, alors

$$\lim_{t\to\infty} \frac{E(N(t))}{t} = \frac{1}{\mu}.$$

La démonstration de ce résultat est reportée à la section 3.6.1.

3.2.3 Formule de Wald

Soit $X_1, X_2, \ldots,$ une suite de variables aléatoires indépendantes identiquement distribuées à valeurs positives d'espérance $\mu < \infty$. Si N est une variable aléatoire à valeurs entières positives telle que la réalisation ou non de l'événement $\{N \geq n\}$ est indépendante de X_n, pour tout $n \geq 1$, alors on a l'égalité

$$E\left(\sum_{n=1}^{N} X_n\right) = \mu E(N).$$

Remarque 1. La condition $E(N) < \infty$ n'est pas requise sous l'hypothèse que $X_n \geq 0$, pour tout $n \geq 1$.

Remarque 2. Sous l'hypothèse que $X_n = X_n^+ - X_n^-$, où les parties positive et négative qui sont définies par

$$X_n^+ = \max(X_n, 0) \geq 0$$

et

$$X_n^- - \max(-X_n, 0) \geq 0,$$

respectivement, satisfont $E(X_n^+) = \mu^+ < \infty$ et $E(X_n^-) = \mu^- < \infty$ avec $\mu^+ - \mu^- = \mu$, pour tout $n \geq 1$, on a

$$\begin{aligned}
E\left(\sum_{n=1}^{N} X_n\right) &= E\left(\sum_{n=1}^{N} X_n^+\right) - E\left(\sum_{n=1}^{N} X_n^-\right) \\
&= \mu^+ E(N) - \mu^- E(N) \\
&= \mu E(N),
\end{aligned}$$

sous la condition que $E(N) < \infty$.

Démonstration

On définit $\mathbf{1}_{\{N \geq n\}} = 1$ si $N \geq n$, et 0 autrement, qui est une variable aléatoire indépendante de X_n, pour tout $n \geq 1$.

On trouve alors

$$\begin{aligned}
E\left(\sum_{n=1}^{N} X_n\right) &= E\left(\sum_{n\geq 1} \mathbf{1}_{\{N\geq n\}} X_n\right) \\
&= \sum_{n\geq 1} E\left(\mathbf{1}_{\{N\geq n\}} X_n\right) \\
&= \sum_{n\geq 1} E\left(\mathbf{1}_{\{N\geq n\}}\right) E\left(X_n\right) \\
&= \mu \sum_{n\geq 1} Pr(N\geq n) \\
&= \mu \sum_{n\geq 1} nPr(N=n) \\
&= \mu E(N).
\end{aligned}$$

3.2.4 Exemple : réclamations d'assurance

On considère une compagnie d'assurances qui reçoit des réclamations selon un processus de renouvellement $\{N(t)\}_{t\geq 0}$. Les montants des réclamations sont des variables aléatoires $X_1, X_2, \ldots$, indépendantes de ce processus. Ainsi,

$$\frac{X_1 + \cdots + X_{N(t)}}{t}$$

représente le montant des réclamations par unité de temps jusqu'au temps $t > 0$ inclusivement. Par la formule de Wald, on a

$$E\left(\frac{X_1 + \cdots + X_{N(t)}}{t}\right) = \frac{E(N(t))E(X_1)}{t}.$$

Le théorème de renouvellement élémentaire permet alors d'obtenir le taux moyen à long terme du montant des réclamations, soit

$$\lim_{t\to\infty} \frac{E(N(t))E(X_1)}{t} = \frac{E(X_1)}{\mu},$$

où μ est l'espérance du temps entre deux réclamations consécutives.

3.2.5 Exemple : remplacement d'un appareil

Un appareil peut être remplacé de façon préventive après un temps fixe T à un certain coût c. Si l'appareil est remplacé d'urgence à la fin de sa durée de vie, le coût du remplacement augmente à $c + C$.

On cherche à déterminer la valeur de T qui minimise le coût moyen du remplacement de l'appareil à long terme. On suppose que la durée de vie de l'appareil est une variable aléatoire W de loi uniforme sur l'intervalle $[0,1]$, c'est-à-dire $W \sim \mathrm{U}[0,1]$. Un remplacement préventif se fait après un temps fixe T si la durée de vie de l'appareil dépasse T. Sinon, l'appareil est remplacé d'urgence à la fin de sa durée de vie. Tous les appareils ont des durées de vie indépendantes.

On représente par S le temps entre deux remplacements consécutifs. Ainsi, on a

$$S = \begin{cases} W & \text{si } W < T, \\ T & \text{si } W \geq T. \end{cases}$$

La loi conditionnelle de W, étant donné que $W < T$, est uniforme sur l'intervalle $[0, T]$. L'espérance conditionnelle est alors

$$E[W \mid W < T] = \frac{T}{2}.$$

L'espérance du temps entre deux remplacements consécutifs est donc

$$\begin{aligned} E(S) &= E(W \mid W < T)Pr(W < T) + T Pr(W \geq T) \\ &= \left(\frac{T}{2}\right) T + T(1 - T) = T\left(1 - \frac{T}{2}\right). \end{aligned}$$

D'autre part, le temps $\tilde{S}$ entre un remplacement d'urgence et le suivant peut s'écrire sous la forme

$$\tilde{S} = KT + Z,$$

où Z suit une loi uniforme sur $[0, T]$ et $K + 1$ suit une loi géométrique de paramètre T. Ainsi,

$$Pr(K = k) = (1 - T)^k T,$$

pour $k \geq 0$, et

$$E(K) = E(K + 1) - 1 = \frac{1}{T} - 1.$$

Donc, on a

$$E(\tilde{S}) = E(K)T + E(Z) = \left(\frac{1}{T} - 1\right) T + \frac{T}{2} = 1 - \frac{T}{2}.$$

On suppose arbitrairement un coût $c = 1$ pour un remplacement préventif et un coût supplémentaire $C = 4$ pour un remplacement d'urgence.

Le coût moyen à long terme par unité de temps selon le théorème de renouvellement élémentaire est alors

$$C(T) = \frac{1}{E(S)} + \frac{4}{E(\tilde{S})} = \frac{1}{T(1-T/2)} + \frac{4}{(1-T/2)} = \frac{1+4T}{T(1-T/2)}.$$

Le graphique de $C(T)$ est présenté dans la figure 52. Le point de minimum de $C(T)$ semble être entre 0,4 et 0,6. La dérivée de $C(T)$ est donnée par

$$\frac{d}{dT}C(T) = \frac{4T(1-T/2) - (1+4T)(1-T)}{(T(1-T/2))^2},$$

qui est égale à 0 si et seulement si

$$4T - 2T^2 - 1 + T - 4T + 4T^2 = 2T^2 + T - 1 = (2T-1)(T+1) = 0.$$

La seule solution strictement positive est $T = 1/2$. Il s'agit d'un point de minimum, car la dérivée seconde est strictement positive. En effet, après quelques simplifications, on trouve

$$\frac{d^2}{dT^2}C(T) = -\frac{4(4-6T+3T^2+4T^3)}{(-2+T)^3T^3},$$

qui prend la valeur $8/3$ pour $T = 1/2$, et qui reste strictement positive pour $0 < T < 1$. On conclut donc que $C(T)$ pour $0 < T < 1$ est minimum lorsque $T = 1/2$.

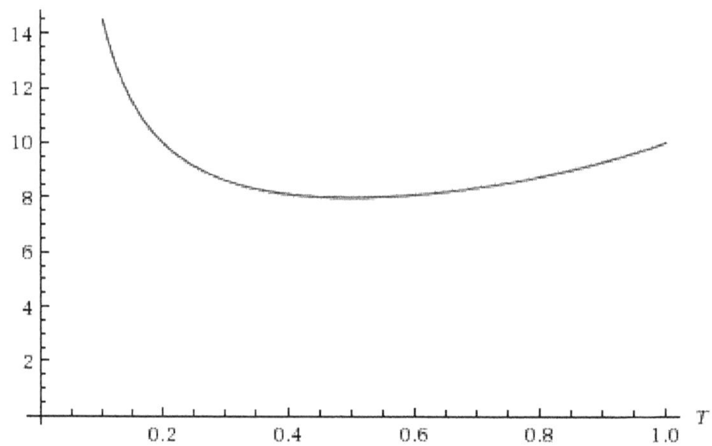

FIGURE 52. Graphique du coût moyen à long terme par unité de temps $C(T)$ pour le remplacement d'un appareil.

3.2.6 Théorème de renouvellement à temps discret

On considère un processus de renouvellement avec S_0 pour le temps avant le premier renouvellement, et S_i pour le temps entre les i-ième et $(i+1)$-ième renouvellements, pour $i \geq 1$. Tous ces temps sont indépendants, de même distribution de probabilité discrète donnée par la fonction de masse $p_k \geq 0$, pour toute valeur entière $k \geq 1$. On suppose que

$$\text{pgcd}\{k \geq 1 : p_k > 0\} = 1 \quad \text{et} \quad \sum_{k \geq 1} k p_k = \mu < \infty.$$

Soit

$$u_k = Pr(\text{renouvellement à l'instant } k),$$

pour $k \geq 1$. Alors,

$$\lim_{k \to \infty} u_k = \frac{1}{\mu}.$$

De plus, on a le même résultat si S_0 a une distribution de probabilité différente sur les entiers $k \geq 1$. La démonstration est reportée à la section 3.6.2.

Remarque. Par le théorème de renouvellement élémentaire, on a toujours

$$\lim_{n \to \infty} \frac{1}{n} \sum_{k=1}^{n} u_k = \lim_{n \to \infty} \frac{E(N(n))}{n} = \frac{1}{\mu},$$

qu'on ait ou non la condition $\text{pgcd}\{k \geq 1 : p_k > 0\} = 1$.

3.2.7 Théorème de renouvellement à temps continu

Si $\{N(t)\}_{t \geq 0}$ est un processus de renouvellement avec temps d'inter-arrivée $S_0, S_1, S_2, \ldots$ de distribution de probabilité continue, alors

$$\lim_{t \to \infty} \frac{E(N(t+h) - N(t))}{h} = \frac{1}{\mu},$$

pour tout $h > 0$ et tout $t \geq 0$. Donc, $1/\mu$ représente le taux moyen de renouvellement par unité de temps sur une période de temps de longueur quelconque, mais à partir d'un moment qui tend vers l'infini. Ce théorème, qui est très profond, est énoncé sans démonstration.

3.3 Distributions limites

3.3.1 Âge et temps de vie résiduel et total

Lorsqu'on observe un processus de renouvellement à un instant donné, trois temps ont un intérêt particulier : (a) le temps qui s'est écoulé depuis le dernier renouvellement, qui correspond à l'*âge* de ce renouvellement, représenté par A ; (b) le temps qui reste à écouler jusqu'au prochain renouvellement, qui correspond au *temps de vie résiduel* du dernier renouvellement, représenté par R ; et (c) le temps entre ces deux renouvellements, qui est le *temps de vie total* du dernier renouvellement, représenté par V. La distribution de probabilité de ces temps lorsque l'instant d'observation tend vers l'infini, appelée *distribution limite*, dépend de la distribution du temps entre deux renouvellements consécutifs.

3.3.2 Distributions limites à temps discret

On considère d'abord l'âge et les temps de vie résiduel et total du dernier renouvellement dans le cas où le temps entre deux renouvellements consécutifs est une variable aléatoire de loi discrète.

On suppose que les temps à valeurs entières $S_i > 0$ entre les i-ième et $(i+1)$-ième renouvellements, pour $i \geq 1$, sont indépendants et identiquement distribués, de fonction de masse donnée par $p_k \geq 0$ pour tout entier $k \geq 1$, avec

$$\sum_{k \geq 1} k p_k = \mu < \infty.$$

On suppose de plus que $\text{pgcd}\{k \geq 1 : p_k > 0\} = 1$. Le temps S_0 avant le premier renouvellement prend aussi une valeur entière, et il est indépendant des temps entre les renouvellements suivants.

L'âge, le temps de vie résiduel et le temps de vie total du renouvellement le plus récent à l'instant $n \geq 0$ sont définis par

$$\begin{aligned} A(n) &= n - T_{N(n)}, \\ R(n) &= T_{N(n)+1} - n, \\ V(n) &= T_{N(n)+1} - T_{N(n)}, \end{aligned}$$

respectivement. La variable $N(n)$ représente le nombre de renouvellements jusqu'à l'instant $n \geq 0$ inclusivement, alors que

$$T_{N(n)} = S_0 + \cdots + S_{N(n)-1}$$

est l'instant du dernier renouvellement avant n (n inclus), et

$$T_{N(n)+1} = S_0 + \cdots + S_{N(n)}$$

est l'instant du premier renouvellement après n (n exclu). La figure 53 représente ces variables.

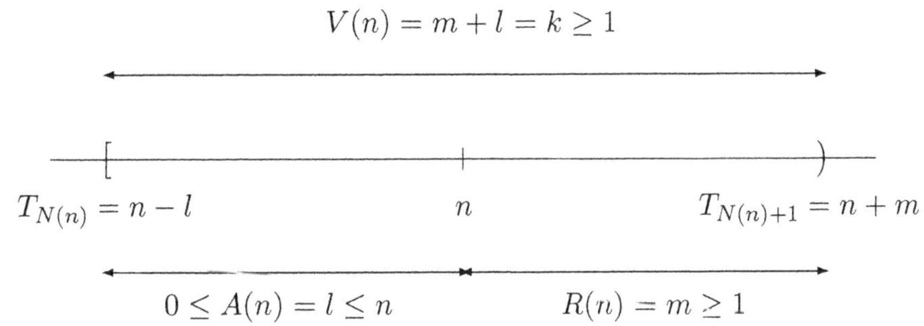

FIGURE 53. Âge, temps de vie résiduel et temps de vie total du dernier renouvellement à temps discret.

On considère les limites des fonctions de masse des différents temps lorsque n tend vers l'infini.

- Temps de vie résiduel : pour tout $m \geq 1$, on a

$$Pr(R(n) = m) = \sum_{l=0}^{n} u_{n-l} p_{m+l},$$

où u_{n-l} représente la probabilité d'un renouvellement à l'instant $n - l$. En faisant appel au théorème de renouvellement à temps discret et au lemme sur la limite d'une somme de la section 1.9.2, on obtient

$$\lim_{n \to \infty} Pr(R(n) = m) = \sum_{l \geq 0} \frac{1}{\mu} p_{m+l} = \frac{\sum_{k \geq m} p_k}{\mu}.$$

- Âge : pour tout $l \geq 0$, on a

$$Pr(A(n) = l) = u_{n-l} \sum_{m \geq 1} p_{m+l}.$$

Dans ce cas, le théorème de renouvellement à temps discret garantit que

$$\lim_{n \to \infty} Pr(A(n) = l) = \frac{1}{\mu} \sum_{m \geq 1} p_{m+l} = \frac{\sum_{k \geq l+1} p_k}{\mu}.$$

– Temps de vie total : pour tout $k \geq 1$, on a

$$Pr(V(n) = k) = \sum_{l=0}^{k-1} u_{n-l} p_k.$$

Par le théorème de renouvellement à temps discret, on conclut alors que

$$\lim_{n\to\infty} Pr(V(n) = k) = \sum_{l=0}^{k-1} \frac{1}{\mu} p_k = \frac{kp_k}{\mu}.$$

On arrive aux mêmes résultats pour les proportions moyennes limites de temps où ces variables prennent ces valeurs en utilisant la loi des grands nombres. (Voir la section 3.5.1 pour une démonstration.)

Remarque 1. La distribution limite conditionnelle du temps de vie résiduel étant donné un temps de vie total $k \geq 1$ est uniforme sur les entiers $1, \ldots, k$. Cela donne une probabilité totale

$$\sum_{k\geq m} \frac{1}{k} \left(\frac{kp_k}{\mu} \right) = \frac{\sum_{k\geq m} p_k}{\mu}$$

pour que le temps de vie résiduel prenne la valeur $m \geq 1$. En conditionnant de façon analogue sur la vie totale, on obtient la fonction de masse donnée par

$$\sum_{k\geq l+1} \frac{1}{k} \left(\frac{kp_k}{\mu} \right) = \frac{\sum_{k\geq l+1} p_k}{\mu},$$

pour $l \geq 0$, pour la distribution limite de l'âge.

Remarque 2. L'âge a la même distribution limite que le temps de vie résiduel moins 1. Cela découle de la convention que c'est l'âge, et non pas le temps de vie résiduel, qui prend la valeur 0 lorsqu'un renouvellement a lieu exactement à l'instant d'observation du processus.

Remarque 3. La distribution limite du temps de vie total est différente de la distribution entre deux renouvellements consécutifs. C'est le *paradoxe de l'inspection*. L'explication est que les intervalles entre deux renouvellements consécutifs occupent des temps égaux à leur longueur. Ainsi, avec autant de piles d'une durée de vie de deux ans que de piles d'une durée de vie d'un an, les premières seront utilisées les deux tiers du temps à long terme.

3.3.3 Distributions limites à temps continu

On considère maintenant un processus de renouvellement avec temps de loi continue $S_i > 0$ entre les i-ième et $(i+1)$-ième renouvellements, pour $i \geq 1$, indépendants et identiquement distribués, de fonction de densité donnée par $f(x) \geq 0$ pour tout réel $x > 0$, avec

$$\int_0^\infty x f(x) dx = \mu < \infty.$$

De plus, ces temps sont indépendants du temps avant le premier renouvellement, soit S_0, qui est aussi supposé de loi continue.

L'âge, le temps de vie résiduel et le temps de vie total du renouvellement le plus récent à l'instant $t \geq 0$ sont définis par (voir la figure 54)

$$\begin{aligned} A(t) &= t - T_{N(t)}, \\ R(t) &= T_{N(t)+1} - t, \\ V(t) &= T_{N(t)+1} - T_{N(t)}, \end{aligned}$$

respectivement. Ici, $N(t)$ représente le nombre de renouvellements jusqu'à l'instant $t \geq 0$ inclusivement, alors que

$$T_{N(t)} = S_0 + \cdots + S_{N(t)-1}$$

est l'instant du dernier renouvellement avant t (t inclus), et

$$T_{N(t)+1} = S_0 + \cdots + S_{N(t)}$$

est l'instant du premier renouvellement après t (t exclu).

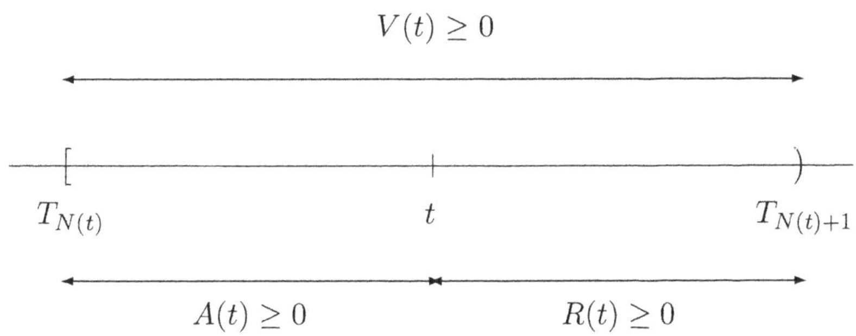

FIGURE 54. Âge, temps de vie résiduel et temps de vie total du dernier renouvellement à temps continu.

Nous énonçons ici sans démonstration, par analogie avec le cas discret, les résultats pour les limites des fonctions de distribution des différents temps définis ci-dessus lorsque t tend vers l'infini.

- Temps de vie total : pour tout $x > 0$, on a

$$\lim_{t\to\infty} Pr(V(t) \leq x) = \int_0^x \frac{yf(y)}{\mu} dy.$$

- Âge et temps de vie résiduel : pour tout $x > 0$, on a

$$\lim_{t\to\infty} Pr(A(t) \leq x) = \lim_{t\to\infty} Pr(R(t) \leq x) = \int_0^x \frac{1 - F(y)}{\mu} dy,$$

où

$$F(x) = \int_0^x f(y)dy.$$

En utilisant la loi des grands nombres, on obtient les mêmes limites pour les proportions moyennes de temps où ces variables prennent des valeurs inférieures ou égales à x. (Voir la section 3.5.2 pour une démonstration.)

L'espérance de la distribution limite du temps de vie total est donnée par

$$\int_0^\infty x \left(\frac{xf(x)}{\mu}\right) dx = \frac{1}{\mu} \int_0^\infty x^2 f(x)dx = \frac{E(S_1^2)}{E(S_1)} = \frac{\sigma^2 + \mu^2}{\mu},$$

où $\sigma^2 = Var(S_1)$. On note ici que l'espérance de la distribution limite du temps de vie total est plus grande que l'espérance du temps entre deux renouvellements consécutifs donnée par $\mu = E(S_1)$.

Pour ce qui est de l'espérance de la distribution limite de l'âge et du temps de vie résiduel, elle est donnée par

$$\begin{aligned}
\int_0^\infty \frac{x(1 - F(x))}{\mu} dx &= \frac{1}{\mu} \int_0^\infty x \int_x^\infty f(y)dy \\
&= \frac{1}{\mu} \int_0^\infty \int_0^y xf(y)dxdy \\
&= \frac{1}{\mu} \int_0^\infty \left(\frac{y^2}{2}\right) f(y)dy \\
&= \frac{E(S_1^2)}{2E(S_1)} \\
&= \frac{\sigma^2 + \mu^2}{2\mu}.
\end{aligned}$$

Sans surprise, par symétrie, l'espérance de la distribution limite du temps de vie résiduel et de l'âge est la moitié de l'espérance de la distribution limite du temps de vie total.

Remarque. La distribution limite du temps de vie total a une densité donnée par $xf(x)/\mu$, pour tout $x > 0$. D'autre part, la distribution limite conditionnelle du temps de vie résiduel et de l'âge étant donné un temps de vie total $x > 0$ est uniforme sur l'intervalle $(0, x)$. Cela donne une densité totale

$$\int_y^\infty \frac{1}{x}\left(\frac{xf(x)}{\mu}\right) dx = \frac{1 - F(y)}{\mu},$$

pour tout $y > 0$, pour la distribution limite du temps de vie résiduel et de l'âge.

3.3.4 Processus de renouvellement stationnaire

Un processus de renouvellement est dit *stationnaire* lorsque la distribution du temps de vie résiduel à tout instant est donnée par la distribution limite de ce temps. C'est le cas si la distribution de S_0 est donnée par la distribution limite du temps de vie résiduel. Sous les conditions du théorème de renouvellement à temps discret ou à temps continu, on a alors

$$E(N(t + h) - N(t)) = \frac{h}{\mu},$$

pour tous $t, h > 0$. C'est le théorème de renouvellement pour un processus stationnaire. La démonstration pour un processus à temps continu est présentée à la section 3.6.3.

À noter qu'on s'attend à ce qu'un processus de renouvellement soit approximativement stationnaire après un long moment quelle que soit la distribution de S_0 en admettant la convergence de la distribution du temps de vie résiduel vers sa distribution limite.

3.3.5 Exemple : temps d'inter-arrivée de loi uniforme

Si le temps S_1 entre deux renouvellements consécutifs suit une loi uniforme sur l'intervalle $[0, 1]$, alors sa fonction de densité $f(x) = 1$ si $0 \leq x \leq 1$, et 0 autrement. Son espérance est $\mu = 1/2$ et sa fonction de répartition est

$$F(x) = \begin{cases} 0 & \text{si } x < 0, \\ x & \text{si } 0 \leq x \leq 1, \\ 1 & \text{si } x > 1. \end{cases}$$

La densité limite de l'âge et du temps de vie résiduel est donnée par

$$\frac{1-F(x)}{\mu} = \begin{cases} 2(1-x) & \text{si } 0 \leq x \leq 1, \\ 0 & \text{ailleurs.} \end{cases}$$

Quant à la densité limite du temps de vie total, elle est donnée par

$$\frac{xf(x)}{\mu} = \begin{cases} 2x & \text{si } 0 \leq x \leq 1, \\ 0 & \text{ailleurs.} \end{cases}$$

L'espérance limite du temps de vie total est donc

$$\int_0^1 2x^2 dx = \frac{2}{3},$$

qui est supérieure à $\mu = 1/2$ comme prévu.

3.3.6 Exemple : temps d'inter-arrivée de loi exponentielle

On suppose maintenant que S_1 suit une loi exponentielle dont le paramètre est λ. Ainsi, l'espérance est $\mu = 1/\lambda$, et la fonction de distribution satisfait

$$1 - F(x) = Pr(S_1 > x) = e^{-\lambda x},$$

pour $x > 0$. La densité limite pour le temps de vie résiduel et pour l'âge est donnée par

$$\frac{1-F(x)}{\mu} = \lambda e^{-\lambda x},$$

pour $x > 0$, qui est la fonction de densité de S_1. La loi exponentielle étant sans mémoire, le processus de renouvellement est stationnaire quel que soit l'instant initial choisi.

En ce qui concerne la densité limite du temps de vie total, elle est donnée par

$$\frac{xf(x)}{\mu} = x\lambda^2 e^{-\lambda x},$$

pour $x > 0$. L'espérance correspondante est

$$\begin{aligned} \int_0^\infty x^2\lambda^2 e^{-\lambda x} dx &= \lambda E(S_1^2) \\ &= \lambda(Var(S_1) + E(S_1)^2) \\ &= \lambda\left(\frac{1}{\lambda^2} + \frac{1}{\lambda^2}\right) \\ &= \frac{2}{\lambda}, \end{aligned}$$

qui excède $1/\lambda = E(S_1)$.

3.4 Processus semi-markovien

Un *processus semi-markovien* sur les entiers $i \geq 0$ est décrit par des temps de séjour aux différents états, tous indépendants, qui sont de même distribution de probabilité mais quelconque, discrète ou continue, pour chaque état $i \geq 0$. À la fin d'un temps de séjour à l'état $i \geq 0$, il y a transition à l'état $j \geq 0$ avec probabilité P_{ij}, indépendamment de toutes les autres transitions et de tous les temps de séjour. Il est à noter qu'on peut avoir $P_{ii} \neq 0$. La matrice stochastique $P = (P_{ij})$ correspond à une matrice de transition pour une chaîne de Markov à temps discret.

3.4.1 Extension du théorème ergodique

On considère un processus semi-markovien avec temps de séjour à chaque état $i \geq 0$ d'espérance $0 < \mu_i \leq \mu < \infty$. On suppose que la matrice de transition $P = (P_{ij})$ correspond à une chaîne de Markov à temps discret irréductible et récurrente positive dont la distribution stationnaire est donnée par (π_i). Si $W_i(t)$ représente le temps passé à l'état i de l'instant 0 à l'instant $t > 0$ inclusivement, alors

$$\lim_{t\to\infty} \frac{E(W_i(t))}{t} = \frac{\pi_i \mu_i}{\sum_{j\geq 1} \pi_j \mu_j}.$$

Cette limite représente la proportion moyenne de temps à long terme où le processus est à l'état i. Ce résultat pour les processus semi-markoviens est une extension du théorème ergodique pour les chaînes de Markov autant à temps continu qu'à temps discret. La démonstration est reportée à la section 3.6.4.

Remarque. Si les temps de séjour prennent la valeur 1 avec probabilité 1, alors on obtient le théorème ergodique pour les moyennes des probabilités de transition, c'est-à-dire

$$\lim_{n\to\infty} \frac{1}{n} \sum_{k=0}^{n-1} P_{ji}^{(k)} = \pi_i,$$

pour tous $i, j \geq 0$. Si les temps de séjour sont de loi exponentielle, disons de paramètre λ_i lorsqu'on est à l'état i, et si $P_{ii} = 0$ pour tout état i, alors on a

$$\lim_{t\to\infty} \frac{1}{t} \int_0^t P_{ji}(s)ds = \frac{\pi_i/\lambda_i}{\sum_{j\geq 1} \pi_j/\lambda_j},$$

où $P_{ji}(s)$ représente la probabilité d'être à l'état i à l'instant s étant donné qu'on est à l'état j à l'instant 0.

3.4.2 Exemple : principe de Peter

Le *principe de Peter* prédit que la majorité des postes sont occupés par des incompétents, car un employé compétent est rapidement promu à un poste supérieur jusqu'à ce qu'il occupe finalement un poste pour lequel il est incompétent. La situation est modélisée par un processus semi-markovien. On considère un nouvel employé qui arrive à un poste donné. L'employé est compétent pour le poste en question avec probabilité p, ce qui représente par convention l'état 0. En revanche, il est incompétent avec la probabilité complémentaire $1-p$, ce qui correspond à l'état 1. On suppose que $0<p<1$. Le temps moyen μ_1 que passe un nouvel employé incompétent à ce poste est supérieur au temps moyen μ_0 qu'y passe un employé compétent, car ce dernier est promu plus rapidement. La matrice de transition sur les états 0 et 1 est

$$P=\begin{pmatrix} p & 1-p \\ p & 1-p \end{pmatrix}.$$

La distribution stationnaire correspondante est $\pi_0=p$ et $\pi_1=1-p$.

Ainsi, la proportion moyenne de temps à long terme avec le poste occupé par un employé incompétent, avec $\mu_0=1$, $\mu_1=10$ et $p=1/2$, est donnée par

$$\frac{\pi_1\mu_1}{\pi_1\mu_1+\pi_0\mu_0}=0{,}91.$$

Cette proportion est près de 1, beaucoup plus grande que $1-p=1/2$.

3.4.3 Processus de renouvellement avec alternance

On considère la situation d'un système qui peut être dans deux états seulement, disons un état de fonctionnement, représenté par 1, et un état de réparation, représenté par 0. Le système tombe en panne après un temps de fonctionnement d'espérance $\mu_1<\infty$ et il est remis en fonction après un temps de réparation d'espérance $\mu_0<\infty$, tel qu'illustré dans la figure 55.

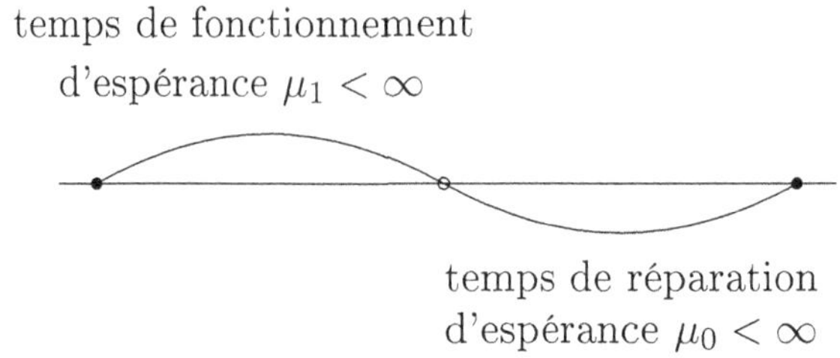

FIGURE 55. Alternance entre deux états.

On est ici en présence d'un *processus de renouvellement avec alternance.* L'état du système au cours du temps, 0 ou 1, est un processus semi-markovien dont la matrice de transition est donnée par

$$P = \begin{pmatrix} 0 & 1 \\ 1 & 0 \end{pmatrix}.$$

La distribution stationnaire correspondante est donnée par $\pi_0 = \pi_1 = 1/2$. La proportion moyenne de temps à long terme où le système est à l'état de fonctionnement est alors donnée par

$$\frac{(1/2)\mu_1}{(1/2)\mu_0 + (1/2)\mu_1} = \frac{\mu_1}{\mu_0 + \mu_1}.$$

3.4.4 Exemple : compteur de particules

Des particules arrivent à un compteur selon un processus de Poisson d'intensité λ qui est inconnue. Le temps avant l'arrivée d'une particule, et ce à partir de n'importe quel instant, est donc d'espérance $\mu_1 = 1/\lambda$. Après chaque réception d'une particule, le compteur prend un temps d'espérance μ_0 connue pour récupérer, temps pendant lequel il ne peut recevoir aucune particule.

On est dans la situation d'un processus de renouvellement avec alternance tel que décrit dans la figure 55, où un état de fonctionnement correspond à un état de réception du compteur, qui se termine par la réception d'une particule, et un état de réparation, à un état de récupération du compteur. Le taux d'arrivée des particules peut alors être calculé à partir du taux de réception moyen observé à l'aide du compteur sur une longue période de temps.

En effet, selon le théorème de renouvellement élémentaire, le taux moyen de réception des particules à long terme est égal à l'inverse du temps moyen entre deux réceptions de particule consécutives, soit

$$\gamma = \frac{1}{\mu_0 + \mu_1} = \frac{1}{\mu_0 + 1/\lambda}.$$

On en déduit que le taux d'arrivée des particules est donné par la formule

$$\lambda = \frac{\gamma}{1 - \gamma\mu_1}.$$

3.4.5 Système d'attente $M/G/1$

Pour un système d'attente, l'hypothèse que le processus d'arrivée est un processus de Poisson est raisonnable, car les clients se présentent souvent au gré d'aléas divers. En revanche, l'hypothèse que le temps de service est de loi exponentielle, donc sans mémoire, est très forte.

On considère un système d'attente de type $M/G/1$. Le G signifie que le temps de service suit une *loi générale*, quelconque. Ici, on suppose un temps de service strictement positif, de fonction de densité f et d'espérance donnée par $0 < \nu = \int_0^\infty x f(x)dx < \infty$. D'autre part, il y a un seul serveur et l'arrivée des clients se fait selon un processus de Poisson d'intensité $0 < \lambda < \infty$. La figure 56 illustre ce système d'attente.

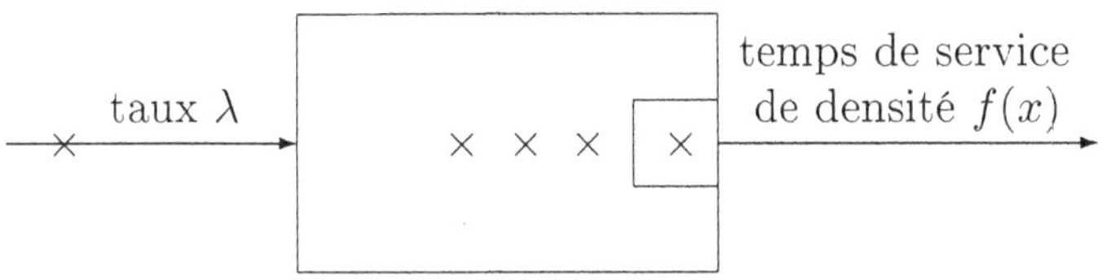

FIGURE 56. Système d'attente $M/G/1$.

Le processus $\{X_t\}_{t\geq 0}$, où X_t représente le nombre de clients présents dans le système à l'instant $t \geq 0$, n'est généralement pas une chaîne de Markov à temps continu. Il faut pour cela que le temps de service soit de loi exponentielle. En revanche, le processus induit $\{X_n\}_{n\geq 0}$, où X_n représente le nombre de clients restants dans le système au départ du n-ième client, est une chaîne de Markov à temps discret, le temps étant compté en nombre de services. En fait, cette chaîne à temps discret est irréductible et apériodique sur l'ensemble des nombres entiers $0, 1, 2, \ldots$, avec une matrice de transition de la forme

$$P = \begin{pmatrix} p_0 & p_1 & p_2 & \cdot & \cdot & \cdot \\ p_0 & p_1 & p_2 & \cdot & \cdot & \cdot \\ 0 & p_0 & p_1 & \cdot & \cdot & \cdot \\ & \cdot & \cdot & \cdot & & \\ & & \cdot & \cdot & \cdot & \\ & & & \cdot & \cdot & \cdot \end{pmatrix}.$$

Ici,

$$p_k = \int_0^\infty \frac{(\lambda y)^k}{k!} e^{-\lambda y} f(y)dy > 0$$

représente la probabilité de k arrivées pendant un service, pour tout $k \geq 0$.

La chaîne est-elle récurrente, et si oui est-elle récurrente positive ou nulle ? On construit un processus de branchement afin de répondre à ces questions.

Pour cela, on considère que les clients qui arrivent pendant le service d'un client initial (génération 0) sont produits par ce client et forment la première génération (génération 1). Les clients qui arrivent pendant les services de ces clients de première génération forment la génération suivante (génération 2), et ainsi de suite. On obtient ainsi un processus de branchement induit qui commence avec un individu à la génération initiale et dans lequel chaque individu de chaque génération produit k individus de la génération suivante avec probabilité p_k, pour $k \geq 0$. La figure 57 illustre ce processus.

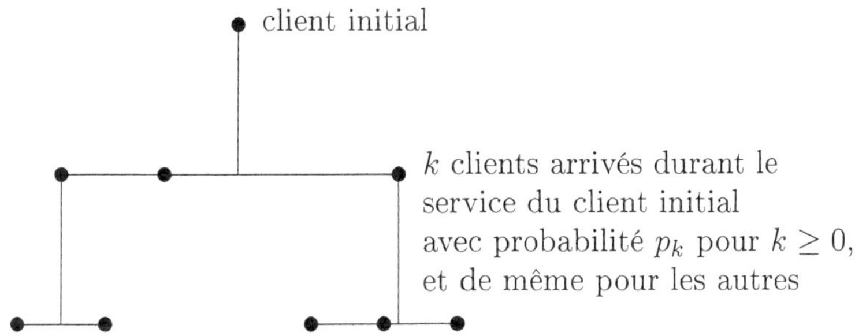

FIGURE 57. Processus de branchement induit par un système $M/G/1$.

Dans ce cas, on a un extinction avec probabilité 1 si et seulement si

$$\begin{aligned} m &= \sum_{k \geq 0} k p_k \\ &= \int_0^\infty \left(\sum_{k \geq 0} \frac{k(\lambda y)^k}{k!} e^{-\lambda y} \right) f(y) dy \\ &= \int_0^\infty \lambda y f(y) dy \\ &= \lambda \nu \leq 1, \end{aligned}$$

c'est-à-dire si et seulement si

$$\nu \leq \frac{1}{\lambda}.$$

Cela signifie que l'état 0 est récurrent si et seulement si l'espérance du temps de service est inférieure ou égale à l'espérance du temps entre l'arrivée d'un client et l'arrivée du client suivant.

D'autre part, on définit

$$\tau = E(\text{nombre de services avant un retour à 0} \mid \text{départ de 0}).$$

On a alors

$$\tau = E\left(\sum_{k\geq 0} Z_k\right) = \sum_{k\geq 0} E(Z_k),$$

où Z_k représente le nombre d'individus à la génération $k \geq 0$. On a donc

$$\tau = \sum_{k\geq 0} m^k = \frac{1}{1-m} = \frac{1}{1-\lambda\nu} < \infty,$$

si et seulement si $\lambda\nu < 1$. C'est la condition pour que l'état 0 soit récurrent positif. Sinon, il est récurrent nul.

Un retour à 0 à partir de 0 correspond à une *période d'occupation* du serveur. Une telle période commence par l'arrivée d'un premier client dans le système et se termine par le départ d'un dernier client. Dans le cas récurrent positif, on s'intéresse à l'espérance d'une période d'occupation à temps réel, soit

$$\mu = E(\text{période d'occupation du serveur à temps réel}).$$

Cette espérance est représentée par

$$\mu = E\left(\sum_{i=1}^{T} S_i\right),$$

où $S_1, S_2, \ldots$ sont des temps de service identiquement distribués, indépendants entre eux et indépendants de la variable

$$T = \sum_{k\geq 0} Z_k.$$

Par la formule de Wald, on obtient

$$\mu = E(S_1)E(T) = \nu\tau = \frac{\nu}{1-\lambda\nu}.$$

Puisque les périodes d'occupation et de repos alternent, la fraction moyenne de temps à long terme en *période de repos* est (voir la figure 58)

$$\begin{aligned}\pi_0 &= \frac{1/\lambda}{1/\lambda + \nu/(1-\lambda\nu)}\\ &= \frac{1-\lambda\nu}{1-\lambda\nu+\lambda\nu}\\ &= 1-\lambda\nu.\end{aligned}$$

Par conséquent, la fraction moyenne de temps à long terme où le serveur est occupé est

$$\lambda\nu = \frac{\nu}{1/\lambda},$$

c'est-à-dire l'espérance d'un temps de service divisée par l'espérance du temps entre deux arrivées de client.

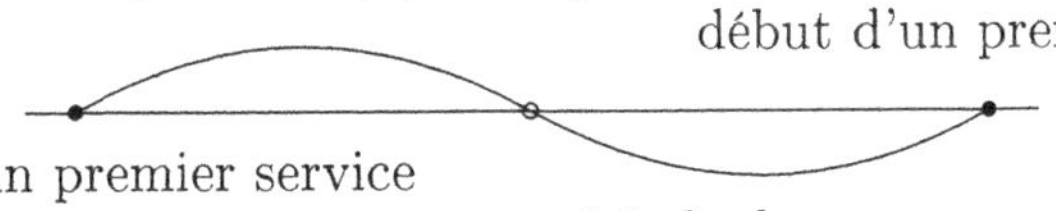

FIGURE 58. Alternance de périodes d'occupation et de repos dans un système d'attente $M/G/1$.

3.5 *Moyennes temporelles limites

3.5.1 Moyennes temporelles à temps discret

On considère un processus de renouvellement avec temps $S_i > 0$ entre les i-ième et $(i+1)$-ième renouvellements, pour $i \geq 1$, indépendants et identiquement distribués, de fonction de masse donnée par $p_k \geq 0$ pour tout entier $k \geq 1$, avec $\sum_{k\geq 1} kp_k = \mu < \infty$. De plus, ces temps sont indépendants du temps avant le premier renouvellement, soit S_0, qui est aussi supposé à valeurs entières.

L'âge, le temps de vie résiduel et le temps de vie total du renouvellement le plus récent à l'instant $n \geq 0$ sont définis par

$$\begin{aligned} A(n) &= n - T_{N(n)}, \\ R(n) &= T_{N(n)+1} - n, \\ V(n) &= T_{N(n)+1} - T_{N(n)}, \end{aligned}$$

respectivement, où $N(n)$ représente le nombre de renouvellements jusqu'à l'instant $n \geq 0$ inclusivement, alors que

$$T_{N(n)} = S_0 + \cdots + S_{N(n)-1}$$

est l'instant du dernier renouvellement avant n (n inclus), et

$$T_{N(n)+1} = S_0 + \cdots + S_{N(n)}$$

est l'instant du premier renouvellement après n (n exclu).

Proposition

Avec probabilité 1 et lorsque $n \to \infty$, la proportion de temps avec un dernier renouvellement de temps de vie total $k \geq 1$ jusqu'à l'instant $n \geq 0$ converge vers

$$\frac{kp_k}{\mu},$$

alors que la proportion de temps avec un dernier renouvellement de temps de vie résiduel $m \geq 1$ converge vers

$$\frac{\sum_{k \geq m} p_k}{\mu},$$

et la proportion de temps avec un dernier renouvellement d'âge $l \geq 0$ vers

$$\frac{\sum_{k \geq l+1} p_k}{\mu}.$$

Remarque. Les distributions empiriques limites obtenues de cette façon correspondent aux distributions limites du temps de vie total, du temps de vie résiduel et de l'âge, respectivement, lorsque ces distributions existent, c'est-à-dire lorsque $\text{pgcd}\{k \geq 1 : p_k > 0\} = 1$.

Démonstration

Pour la proportion de temps avec un temps de vie total $k \geq 1$ jusqu'à l'instant $n \geq 0$ inclusivement, on obtient les inégalités

$$\frac{1}{T_{N(n)+1}} \sum_{i=0}^{N(n)-1} k\mathbf{1}_{\{S_i=k\}} \leq \frac{1}{n+1} \sum_{l=0}^{n} \mathbf{1}_{\{V(l)=k\}} \leq \frac{1}{T_{N(n)}} \sum_{i=0}^{N(n)} k\mathbf{1}_{\{S_i=k\}},$$

où $\mathbf{1}_{\{V(l)=k\}} = 1$ si le temps de vie total à l'instant l est k, et 0 autrement, alors que $\mathbf{1}_{\{S_i=k\}} = 1$ si le i-ième renouvellement a un temps de vie total k, et 0 autrement. Cela découle des inégalités pour les sommes qui représentent des temps passés avec un temps de vie total k jusqu'aux instants $T_{N(n)}$, n et $T_{N(n)+1}$, respectivement, et du fait que

$$T_{N(n)} < n+1 \leq T_{N(n)+1}.$$

Le terme minorant peut s'écrire

$$\left(\frac{N(n)}{\sum_{i=0}^{N(n)} S_i}\right)\left(\frac{1}{N(n)}\sum_{i=0}^{N(n)-1} k\mathbf{1}_{\{S_i=k\}}\right).$$

Par la loi des grands nombres, ce terme converge vers

$$\left(\frac{1}{E(S_1)}\right) E\left(k\mathbf{1}_{\{S_1=k\}}\right) = \frac{kp_k}{\mu},$$

avec probabilité 1 lorsque $n \to \infty$. En effet, on a alors $N(n) \to \infty$ avec probabilité 1 (puisque $S_i < \infty$ avec probabilité 1 pour tout $i \geq 0$). Les mêmes arguments peuvent être appliqués au terme majorant.

Pour le temps de vie résiduel de valeur $m \geq 1$, la variable aléatoire $k\mathbf{1}_{\{S_i=k\}}$ ci-dessus est remplacée par la variable aléatoire $\mathbf{1}_{\{S_i \geq m\}}$, dont l'espérance est

$$Pr(S_i \geq m) = \sum_{k \geq m} p_k,$$

alors que pour l'âge de valeur $l \geq 0$, elle est remplacée par $\mathbf{1}_{\{S_i \geq l+1\}}$ d'espérance

$$Pr(S_i \geq l+1) = \sum_{k \geq l+1} p_k.$$

3.5.2 Moyennes temporelles à temps continu

On considère un processus de renouvellement avec temps $S_i > 0$ entre les i-ième et $(i+1)$-ième renouvellements, pour $i \geq 1$, indépendants et identiquement distribués, de fonction de densité donnée par $f(x) \geq 0$ pour tout réel $x > 0$, avec $\int_0^\infty xf(x) = \mu < \infty$. De plus, ces temps sont indépendants du temps avant le premier renouvellement, soit S_0, qui est aussi supposé de loi continue.

L'âge, le temps de vie résiduel et le temps de vie total du renouvellement le plus récent à l'instant $t \geq 0$ sont définis par les équations

$$\begin{aligned} A(t) &= t - T_{N(t)}, \\ R(t) &= T_{N(t)+1} - t, \\ V(t) &= T_{N(t)+1} - T_{N(t)}, \end{aligned}$$

respectivement, où $N(t)$ représente le nombre de renouvellements jusqu'à l'instant $t \geq 0$ inclusivement, alors que

$$T_{N(t)} = S_0 + \cdots + S_{N(t)-1}$$

est l'instant du dernier renouvellement avant t (t inclus), et

$$T_{N(t)+1} = S_0 + \cdots + S_{N(t)}$$

est l'instant du premier renouvellement après t (t exclu). La proposition suivante est l'équivalent à temps continu de la proposition précédente à temps discret.

Proposition

Avec probabilité 1, la proportion de temps avec un dernier renouvellement de temps de vie total inférieur ou égal à $x > 0$ et jusqu'à l'instant $t > 0$, converge lorsque $t \to \infty$ vers la limite

$$\frac{1}{\mu}\int_0^x yf(y)dy,$$

alors que la proportion de temps avec un dernier renouvellement de temps de vie résiduel inférieur ou égal à $x > 0$ et la proportion de temps avec un dernier renouvellement d'âge inférieur ou égal à $x > 0$ convergent toutes les deux vers la limite

$$\frac{1}{\mu}\int_0^x (1 - F(y))dy,$$

où

$$F(x) = \int_0^x f(y)dy,$$

est la fonction de répartition pour le temps entre deux renouvellements consécutifs.

Remarque. Les distributions empiriques limites ainsi obtenues correspondent aux distributions limites du temps de vie total, du temps de vie résiduel et de l'âge, respectivement, lorsque celles-ci existent.

Démonstration

Pour la proportion de temps avec un dernier renouvellement de temps de vie total inférieur ou égal à $x > 0$ et jusqu'à l'instant $t > 0$, on obtient les inégalités

$$\frac{1}{T_{N(t)+1}} \sum_{i=0}^{N(t)-1} S_i \mathbf{1}_{\{S_i \leq x\}} \leq \frac{1}{t} \int_0^t \mathbf{1}_{\{V(s) \leq x\}} ds \leq \frac{1}{T_{N(t)}} \sum_{i=0}^{N(t)} S_i \mathbf{1}_{\{S_i \leq x\}},$$

où $\mathbf{1}_{\{V(s) \leq x\}} = 1$ si le temps de vie total du renouvellement le plus récent à l'instant s est inférieur ou égal à x, et 0 autrement, alors que $\mathbf{1}_{\{S_i \leq x\}} = 1$ si le i-ième renouvellement a un temps de vie total inférieur ou égal à x, et 0 autrement. Ici, on a utilisé le fait que

$$T_{N(t)} \leq t < T_{N(t)+1}.$$

Le terme minorant peut s'écrire

$$\left(\frac{N(t)}{\sum_{i=0}^{N(t)} S_i} \right) \left(\frac{1}{N(t)} \sum_{i=0}^{N(t)-1} S_i \mathbf{1}_{\{S_i \leq x\}} \right).$$

Par la loi des grands nombres, ce terme converge vers

$$\left(\frac{1}{E(S_1)} \right) E\left(S_1 \mathbf{1}_{\{S_1 \leq x\}} \right) = \frac{1}{\mu} \int_0^x y f(y) dy,$$

avec probabilité 1 lorsque $t \to \infty$, car alors $N(t) \to \infty$ avec probabilité 1 (puisque $S_i < \infty$ avec probabilité 1 pour tout $i \geq 0$). Les mêmes arguments peuvent être appliqués au terme majorant.

Pour le temps de vie résiduel et l'âge de valeur inférieure ou égale à $x > 0$, la variable aléatoire $S_1 \mathbf{1}_{\{S_1 \leq x\}}$ ci-dessus est remplacée par la variable aléatoire $\min(S_1, x)$, dont l'espérance est

$$E(\min(S_1, x)) = \int_0^x y f(y) dy + x \int_x^\infty f(y) dy = \int_0^x (1 - F(y)) dy.$$

3.6 *Démonstrations

3.6.1 Théorème de renouvellement élémentaire

On considère un processus de renouvellement avec $S_0 > 0$ d'espérance $\mu_0 < \infty$ pour le temps avant le premier renouvellement, et $S_i > 0$ d'espérance

$\mu < \infty$ pour le temps entre les i-ième et $(i+1)$-ième renouvellements, pour $i \geq 1$. Tous ces temps sont indépendants. Si $N(t)$ représente le nombre de renouvellements jusqu'à l'instant $t > 0$ inclusivement, alors

$$\lim_{t\to\infty} \frac{E(N(t))}{t} = \frac{1}{\mu}.$$

Démonstration

On considère d'abord le cas où $S_i \leq M < \infty$ pour une certaine constante $M > 0$, pour tout $i \geq 0$. La figure 59 illustre cette situation. Le temps d'arrivée du premier renouvellement après t (t exclu) satisfait alors les inégalités

$$t < S_0 + S_1 + \cdots + S_{N(t)} = T_{N(t)+1} \leq t + M.$$

D'autre part, l'événement

$$\{N(t) \geq n\} = \{S_0 + \cdots + S_{n-1} = T_n \leq t\}$$

est indépendant de S_n. La formule de Wald garantit alors que

$$t \leq \mu_0 + \mu E(N(t)) \leq t + M.$$

On obtient le résultat en divisant partout par t et en passant à la limite lorsque $t \to \infty$.

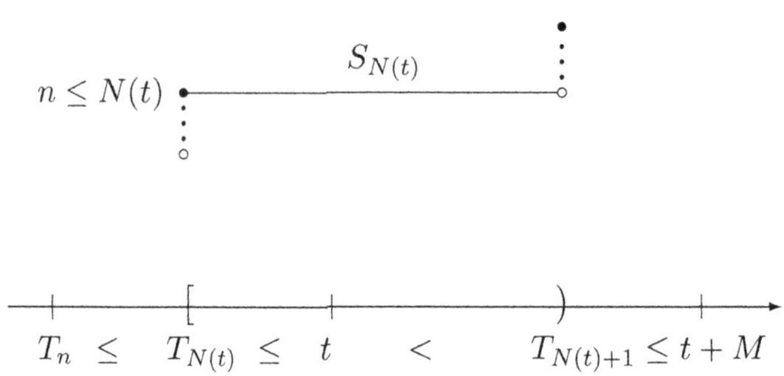

FIGURE 59. Temps de séjour à l'état $N(t)$ dans un processus de renouvellement avec tous les temps de séjour aux différents états bornés par une constante $M > 0$.

Dans le cas général, pour $\varepsilon > 0$ arbitrairement petit, on peut trouver une constante $M > 0$ suffisamment grande pour que les temps tronqués définis par

$$\tilde{S}_i = \begin{cases} S_i \text{ si } S_i \leq M, \\ M \text{ si } S_i > M, \end{cases}$$

aient des espérances $\tilde{\mu}_i$ satisfaisant $\tilde{\mu}_0 \leq \mu_0 < \infty$ pour $i = 0$, et

$$\frac{\mu}{1+\varepsilon\mu} \leq \tilde{\mu} \leq \mu < \infty,$$

pour $i \geq 1$. En représentant par $\tilde{N}(t) \geq N(t)$ le nombre de renouvellements jusqu'à l'instant $t > 0$ inclusivement, obtenus avec ces temps tronqués, et en répétant les arguments ci-dessus, on obtient les inégalités

$$\frac{t-\mu_0}{t\mu} \leq \frac{E(N(t))}{t} \leq \frac{E(\tilde{N}(t))}{t} \leq \frac{t+M-\tilde{\mu}_0}{t\tilde{\mu}}.$$

On conclut que

$$\frac{1}{\mu} \leq \liminf_{t\to\infty} \frac{E(N(t))}{t} \leq \limsup_{t\to\infty} \frac{E(N(t))}{t} \leq \frac{1}{\tilde{\mu}} \leq \frac{1}{\mu} + \varepsilon,$$

ce qui complète la démonstration.

3.6.2 Théorème de renouvellement à temps discret

On considère un processus de renouvellement avec S_0 pour le temps avant le premier renouvellement, et S_i pour le temps entre les i-ième et $(i+1)$-ième renouvellements, pour $i \geq 1$. Tous ces temps sont indépendants, de même distribution de probabilité discrète donnée par la fonction de masse $p_k \geq 0$, pour toute valeur entière $k \geq 1$. On suppose que

$$\text{pgcd}\{k \geq 1 : p_k > 0\} = 1 \quad \text{et} \quad \sum_{k\geq 1} k p_k = \mu < \infty.$$

Soit

$$u_k = Pr(\text{renouvellement à l'instant } k),$$

pour $k \geq 1$. Alors,

$$\lim_{k\to\infty} u_k = \frac{1}{\mu}.$$

De plus, on a le même résultat si S_0 a une distribution de probabilité différente sur les entiers $k \geq 1$.

Démonstration

En conditionnant sur le temps du premier renouvellement, on obtient l'*équation de renouvellement* (voir la figure 60)

$$u_k = \sum_{j=1}^{k} p_j u_{k-j},$$

pour tout $k \geq 1$, avec $u_0 = 1$. La solution de ce système d'équations, qui peut être obtenue par récurrence, est unique.

D'autre part, on obtient le même système d'équations pour la probabilité de retourner à 1 en k pas à partir de 1, soit $P_{11}^{(k)}$, dans la chaîne de Markov à temps discret sur les entiers $k \geq 1$ dont les probabilités de transition en un pas sont données par

$$P_{1k} = p_k, \quad P_{k+1,k} = 1,$$

pour tout $k \geq 1$. Ces transitions sont illustrées dans la figure 61. Ce sont les transitons pour le temps qu'il reste avant le prochain renouvellement, d'un pas au suivant.

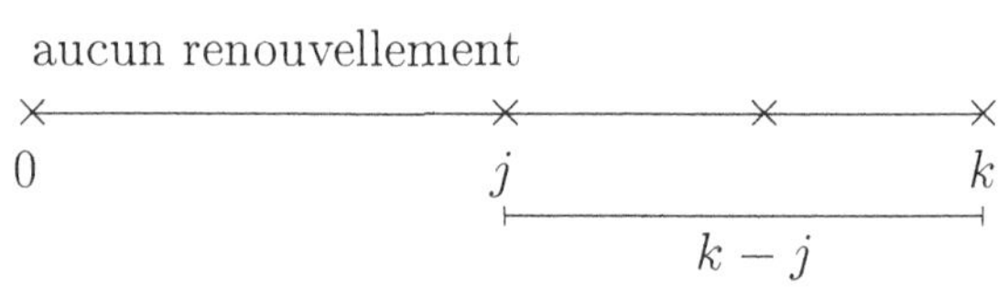

FIGURE 60. Représentation de l'équation de renouvellement. Un $\times$ indique un renouvellement.

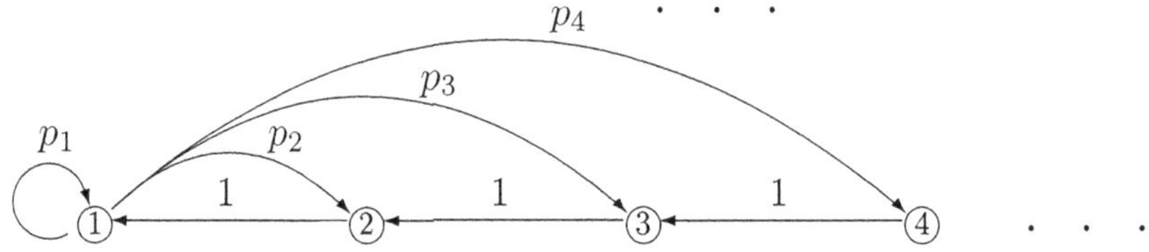

FIGURE 61. Chaîne de Markov correspondant à l'équation de renouvellement.

De plus, par les hypothèses faites sur p_k pour $k \geq 1$, l'état 1 de cette chaîne est récurrent positif apériodique, avec

$$\mu = \sum_{k=\geq 1} k p_k < \infty$$

comme espérance du nombre de pas pour retourner à 1 à partir de 1. En appliquant le théorème ergodique à temps discret, on a donc

$$\lim_{k\to\infty} u_k = \lim_{k\to\infty} P_{11}^{(k)} = \frac{1}{\mu}.$$

Si $S_0 = j$ avec probabilité q_j pour $j \geq 1$, alors la probabilité d'un renouvellement à l'instant k est

$$\sum_{j=1}^{k} q_j u_{k-j} = \sum_{j\geq 1} q_j \delta_{\{j\leq k\}} u_k,$$

où $\delta_{\{j\leq k\}} = 1$ si $j \leq k$, et 0 autrement. Par le lemme sur la limite d'une somme de la section 1.9.2, on a convergence vers

$$\frac{\sum_{j\geq 1} q_j}{\mu} = \frac{1}{\mu}.$$

3.6.3 Théorème de renouvellement dans le cas stationnaire

Soit $\{N(t)\}_{t\geq 0}$ un processus de renouvellement stationnaire à temps continu avec temps d'inter-arrivée $S_1, S_2, \ldots$ de fonction de distribution continue

$$F(x) = \int_0^x f(y)dy,$$

pour $x > 0$, avec $\int_0^\infty (1 - F(x))dx = \mu < \infty$, et temps S_0 de fonction de densité

$$f_0(x) = \frac{1 - F(x)}{\mu},$$

pour $x > 0$. On a alors

$$E(N(t + h) - N(t)) = \frac{h}{\mu},$$

pour tout $h > 0$ et tout $t \geq 0$.

Démonstration

Tout d'abord, on définit

$$m(t) = E(N(t)),$$

pour tout $t \geq 0$. Par stationnarité, on a

$$m(t+s) = E(N(t+s) - N(s)) + E(N(s)) = m(t) + m(s),$$

pour tous $s, t \geq 0$. Cela implique que

$$m(t) = ct,$$

pour une constante $c = m(1)$ à déterminer. D'autre part, en conditionnant sur la valeur prise par S_1 dans le cas où les deux premiers renouvellements se produisent dans l'intervalle de temps $[0, t]$, on obtient

$$\begin{aligned} m(t) &= Pr(N(t) = 1) + \sum_{k \geq 2} \int_0^t kPr(N(t-x) = (k-1)) f(x) dx \\ &= Pr(N(t) \geq 1) + \int_0^t m(t-x) f(x) dx \\ &= Pr(S_0 \leq t) + \int_0^t m(t-x) f(x) dx. \end{aligned}$$

Or,

$$\begin{aligned} Pr(S_0 \leq t) &= \int_0^t \frac{1 - F(x)}{\mu} dx \\ &= \frac{t}{\mu} - \int_0^t \int_0^x \frac{f(y)}{\mu} dy dx \\ &= \frac{t}{\mu} - \int_0^t \frac{t-y}{\mu} f(y) dy. \end{aligned}$$

En posant $m(t) = ct$, on conclut alors que $c = \mu^{-1}$.

3.6.4 Théorème ergodique pour un processus semi-markovien

On considère un processus semi-markovien avec temps de séjour à chaque état $i \geq 0$ d'espérance $0 < \mu_i \leq \mu < \infty$. On suppose que la matrice de transition $P = (P_{ij})$ correspond à une chaîne de Markov à temps discret irréductible, récurrente positive dont la distribution stationnaire est donnée par (π_i). Si $W_i(t)$ représente le temps passé à l'état i de l'instant 0 à l'instant $t > 0$ inclusivement, alors

$$\lim_{t\to\infty} \frac{E(W_i(t))}{t} = \frac{\pi_i \mu_i}{\sum_{j\geq 1} \pi_j \mu_j}.$$

Démonstration

Le temps entre le début d'une visite à l'état i et le début de la prochaine peut être représenté par

$$S_i = S_{i,1} + \sum_{j\neq i} \left(S_{j,1} + \cdots + S_{j,N_{ij}}\right),$$

où $S_{i,1}$ est un temps de séjour à i d'espérance $\mu_i < \infty$ et $S_{j,1}, S_{j,2}, \ldots,$ des temps de séjour à j d'espérance $\mu_j < \infty$, pour $j \neq i$, tous indépendants entre eux et indépendants du nombre de visites à j entre deux visites consécutives à i, représenté par N_{ij}, pour $j \neq i$. La formule de Wald garantit alors que

$$E(S_i) = \mu_i + \sum_{j\neq i} \mu_j E(N_{ij}).$$

Or,

$$E(N_{ij}) = \frac{\pi_j}{\pi_i},$$

d'après la remarque qui suit la démonstration du théorème sur la distribution stationnaire pour les chaînes de Markov à temps discret (voir la section 1.8.5). De plus,

$$0 < E(S_i) \leq \mu + \frac{\mu}{\pi_i} < \infty,$$

car $0 < \mu_i \leq \mu < \infty$ et $\pi_i > 0$, pour tout $i \geq 0$.

Le théorème de renouvellement élémentaire donne alors que

$$\lim_{t\to\infty} \frac{E(N_i(t))}{t} = \frac{1}{E(S_i)},$$

où $N_i(t)$ représente le nombre de visites à i jusqu'à l'instant $t > 0$ inclusivement.

D'autre part, le temps passé à l'état $i \geq 0$ jusqu'à l'instant $t > 0$ inclusivement satisfait

$$S_{i,1} + \cdots + S_{i,N_i(t)-1} \leq W_i(t) \leq S_{i,1} + \cdots + S_{i,N_i(t)},$$

où $S_{i,1}, S_{i,2}, \ldots$ sont des temps de séjour à i d'espérance $\mu_i < \infty$, indépendants entre eux et indépendants de $N_i(t)$. La formule de Wald conduit alors aux inégalités

$$\mu_i E(N_i(t) - 1) \leq E(W_i(t)) \leq \mu_i E(N_i(t)).$$

On conclut que

$$\lim_{t\to\infty} \frac{E(W_i(t))}{t} = \frac{\mu_i}{E(S_i)},$$

ce qui donne le résultat annoncé en multipliant le numérateur et le dénominateur par π_i.

3.7 Exercices

3.1. Des voitures arrivent à une barrière. Chaque voiture a une longueur aléatoire L ayant une fonction de répartition F. La première voiture arrive et se stationne contre la barrière. Les voitures suivantes se stationnent les unes derrière les autres à une distance qui est une variable aléatoire de loi uniforme sur $[0, 2]$. Toutes les variables sont supposées indépendantes. Soit N_x le nombre de voitures alignées à une distance inférieure ou égale à x de la barrière. Déterminer la limite de l'espérance de la variable N_x divisée par x lorsque x tend vers l'infini dans les cas où la fonction F est définie comme suit : (a) $F(l) = 0$ pour $l < c$, et $F(l) = 1$ pour $l \geq c$; et (b) $F(l) = 1 - e^{-l/2}$ pour $l > 0$, et $F(l) = 0$ ailleurs.

3.2. Supposons que le temps entre deux renouvellements consécutifs dans un processus de renouvellement à temps discret est 1 avec probabilité 1/4, 2 avec probabilité 1/4 et 3 avec probabilité 1/2. (a) Quelle est la probabilité d'avoir un renouvellement à l'instant n lorsque n tend vers l'infini ? (b) Quelle est la fonction de masse du temps entre l'instant n et l'instant du premier renouvellement après n (n exclu) lorsque n tend vers l'infini ? (c) Quelle est la fonction de masse du temps entre l'instant du dernier renouvellement avant n (n inclus) et l'instant du premier renouvellement après n (n exclu) lorsque n tend vers l'infini ?

3.3. Supposons que chaque fois qu'un appareil cesse de fonctionner, il est remplacé par un appareil neuf. Le temps de fonctionnement d'un appareil neuf a comme fonction de densité $f(x) = x^2 + 4x/3$ pour $0 < x < 1$, et $f(x) = 0$ ailleurs. (a) Quel est le taux moyen de remplacement de l'appareil à long terme ? (b) Combien de temps en moyenne un appareil en opération à un instant donné très tard dans le futur va-t-il encore fonctionner ? (c) Quelle est la probabilité que l'appareil en (b) fonctionne encore plus d'une demi-unité de temps ?

3.4. Des particules arrivent à un compteur selon un processus de Poisson d'intensité 2. Le compteur a besoin d'un intervalle de temps de longueur fixe $1/5$ pour récupérer après la détection d'une particule. Pendant cette période de récupération, les particules arrivant au compteur ne sont pas détectées. Quelle est la proportion moyenne des particules qui sont détectées à long terme ?

3.5. Un vendeur de drogue se tient au coin d'une rue. Les acheteurs se présentent selon un processus de Poisson d'intensité 12 par heure. Lorsqu'un acheteur rencontre le vendeur, ils disparaissent tous les deux 5 minutes pour conclure la transaction, puis le vendeur retourne au coin de la rue. Les acheteurs qui se présentent durant l'absence du vendeur passent leur chemin. Le montant moyen d'une transaction est de 50 dollars et toutes les transactions sont indépendantes. (a) Quel est le montant moyen des transactions par heure à long terme ? (b) Quelle est la probabilité qu'un policier qui se présente à l'improviste au coin de la rue tombe sur le vendeur ? (c) Combien de temps en moyenne un policier qui commence à surveiller ce qui se passe au coin de la rue devra-t-il attendre avant d'être témoin d'une rencontre entre un acheteur et le vendeur ?

3.6. Lorsqu'un appel est reçu à une boîte vocale, un message enregistré d'une durée fixe de 2 minutes est transmis. Tout autre appel est rejeté durant cette période. Le taux moyen de messages transmis à long terme est de 12 par heure. On suppose que les appels arrivent selon un processus de Poisson. Déterminer : (a) le temps moyen entre le début d'un message et le début du suivant ; (b) la proportion moyenne à long terme des appels rejetés ; (c) le taux d'arrivée des appels (acceptés ou rejetés) ; et (d) le nombre moyen d'appels rejetés durant la transmission d'un message.

3.7. Sur une grande artère d'une ville, le stationnement est autorisé pour une période de deux heures. Un employé de la ville passe sur cette artère toutes les deux heures et il marque les véhicules qui y sont stationnés à l'aide d'une craie. Si le véhicule est déjà marqué, l'employé donne un constat d'infraction. Supposons qu'une personne stationne son véhicule sur cette artère à un instant au hasard pour une période de temps en heures de loi uniforme sur $[0, 4]$. Quelle est la probabilité que cette personne reçoive un constat d'infraction ?

3.8. Des groupes constitués de 1, 2 et 3 personnes avec les probabilités $1/4$, $1/2$ et $1/4$, respectivement, se présentent au comptoir d'un glacier selon un processus de Poisson d'intensité 20 par heure, mais passent leur chemin si le glacier est occupé. Les personnes sont servies une à la fois, indépendamment les unes des autres, et le temps de service est de loi exponentielle d'espérance 1 minute. Calculer : (a) la proportion moyenne de temps à long terme où le glacier est occupé ; (b) le temps moyen d'une période de repos du glacier ; (c) le temps moyen d'une période d'occupation du glacier.

3.9. On considére une assurance pour laquelle un nouvel assuré doit payer une prime à un taux annuel de 500 dollars. Lorsqu'un assuré n'a pas fait de réclamation durant une période de 2 années consécutives, le taux annuel de la prime diminue à 300 dollars. Cependant, le taux annuel revient à nouveau à 500 dollars suite à une réclamation. On suppose que l'assuré vit pour toujours et fait des réclamations selon un processus Poisson d'intensité 1 par année. Calculer : (a) le montant annuel moyen de la prime à long terme ; (b) la proportion moyenne de temps à long terme où l'assuré paie une prime au taux annuel de 500 dollars.

3.10. Des événements se produisent selon un processus Poisson d'intensité λ. Si un événement se produit moins de 1 unité de temps après l'événement précédent, alors on dit que c'est un succès. Supposons, par exemple, que les premiers événements à partir de l'instant 0 se produisent aux instants $2,0$; 2,8 ; $4,0$; $6,0$; 6,6. Alors, les événements aux instants 2,8 et 6,6 sont des succès. (a) À quel taux à long terme les succès se produisent-ils ? (b) Quelle est la proportion moyenne à long terme des événements qui sont des succès ?

3.11. Un appareil qui cesse de fonctionner est ou bien remplacé immédiatement par un appareil neuf avec probabilité $2/3$ ou bien remis en service après avoir été réparé avec probabilité $1/3$. On suppose que le temps de réparation moyen est égal à 1 et le temps de fonctionnement moyen est égal à 2 ou 4 selon qu'il s'agisse d'un appareil réparé ou d'un appareil neuf, respectivement. Quelle est la proportion moyenne du temps à long terme avec un appareil en réparation ?

3.12. L'ampoule d'un lampadaire a un temps de vie en nombre d'années de loi exponentielle de paramètre 1. Quel est le taux moyen de remplacement à long terme de l'ampoule : (a) si elle est remplacée aussitôt qu'elle brûle ; (b) si l'équipe de maintenance passe à date fixe une fois l'an et remplace l'ampoule seulement si elle est brûlée. (c) Dans ce dernier cas, quelle est la proportion moyenne de temps à long terme avec une ampoule brûlée ?

3.13. Un étudiant utilise des cartes prépayées pour son cellulaire qui durent chacune un temps (en mois) de fonction de densité $f(x) = 2x$ pour $0 < x < 1$, et l'étudiant renouvelle la carte en cours juste avant qu'elle ne s'épuise. Déterminer : (a) le taux moyen à long terme de remplacement de la carte, et (b) la proportion moyenne de temps à long terme avec une carte qui sera épuisée dans moins d'un demi-mois. Si on suppose maintenant que l'étudiant oublie de renouveler avant l'épuisement de la carte avec probabilité $1/3$ et qu'il prend dans ce cas un temps de loi uniforme sur $[0, 1]$ après son épuisement pour la renouveler, déterminer : (c) le taux moyen à long terme d'oubli de remplacer la carte ; (d) la proportion moyenne du temps à long terme avec une carte épuisée ?

3.14. Un appareil fonctionne jusqu'à ce qu'il reçoive un deuxième choc, à la suite duquel il est remplacé par un nouveau. Les chocs surviennent selon un processus de Poisson d'intensité 1. Déterminer : (a) le taux moyen à long terme de remplacement de l'appareil ; (b) la proportion moyenne de temps à long terme avec un appareil en fonction ayant subi un choc ; (c) la densité limite du temps de vie résiduel de l'appareil en fonction ; (d) l'espérance limite du temps de vie résiduel de l'appareil en fonction. *Remarque.* L'espérance limite peut être calculée sans calculer la densité limite.

3.15. Une chaîne de Markov à temps continu sur les états 0, 1, 2 et 3 a comme générateur

$$A = \begin{pmatrix} -3 & 1 & 2 & 0 \\ 1 & -3 & 2 & 0 \\ 0 & 1 & -2 & 1 \\ 0 & 1 & 2 & -3 \end{pmatrix}.$$

Déterminer : (a) la distribution stationnaire si elle existe ; (b) l'espérance du temps pour retourner à 0 lorsqu'on quitte l'état 0. *Remarque.* Il y a deux façons de répondre à la question (b), une longue et une courte.

3.16. Un médecin qui travaille dans une salle d'urgence est appelé en moyenne une fois toutes les deux heures selon un processus de Poisson. S'il s'écoule plus de 36 minutes depuis le dernier appel, il s'endort et il ne se réveille qu'au prochain appel. (a) Quelle est la fraction moyenne de temps à long terme où le médecin dormira ? (b) Quelle est l'espérance de la durée d'une période d'éveil continu du médecin ?

3.17. Des paires de joueurs de tennis se présentent à un centre sportif où il y a deux courts selon un processus de Poisson d'intensité 2 par heure. Ils utilisent un court s'il y en a un qui est disponible au moment de leur arrivée ou sinon ils attendent qu'un se libère mais seulement s'il n'y pas déjà de joueurs en attente. Dans l'autre cas, ils renoncent à jouer. Le temps d'utilisation d'un court par chaque paire de joueurs est de loi exponentielle d'espérance une heure indépendamment de tout le reste. Déterminer : (a) le générateur pour le nombre de paires de joueurs en action ou en attente ; (b) le nombre moyen à long terme de courts utilisés ; (c) le temps moyen d'une période d'utilisation continue d'au moins un court.

3.18. Des clients se présentent à un comptoir de service selon un processus de Poisson d'intensité égale 2, mais ils rebroussent chemin avec probabilité égale à $1/2$ si le serveur est occupé. Il y a un seul serveur et le temps de service est de loi exponentielle de paramètre noté μ. Le nombre de clients dans le système (en attente ou en train de se faire servir) est un processus de naissance et de mort. Déterminer : (a) les taux de naissance et les taux de mort ; (b) la condition nécessaire et suffisante sur μ pour l'existence d'une distribution stationnaire ; (c) la distribution stationnaire lorsqu'elle existe ; (d) l'espérance du temps dans le système d'un client qui se présente au comptoir de service à l'état stationnaire en supposant la règle du dernier arrivé, premier servi. *Remarque.* La formule de Little, qui a été déduite sous d'autres conditions, ne peut pas être utilisée.

3.19. Un hôtel dispose d'une navette pour cueillir des clients à l'aéroport qui arrivent selon un processus de Poisson d'intensité égale à 6 par heure. Lorsque 4 clients sont arrivés, la navette part pour l'hôtel et elle est de retour à l'aéroport après 30 minutes. Les clients qui arrivent durant cette période choisissent alors un autre hôtel. Sur une longue période de temps, déterminer : (a) le taux moyen de départ de la navette ; (b) la probabilité que la navette ne soit pas à l'aéroport à minuit précis ; (c) la probabilité qu'elle soit à l'aéroport à minuit avec 3 clients prêts à partir ; et (d) l'espérance du temps du premier départ de la navette après minuit.

3.20. On imagine trois catégories pour un assuré : 0, 1, et 2. On augmente d'une catégorie à chaque accident jusqu'au maximum de 2, alors qu'on diminue d'une catégorie après un an sans accident jusqu'au minimum de 0. Les accidents surviennent selon un processus de Poisson d'intensité 1 par an. Déterminer la proportion moyenne de temps à long terme dans chaque catégorie.

3.21. Des voitures se présentent à l'entrée d'un stationnement intérieur selon un processus de Poisson d'intensité 12 par heure. Il y a un détecteur photoélectrique qui déclenche l'ouverture de la porte d'entrée à l'arrivée d'une voiture et celle-ci se referme après 1 minute s'il n'arrive pas d'autres voitures entre-temps. Sinon, la porte reste ouverte, et ne se referme que lorsqu'il s'est écoulé 1 minute depuis l'arrivée de la dernière voiture. De plus, le temps de stationnement de chaque voiture est de loi exponentielle d'espérance $1/4$ d'heure, indépendamment de tous les autres et indépendamment du processus d'arrivée. Enfin, la porte de sortie est différente de la porte d'entrée. Déterminer : (a) la distribution stationnaire pour le nombre de voitures dans le stationnement ; (b) l'espérance du temps d'une période d'occupation continue du stationnement par au moins une voiture ; (c) le taux moyen à long terme d'ouverture de la porte d'entrée du stationnement.

3.22. Une station de vélos en libre-service comporte N points d'ancrage. On suppose que les usagers qui veulent utiliser un vélo et les usagers qui veulent rapporter un vélo se présentent selon des processus de Poisson indépendants d'intensité λ. Lorsqu'il n'y a aucun vélo disponible pour les premiers ou aucun point d'ancrage disponible pour les seconds, ils vont à une autre station. Déterminer : (a) la distribution stationnaire (π_i) du nombre de vélos à la station ; (b) l'espérance m d'une période de temps continu avec au moins un vélo à la station.

Chapitre 4

Introduction aux martingales

4.1 Définitions et exemples

4.1.1 Définition d'une martingale

Un processus à temps discret est une martingale lorsque l'espérance du changement d'un instant au suivant est nulle. C'est le cas notamment pour l'avoir d'un joueur qui joue une série de parties lorsque le jeu est équitable. De façon analogue, le prix d'un actif financier est décrit par une martingale sous l'hypothèse que le jeu de l'offre et de la demande permet d'établir un prix juste à tout moment sans espérance de gain ou de perte dans le futur.

Une suite de variables aléatoires $\{X_n\}_{n\geq 0}$ est dite une *martingale à temps discret* si

$$E(X_{n+1} \mid X_n = x_n, \ldots, X_0 = x_0) = x_n,$$

pour toutes valeurs possibles $x_0, \ldots, x_n$. Cette espérance conditionnelle est calculée à partir de la fonction de masse ou de densité conditionnelle selon que les variables sont discrètes ou continues, respectivement. La condition ci-dessus est écrite sous la forme

$$E(X_{n+1} \mid X_n, \ldots, X_0) = X_n,$$

pour tout $n \geq 0$.

Dans le cas de variables aléatoires discrètes, on vérifie les égalités

$$\begin{aligned}
E(X_{n+1}) &= \sum_{x_n,\ldots,x_0} E(X_{n+1} \mid X_n = x_n, \ldots, X_0 = x_0) \\
&\qquad\qquad \times Pr(X_n = x_n, \ldots, X_0 = x_0) \\
&= \sum_{x_n,\ldots,x_0} x_n Pr(X_n = x_n, \ldots, X_0 = x_0) \\
&= \sum_{x_n} x_n \sum_{x_{n-1},\ldots,x_0} Pr(X_n = x_n, X_{n-1} = x_{n-1}, \ldots, X_0 = x_0) \\
&= \sum_{x_n} x_n Pr(X_n = x_n) \\
&= E(X_n).
\end{aligned}$$

Par récurrence, on obtient donc

$$E(X_n) = E(X_0),$$

pour tout $n \geq 0$. L'existence de l'espérance est sous-entendue dans la définition de martingale.

On arrive aux mêmes conclusions dans le cas de variables aléatoires continues en remplaçant la fonction de masse conjointe de $X_n, \ldots, X_0$ par la fonction de densité conjointe, et la somme par une intégrale.

4.1.2 Exemple : marche aléatoire symétrique

On considère une marche aléatoire sur les entiers avec 0 comme point de départ. Plus précisément, on définit $S_0 = 0$ et

$$S_n = \xi_1 + \cdots + \xi_n,$$

pour tout $n \geq 1$, où

$$\xi_k = \begin{cases} +1 & \text{avec probabilité } 1/2, \\ -1 & \text{avec probabilité } 1/2, \end{cases}$$

indépendamment pour tout $k \geq 1$. La variable aléatoire S_n représente par exemple le gain net d'un joueur qui mise 1 sur le coté face d'une pièce de monnaie non pipée, et ce n fois de façon indépendante, en doublant ou en perdant la mise chaque fois selon qu'il gagne ou qu'il perd.

Ce qui est important dans l'expression de S_n ci-dessus est que les variables aléatoires ξ_k pour $k \geq 1$ sont indépendantes d'espérance 0. Cela garantit que

$$\begin{aligned} E(S_{n+1} \mid S_n = s_n, \ldots, S_0 = s_0) &= E(S_n + \xi_{n+1} \mid S_n = s_n, \ldots, S_0 = s_0) \\ &= s_n + E(\xi_{n+1}) \\ &= s_n. \end{aligned}$$

Donc, $\{S_n\}_{n\geq 0}$ est une martingale, et par conséquent, $E(S_n) = E(S_0) = 0$.

4.1.3 Exemple : prix juste d'une option d'achat

Le prix d'un actif financier suite à $n \geq 1$ séances boursières est représenté par

$$S_n = S_0 + \xi_1 + \cdots + \xi_n,$$

pour tout $n \geq 1$, où ξ_k pour $k \geq 1$ sont des variables aléatoires indépendantes et identiquement distribuées d'espérance μ et de variance σ^2. Comme dans l'exemple précédent, $\{S_n\}_{n\geq 0}$ est une martingale si $\mu = 0$, ce qu'on suppose.

Ce modèle additif est acceptable si la période considérée est courte de telle sorte que la variation sur toute la période est petite par rapport à la valeur de l'actif et que le taux d'intérêt sans risque (accordé sur les bons du trésor) qui tend à augmenter la valeur de l'actif est négligeable.

On se demande quel est le prix juste à payer pour une *option d'achat* de l'actif au prix actuel, mais après n séances. Le prix juste correspond à l'espérance du gain. Ce gain est la différence entre le prix de l'actif après n séances et le prix actuel si cette différence est strictement positive, sinon il est nul. Autrement dit, c'est la partie positive de la différence, représentée par $(S_n - S_0)^+$. Pour n assez grand, le théorème limite central permet d'obtenir l'approximation

$$E((S_n - S_0)^+) \approx \sigma\sqrt{n} \int_0^\infty \frac{ze^{-z^2/2}}{\sqrt{2\pi}} dz = \sigma\sqrt{\frac{n}{2\pi}}.$$

4.1.4 Exemple : modèle de Wright-Fisher

Le modèle de Wright-Fisher est le modèle le plus important en génétique des populations. On considère une population de taille constante N et on suppose que les générations sont séparées. De génération en génération, la taille de la population reste la même. Cependant, aucun membre de la génération $n \geq 0$ ne survit à la génération $n+1$. Les N individus de la génération $n+1$ sont obtenus en faisant des copies de N individus de la génération n tirés au hasard avec remise.

On suppose deux types possibles d'individus dans la population, A et B, et on représente le nombre d'individus de type A à la génération n par X_n, pour $n \geq 0$. Étant donné que $X_n = x_n$, la probabilité qu'un individu tiré au hasard à la génération n soit de type A est x_n/N. Sous cette condition, la variable aléatoire X_{n+1} suit une loi binomiale de paramètres N et x_n/N. On obtient donc

$$E(X_{n+1} \mid X_n = x_n, \ldots, X_0 = x_0) = N \times \frac{x_n}{N} = x_n,$$

qui est la valeur prise par X_n. Ainsi, $\{X_n\}_{n\geq 0}$ est une martingale. Par conséquent, on a $E(X_n) = E(X_0)$ pour tout $n \geq 0$, qui est le nombre initial moyen d'individus de type A dans la population.

4.1.5 Exemple : processus de branchement

On suppose que chaque individu d'une population a un nombre d'enfants indépendamment des autres, que ce nombre est de même loi de probabilité discrète d'espérance m, que les générations sont séparées et qu'il y a un seul individu à la génération initiale (voir la figure 62).

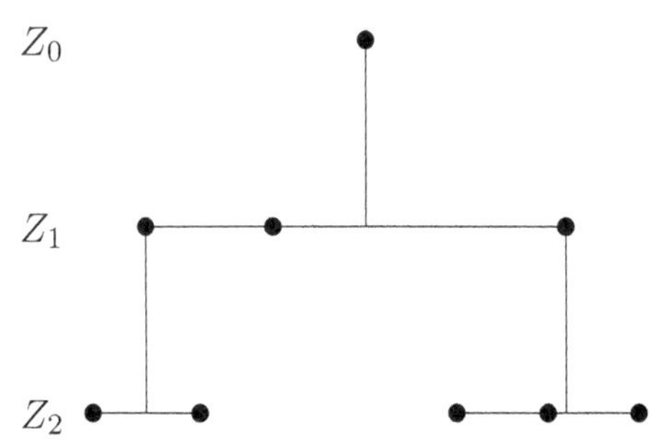

FIGURE 62. Illustration d'un processus de branchement.

Le nombre d'individus à la génération n est donné par Z_n, pour $n \geq 0$. Le nombre d'individus à la génération $n+1$ est alors représenté par

$$Z_{n+1} = X_1 + \cdots + X_{Z_n},$$

où les X_i pour $i \geq 1$ sont des variables aléatoires indépendantes d'espérance égale à m, et indépendantes de Z_n. Cette représentation garantit alors que

$$E(Z_{n+1} \mid Z_n = z_n, \ldots, Z_0 = 1) = mz_n.$$

On conclut que

$$E\left(\frac{Z_{n+1}}{m^{n+1}} \;\Big|\; \frac{Z_n}{m^n} = \frac{z_n}{m^n}, \ldots, \frac{Z_0}{m^0} = 1\right) = \frac{mz_n}{m^{n+1}} = \frac{z_n}{m^n},$$

pour tout $n \geq 0$. Par conséquent, $\{Z_n/m^n\}_{n\geq 0}$ est une martingale. En particulier, on a

$$E\left(\frac{Z_n}{m^n}\right) = E\left(\frac{Z_0}{m^0}\right) = 1,$$

c'est-à-dire $E(Z_n) = m^n$, pour tout $n \geq 0$. Il est à noter que ce résultat a été obtenu à l'aide de la fonction génératrice à la section 1.5.2 du chapitre 1.

4.1.6 Martingale par rapport à une suite de variables

Plus généralement, un processus $\{M_n\}_{n\geq 0}$ est dit une *martingale par rapport à une suite de variables aléatoires* $\{S_n\}_{n\geq 0}$ si M_n dépend seulement de $S_0, \ldots, S_n$ pour tout $n \geq 0$, et

$$E(M_{n+1} \mid S_n, \ldots, S_0) = M_n.$$

La variable M_n est en fait une fonction de $S_0, \ldots, S_n$ et sa valeur est déterminée lorsque les valeurs prises par ces variables sont données. En conditionnant sur ces valeurs, on vérifie facilement comme pour une martingale par rapport à elle-même que

$$E(M_{n+1}) = E(M_n) = E(M_0),$$

pour tout $n \geq 0$. Il est sous-entendu que $E(M_n)$ existe pour tout $n \geq 0$.

4.1.7 Exemple : marche aléatoire asymétrique

On reprend la marche aléatoire sur les entiers qui est définie par $S_0 = 0$ et $S_n = \xi_1 + \cdots + \xi_n$, pour tout $n \geq 1$, mais avec

$$\xi_k = \begin{cases} +1 & \text{avec probabilité } p, \\ -1 & \text{avec probabilité } 1-p, \end{cases}$$

pour $p \neq 1/2$, indépendamment pour $k \geq 1$. On a alors une *marche aléatoire asymétrique*. Ici, S_n pour $n \geq 0$ n'est pas une martingale, car

$$E(S_{n+1} \mid S_n = s_n, \ldots, S_0 = s_0) = s_n + E(\xi_{n+1}) = s_n + 2p - 1 \neq s_n.$$

On définit maintenant

$$M_n = \left(\frac{1-p}{p}\right)^{S_n}.$$

On vérifie que $\{M_n\}_{n\geq 0}$ est une martingale par rapport à $\{S_n\}_{n\geq 0}$. En effet, pour tout $n \geq 0$, la variable aléatoire M_n est une fonction de S_n. De plus,

$$\begin{aligned}
E(M_{n+1} \mid S_0, \ldots, S_n) &= E\left(\left(\frac{1-p}{p}\right)^{S_n+\xi_{n+1}} \,\middle|\, S_0, \ldots, S_n \right) \\
&= \left(\frac{1-p}{p}\right)^{S_n} E\left(\left(\frac{1-p}{p}\right)^{\xi_{n+1}} \right) \\
&= \left(\frac{1-p}{p}\right)^{S_n} \left(\left(\frac{1-p}{p}\right) p + \left(\frac{1-p}{p}\right)^{-1} (1-p) \right) \\
&= \left(\frac{1-p}{p}\right)^{S_n} \\
&= M_n.
\end{aligned}$$

4.2 Martingale arrêtée

4.2.1 Temps d'arrêt

Une variable aléatoire à valeurs entières positives T est appelée un *temps d'arrêt* par rapport à une suite de variables aléatoires $\{S_n\}_{n\geq 0}$ si $\{T \geq n\}$ est un événement qui dépend seulement des variables aléatoires $S_0, \ldots, S_{n-1}$ pour tout $n \geq 1$. Cela signifie qu'on sait que l'événement se réalise ou qu'il ne se réalise pas si on connait les valeurs prises par ces variables. Autrement dit, on sait si on continue ou non après l'instant $n-1$ en connaissant l'histoire du processus jusqu'à cet instant.

4.2.2 Théorème d'arrêt

Soit $\{M_n\}_{n\geq 0}$ une martingale et T un temps d'arrêt, par rapport à une même suite de variables aléatoires $\{S_n\}_{n\geq 0}$. On considère $\{M_{n\wedge T}\}_{n\geq 0}$, où $n \wedge T = \min(n, T)$, et on suppose ou bien que

$$Pr(T < \infty) = 1 \quad \text{et} \quad |M_{n\wedge T}| \leq K,$$

ou bien que

$$E(T) < \infty \quad \text{et} \quad |M_{(n+1)\wedge T} - M_{n\wedge T}| \leq K,$$

pour tout $n \geq 0$, pour une constante $K < \infty$. Alors, $\{M_{n\wedge T}\}_{n\geq 0}$ est une martingale par rapport à $\{S_n\}_{n\geq 0}$, appelée *martingale arrêtée*, et

$$E(M_T) = E(M_0).$$

La preuve du théorème d'arrêt est reportée à la section 4.2.6. Des exemples d'application sont présentés dans les prochaines sections.

4.2.3 Exemple : marche aléatoire symétrique arrêtée

On s'intéresse à la probabilité qu'une marche aléatoire symétrique sur les entiers qui commence à 0 atteigne une valeur donnée $a > 0$ avant d'atteindre une valeur donnée $-b < 0$.

Comme on l'a vu précédemment, la marche aléatoire qui est représentée par $S_0 = 0$ et $S_n = \xi_1 + \cdots + \xi_n$, pour tout $n \geq 1$, où

$$\xi_i = \begin{cases} +1 & \text{avec probabilité } p = 1/2, \\ -1 & \text{avec probabilité } 1 - p = 1/2, \end{cases}$$

indépendamment pour $i \geq 1$, est une martingale par rapport à elle-même. On pose

$$T = \min\{n \geq 0 : S_n = a \text{ ou } S_n = -b\}.$$

C'est un temps d'arrêt par rapport à $\{S_n\}_{n\geq 0}$. En effet,

$$\{T \geq n\} = \{-b < S_0, \ldots, S_{n-1} < a\}$$

dépend seulement de $S_0, \ldots, S_{n-1}$, pour tout $n \geq 1$. La suite $\{S_{n\wedge T}\}_{n\geq 0}$ est donc une martingale arrêtée par rapport à $\{S_n\}_{n\geq 0}$.

La situation est illustrée dans la figure 63.

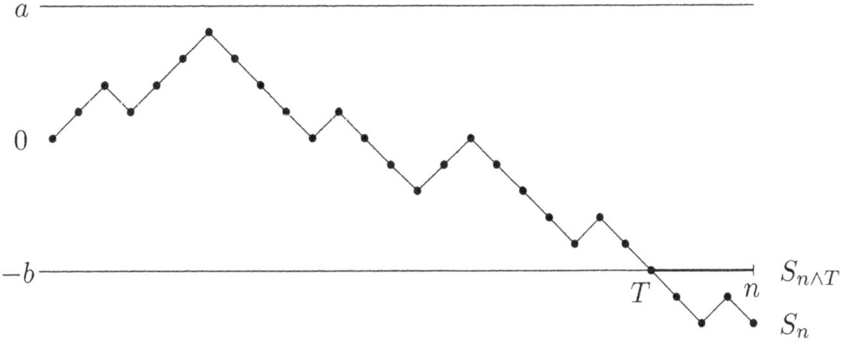

FIGURE 63. Marche aléatoire sur les entiers avec arrêt à a ou $-b$.

En supposant les conditions du théorème d'arrêt vérifiées, la martingale s'arrête à a ou $-b$ avec probabilité 1. De plus, on a

$$0 = E(S_0) = E(S_T) = ap_a + (-b)(1 - p_a).$$

Ici, p_a représente la probabilité que la martingale s'arrête à a et $1 - p_a$ la probabilité qu'elle s'arrête à $-b$. On obtient alors

$$p_a = \frac{b}{a+b},$$

qui est la probabilité que la marche aléatoire atteigne a avant $-b$. Cela correspond à la probabilité de ruine d'un joueur B contre un joueur A qui ont des avoirs initiaux b et a, respectivement, et des probabilités égales de gagner chaque partie indépendamment des autres avec une mise de 1 de chaque joueur sur chaque partie. Le même résultat a déjà été obtenu à la section 1.4.3 du chapitre 1 (où $u_k = 1 - p_a$ en posant $k = b$ et $N = a + b$) en utilisant la méthode de conditionnement sur la première transition.

Il reste à vérifier les conditions du théorème d'arrêt. Pour tout $n \geq 0$, on a les inégalités

$$|S_{n \wedge T}| \leq \max(a, b) < \infty.$$

D'autre part,

$$\begin{aligned} Pr(T \geq a+b) &= 1 - Pr(T < a+b) \\ &\leq 1 - p^{a+b}, \end{aligned}$$

où p^{a+b} est la probabilité qu'il y ait $a + b$ hausses consécutives de 1. Ainsi,

$$Pr(T \geq n(a+b)) \leq \left(1 - p^{a+b}\right)^n,$$

pour tout $n \geq 1$, où $p = 1/2$. On en déduit que

$$Pr(T = \infty) = \lim_{n \to \infty} Pr(T \geq n(a+b)) = 0.$$

Par conséquent, on a $T < \infty$ avec probabilité 1. En fait, on a $E(T) < \infty$, car

$$\begin{aligned} E(T) = \sum_{k \geq 1} Pr(T \geq k) &\leq \sum_{n \geq 0} \sum_{k=n(a+b)}^{(n+1)(a+b)-1} Pr(T \geq k) \\ &\leq \sum_{n \geq 0} (a+b) Pr(T \geq n(a+b)) \\ &\leq (a+b) \sum_{n \geq 0} \left(1 - p^{a+b}\right)^n \\ &= \frac{a+b}{p^{a+b}} < \infty. \end{aligned}$$

4.2.4 Exemple : marche aléatoire asymétrique arrêtée

Dans cet exemple, il s'agit toujours d'une marche aléatoire sur les entiers définie par $S_0 = 0$ et $S_n = \xi_1 + \cdots + \xi_n$, pour tout $n \geq 1$, mais avec

$$\xi_i = \begin{cases} +1 & \text{avec probabilité } p \neq 1/2, \\ -1 & \text{avec probabilité } 1-p, \end{cases}$$

indépendamment pour $i \geq 1$. Dans ce cas, la suite définie par

$$M_n = \left(\frac{1-p}{p}\right)^{S_n},$$

pour tout $n \geq 0$, est une martingale par rapport à $\{S_n\}_{n\geq 0}$.

La variable aléatoire définie par

$$T = \min\{n \geq 0 : S_n = a \text{ ou } S_n = -b\},$$

est un temps d'arrêt par rapport à $\{S_n\}_{n\geq 0}$, qui vérifie $Pr(T < \infty) = 1$ pour les mêmes raisons que précédemment. De plus,

$$|M_{n\wedge T}| \leq \max\left(\left(\frac{1-p}{p}\right)^a, \left(\frac{1-p}{p}\right)^{-b}\right) < \infty.$$

Le théorème d'arrêt garantit alors que

$$1 = E(M_0) = E(M_T) = p_a\left(\frac{1-p}{p}\right)^a + (1-p_a)\left(\frac{1-p}{p}\right)^{-b},$$

où p_a est la probabilité pour la marche aléatoire d'atteindre a avant $-b$. Dans ce cas, on trouve

$$p_a = \frac{1-\left(\frac{1-p}{p}\right)^b}{1-\left(\frac{1-p}{p}\right)^{a+b}}.$$

Ce résultat est en accord avec ce qui a été trouvé à la section 1.4.3 pour la probabilité de ruine d'un joueur contre un adversaire qui est avantagé ou désavantagé.

D'autre part,

$$D_n = S_n - n(2p-1),$$

pour $n \geq 0$, est aussi une martingale par rapport à $\{S_n\}_{n\geq 0}$. En effet,

$$E(D_{n+1} \mid S_n, \ldots, S_0) = D_n + E(\xi_{n+1}) - (2p-1) = D_n.$$

De plus, pour tout $n \geq 0$, on a

$$\left|D_{(n+1)\wedge T} - D_{n\wedge T}\right| \leq |D_{n+1} - D_n| = |\xi_{n+1} - (2p-1)| \leq 2 < \infty.$$

Puisque T est un temps d'arrêt qui satisfait $E(T) < \infty$ pour les mêmes raisons que précédemment, la remarque qui suit le théorème d'arrêt garantit que

$$E(D_T) = E(S_T) - (2p-1)E(T) = E(D_0) = 0.$$

On en déduit que

$$E(T) = \frac{E(S_T)}{2p-1} = \frac{ap_a - b(1-p_a)}{2p-1}.$$

Remarque. Dans le cas où $p < 1/2$, on obtient les résultats suivants :

- $Pr(S_n \text{ atteint } a) = \lim_{b\to\infty} p_a = \left(\frac{p}{1-p}\right)^a$;
- $Pr(S_n \text{ atteint } -b) = \lim_{a\to\infty} (1-p_a) = 1$;
- $E(\text{temps pour } S_n \text{ d'atteindre } -b) = \lim_{a\to\infty} E(T) = \frac{b}{1-2p}$.

Cette dernière limite correspond à l'espérance du nombre de parties avant la ruine d'un joueur qui emprunte b dollars pour jouer contre un adversaire infiniment riche en doublant ou en perdant une mise de 1 dollars sur chaque partie avec probabilité p ou $1-p$, respectivement, indépendamment des autres parties. L'explication pour cette limite est que le joueur perd en moyenne $1-2p$ dollars sur chaque partie. Ce résultat et les deux précédents correspondent à ce qui a été obtenu à la section 1.4.3 au sujet de la ruine du joueur dans le cas où $p < 1/2$. D'autre part, en appliquant la règle de l'Hôpital, on trouve

$$\lim_{p\to 1/2} p_a = \frac{b}{a+b}$$

et

$$\lim_{p\to 1/2} E(T) = ab.$$

Ces limites correspondent aux résultats obtenus à la section 1.4.3 pour la ruine du joueur dans le cas où $p = 1/2$.

4.2.5 Exemple : martingale classique de doubler la mise

La *martingale classique* dans une série de jeux avec une chance sur deux de gagner chaque partie (par exemple, noir ou rouge, pair ou impair, passe ou manque, à un jeu de roulette) consiste à miser une unité sur le premier jeu puis à doubler la mise si on perd, et cela jusqu'à ce qu'on gagne, à la suite de quoi on recommence. Par exemple, si le joueur mise sur le rouge et que le noir sort trois fois de suite puis que le rouge sort, alors les mises successives sur les quatre premiers jeux sont

$$M_1 = 1, \quad M_2 = 2, \quad M_3 = 4, \quad M_4 = 8,$$

et les gains nets suite à ces jeux sont

$$W_1 = -1, \quad W_2 = -3, \quad W_3 = -7, \quad W_4 = 1.$$

Cette stratégie semble être toujours gagnante si on arrête de jouer après le premier gain.

Le gain net après le jeu $n \geq 1$ est donné par

$$W_n = M_1\xi_1 + \cdots + M_n\xi_n,$$

où M_i représente la mise sur le jeu $i \geq 1$, et

$$\xi_i = \begin{cases} +1 & \text{si le rouge sort au jeu } i \text{, ce qui a probabilité } p = 1/2, \\ -1 & \text{si le noir sort au jeu } i \text{, ce qui a probabilité } 1-p = 1/2, \end{cases}$$

pour $i \geq 1$. Les variables aléatoires ξ_i pour $i \geq 1$, sont supposées indépendantes. On pose $\xi_0 = 0$. D'autre part, la mise M_n sur le jeu $n \geq 1$ dépend seulement des variables $\xi_1, \ldots, \xi_{n-1}$. La suite $\{M_n\}_{n\geq 1}$ est alors appelée une *strategie prévisible*. Par conséquent, la variable aléatoire W_n dépend seulement de $\xi_1, \ldots, \xi_n$ pour tout $n \geq 1$. De plus, on a

$$E(W_{n+1} \mid \xi_1, \ldots, \xi_n) = W_n + E(M_{n+1}\xi_{n+1}) = W_n + M_{n+1}E(\xi_{n+1}) = W_n,$$

pour tout $n \geq 0$, en définissant $W_0 = 0$. La suite $\{W_n\}_{n\geq 0}$ est alors une martingale par rapport à $\{\xi_n\}_{n\geq 0}$. En particulier, on a $E(W_n) = E(W_0) = 0$ pour tout $n \geq 1$, ce qui signifie que le gain net moyen est nul si on arrête de jouer après un nombre de jeux fixé.

Le temps aléatoire défini par

$$T = \min\{n \geq 0 : W_n = 1\}$$

est un temps d'arrêt par rapport à $\{\xi_n\}_{n\geq 0}$. En effet, l'événement

$$\{T \geq n\} = \{W_0, \ldots, W_{n-1} < 1\}$$

dépend seulement de $\xi_0, \ldots, \xi_{n-1}$, pour tout $n \geq 1$. De plus, $T = k$ avec probabilité $(1/2)^k$ pour tout $k \geq 1$, d'où $E(T) = 2 < \infty$. D'autre part, on a évidemment $W_T = 1$ avec probabilité 1, d'où

$$E(W_T) = 1 \neq 0 = E(W_0).$$

Ici, le théorème d'arrêt ne s'applique pas, car la mise est non majorée. Si au contraire elle ne peut pas dépasser 2^N à cause d'une limite de ressources ou de crédit, de telle sorte qu'on doive arrêter de jouer si on atteint ce seuil, alors on a

$$T = \min\{n \geq 0 : W_n = 1 \text{ ou } W_n = -2^N + 1\}$$

comme temps d'arrêt. Dans ce cas,

$$W_T = \begin{cases} 1 & \text{avec probabilité } 1 - \frac{1}{2^N}, \\ -2^N + 1 & \text{avec probabilité } \frac{1}{2^N}, \end{cases}$$

d'où $E(W_T) = 0$, en accord avec le théorème d'arrêt.

4.2.6 *Preuve du théorème d'arrêt

Si $\{M_n\}_{n\geq 0}$ est une martingale par rapport à une suite de variables aléatoires $\{S_n\}_{n\geq 0}$ et T est un temps d'arrêt par rapport à la même suite, alors le processus arrêté $\{M_{n\wedge T}\}_{n\geq 0}$, où $n \wedge T = \min(n, T)$, est aussi une martingale par rapport à la même suite de variables aléatoires.

En effet, la variable $M_{n\wedge T}$, pour $n \geq 0$, dépend seulement de $S_0, \ldots, S_n$, puisque c'est le cas des variables $M_0, \ldots, M_n$ et de l'événement $\{T \geq n\}$. De plus,

$$E(M_{(n+1)\wedge T} \mid S_n = s_n, \ldots, S_0 = s_0) = E(M_{n+1} \mid S_n = s_n, \ldots, S_0 = s_0),$$

qui est égal à m_n, si $T \geq n+1$ et $M_n = m_n$ lorsque $S_n = s_n, \ldots, S_0 = s_0$. D'autre part,

$$E(M_{(n+1)\wedge T} \mid S_n = s_n, \ldots, S_0 = s_0) = m_t,$$

si $T = t < n+1$ et $M_T = m_t$ lorsque $S_n = s_n, \ldots, S_0 = s_0$. Dans ce dernier cas, le processus a atteint un état absorbant avant l'instant $n+1$. Dans tous les cas, on a

$$E(M_{(n+1)\wedge T} \mid S_n = s_n, \ldots, S_0 = s_0) = M_{n\wedge T},$$

pour tout $n \geq 0$. Puisque $\{M_{n\wedge T}\}_{n\geq 0}$ est une martingale par rapport à $\{S_n\}_{n\geq 0}$, on a

$$E(M_{n\wedge T}) = E(M_{0\wedge T}) = E(M_0).$$

Sous les conditions que $Pr(T < \infty) = 1$ et $|M_{n\wedge T}| \leq K$ pour tout $n \geq 0$, pour une constante $K < \infty$, on a

$$|M_T| = \lim_{n\to\infty} |M_{n\wedge T}| \leq K.$$

De plus,

$$|E(M_T) - E(M_{n\wedge T})| = |E(M_T - M_{n\wedge T})| \leq E(|M_T - M_{n\wedge T}|) \leq 2KPr(T > n),$$

car

$$|M_T - M_{n\wedge T}| \leq |M_T| + |M_{n\wedge T}| \leq 2K$$

si $T > n$, et 0 sinon. Or,

$$\lim_{n\to\infty} Pr(T > n) = Pr(T = \infty) = 1 - Pr(T < \infty) = 0.$$

On conclut que

$$E(M_T) = \lim_{n\to\infty} E(M_{n\wedge T}) = E(M_0).$$

Sous les conditions que

$$E(T) < \infty \quad \text{et} \quad |M_{(n+1)\wedge T} - M_{n\wedge T}| \leq K,$$

pour tout $n \geq 0$, pour une constante $K < \infty$, on a

$$\begin{aligned}
|E(M_T - M_{n\wedge T})| &= \left| E\left(\sum_{k\geq n} (M_{(k+1)\wedge T} - M_{k\wedge T}) \right) \right| \\
&\leq \sum_{k\geq n} E\left(\left| M_{(k+1)\wedge T} - M_{k\wedge T} \right| \right) \\
&\leq K \sum_{k\geq n} Pr(T \geq k),
\end{aligned}$$

car

$$\left| M_{(k+1)\wedge T} - M_{k\wedge T} \right| = 0,$$

lorsque $T < k$. Or, la somme à droite de l'inégalité ci-dessus tend vers 0 lorsque $n \to \infty$, car

$$E(T) = \sum_{k\geq 1} Pr(T \geq k) < \infty.$$

On conclut donc comme précédemment.

4.3 Exercices

4.1. Une urne contient des boules rouges et des boules vertes. À chaque instant $n \geq 0$, on tire une boule au hasard de l'urne et on la remet dans l'urne en ajoutant une autre boule de la même couleur que celle tirée. On désigne par X_n la proportion de boules rouges dans l'urne à cet instant et on suppose qu'il y a une boule de chaque couleur dans l'urne initialement. Montrer que $\{X_n\}_{n\geq 0}$ est une martingale.

4.2. Montrer que $\left\{S_n^2 - n\right\}_{n\geq 0}$ est une martingale par rapport aux variables aléatoires

$$S_n = \xi_1 + \cdots + \xi_n,$$

pour $n \geq 0$, avec $S_0 = 0$, où ξ_k pour $k \geq 1$ sont des variables aléatoires indépendantes qui prennent les valeurs $+1$ et -1 avec la même probabilité $1/2$. Utiliser alors le théorème d'arrêt des martingales pour déterminer l'espérance du temps d'arrêt

$$N = \min\{n \geq 0 : S_n = a \text{ ou } -b\}.$$

4.3. On considère le modèle de la ruine du joueur avec un avoir initial donné par $S_0 = 1$ et un avoir après n parties pour $n \geq 1$ donné par

$$S_n = S_0 + \xi_1 + \cdots + \xi_n,$$

où $\xi_k = 1$ avec probabilité $1/3$ et $\xi_k = -1$ avec probabilité $2/3$, indépendamment pour $k \geq 1$. D'autre part, on pose $\xi_0 = 0$. On définit

$$N = \min\{n \geq 0 : S_n = 0 \text{ ou } 4\}.$$

(a) Montrer que $\{2^{S_n}\}_{n\geq 0}$ est une martingale par rapport à $\{\xi_n\}_{n\geq 0}$.
(b) Vérifier que N est un temps d'arrêt par rapport à $\{\xi_n\}_{n\geq 0}$.
(c) En utilisant le théorème d'arrêt des martingales, déterminer la distribution de probabilité de S_N.
(d) En utilisant la formule de Wald, déterminer $E(N)$.

4.4. On considère une population de N individus dans laquelle, à chaque unité de temps, un individu choisi au hasard parmi les N individus existants produit une copie identique à lui-même et cette copie remplace l'un des N individus existants choisi au hasard. C'est le modèle de Moran en génétique des populations. Le nombre d'individus d'un type particulier A à l'instant $n \geq 0$, soit X_n, forme alors une chaîne de Markov dont la matrice de transition est donnée par

$$P_{i,i-1} = P_{i,i+1} = \frac{i(N-i)}{N^2}, \quad P_{i,i} = 1 - \frac{2i(N-i)}{N^2},$$

pour $i = 1, \ldots, N-1$ et $P_{0,0} = P_{N,N} = 1$. (a) Montrer que $\{X_n\}_{n\geq 0}$ est une martingale ; et (b) déterminer la probabilité que le type A disparaisse éventuellement de la population étant donné qu'il y a k individus de type A initialement dans la population en utilisant le théorème d'arrêt des martingales.

4.5. Un joueur mise une unité d'avoir sur chaque jeu d'une série de jeux identiques indépendants. Son gain net (gain brut en nombre entier d'unités moins une unité de mise) sur chaque jeu est d'espérance et de variance données par $\mu = -1/2 < 0$ et $\sigma^2 = 1 > 0$, respectivement, en plus d'être majoré en valeur absolue par une constante $K > 0$. Le gain net après $n \geq 1$ jeux est donné par

$$S_n = \xi_1 + \cdots + \xi_n,$$

où ξ_i représente la gain net sur le i-ième jeu. On définit $S_0 = 0$. Soit

$$M_n = S_n - n\mu$$

et

$$W_n = (S_n - n\mu)^2 - n\sigma^2,$$

pour tout $n \geq 0$. On pose

$$T = \min\{n \geq 0 : S_n = -N\},$$

pour un entier $N \geq 1$. Après avoir montré que : (a) $\{M_n\}_{n\geq 0}$ et $\{W_n\}_{n\geq 0}$ sont des martingales par rapport à $\{S_n\}_{n\geq 0}$; et (b) T est un temps d'arrêt par rapport à $\{S_n\}_{n\geq 0}$; déterminer en utilisant le théorème d'arrêt : (c) l'espérance de T, représentée par $E(T)$; et (d) la variance de T, représentée par $Var(T)$. On suppose que l'espérance et la variance de T sont finies et que les conditions du théorème d'arrêt sont satisfaites.

Chapitre 5

Introduction au mouvement brownien

5.1 Définitions et exemples

5.1.1 Introduction

Le *mouvement brownien* décrit le déplacement, dans une direction donnée, d'une particule en suspension dans un liquide, par exemple celui d'un grain de pollen dans l'eau. Ce mouvement a une apparence très saccadée (voir la figure 64). En effet, les collisions moléculaires font en sorte que la position de la particule change continuellement.

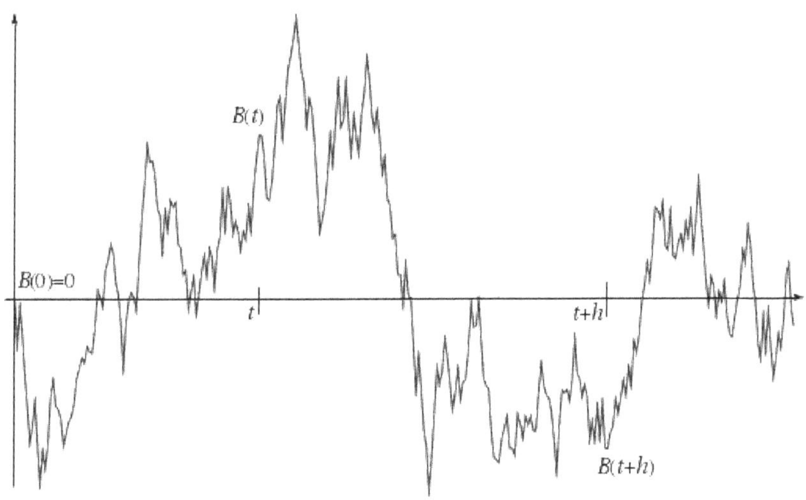

FIGURE 64. Représentation du mouvement brownien.

Bien que plusieurs scientifiques aient imaginé ou observé le mouvement brownien bien avant Robert Brown, celui-ci est le premier à publier en 1827 des résultats d'observation de ce mouvement au microscope. En 1905, Albert Einstein présente une description quantitative du mouvement brownien qui permet notamment d'estimer la dimension des molécules, et plus tard de définir le nombre d'Avogadro. Le mouvement dans n'importe quelle direction donnée en fonction du temps est aussi alors décrit comme n'ayant pas de tangente en tout point. Finalement, c'est Norbert Wiener qui développe la théorie mathématique de ce mouvement en 1923, basée sur la théorie des probabilités, et confirme que les trajectoires de ce mouvement sont presque sûrement continues, mais nulle part différentiables.

Le mouvement brownien est un processus stochastique à temps continu et à espace d'états continu. Il est le plus important de cette catégorie et il est aujourd'hui appliqué dans une multitude de domaines, notamment en finance.

5.1.2 Définition du mouvement brownien standard

Le *mouvement brownien standard* $\{B(t)\}_{t\geq 0}$ est une suite de variables aléatoires continues définies pour tout temps continu $t \geq 0$ qui possède les caractéristiques ci-dessous.

(a) Initialement à 0 : le processus est à l'état 0 au temps $t = 0$, c'est-à-dire

$$B(0) = 0.$$

(b) *Accroissements indépendants* : les accroissements sur des périodes de temps disjointes sont indépendants. En particulier, l'accroissement sur l'intervalle de temps $(t, t+h]$ pour $t, h > 0$, soit $B(t+h) - B(t)$, est indépendant de $B(s) = B(s) - B(0)$, pour $0 \leq s \leq t$. Cela implique que

$$\begin{aligned} Pr(B(t+h) \leq a \mid B(s) = b_s, 0 \leq s \leq t) &= Pr(B(t+h) - B(t) \leq a - b_t) \\ &= Pr(B(t+h) \leq a \mid B(t) = b_t). \end{aligned}$$

Le processus est donc markovien.

(c) Accroissements de *loi normale* d'espérance nulle et de variance égale au temps écoulé : l'accroissement sur l'intervalle de temps $(t,\ t+h]$ pour $t, h > 0$ est donné par

$$B(t+h) - B(t) \sim N(0, h).$$

En particulier, cela implique que

$$E(B(t+h) \mid B(s), 0 \leq s \leq t) = B(t) + E(B(t+h) - B(t)) = B(t).$$

Le processus est donc une *martingale à temps continu*. De plus, la fonction de densité de la variable aléatoire $B(t) = B(t) - B(0)$ est donnée par

$$p_t(x) = \frac{1}{\sqrt{2\pi t}} e^{-\frac{x^2}{2t}},$$

pour $-\infty < x < +\infty$ et pour $t > 0$. Il est facile de vérifier que cette fonction est la solution de l'équation aux dérivées partielles

$$\frac{\partial}{\partial t} p_t(x) = \frac{1}{2} \frac{\partial^2}{\partial x^2} p_t(x) = \left(\frac{x^2}{\sqrt{8\pi t^5}} - \frac{1}{\sqrt{8\pi t^3}} \right) e^{-\frac{x^2}{2t}}.$$

C'est l'*équation de diffusion*.

5.1.3 Construction du mouvement brownien standard

Afin de construire un mouvement brownien standard, on pose d'abord une constante entière $N \geq 1$. Initialement, on définit $B_N(0) = 0$. Par la suite, les changements d'état ont lieu aux instants de forme k/N pour $k \geq 1$. L'état est alors ou bien augmenté de $1/\sqrt{N}$ ou bien diminué de $1/\sqrt{N}$ avec probabilité $1/2$ pour chaque cas, indépendamment des autres changements. Le tout est illustré dans la figure 65.

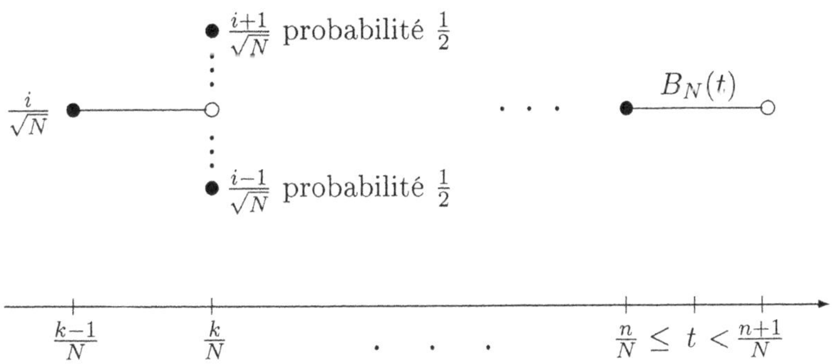

FIGURE 65. Construction du mouvement brownien standard.

On définit ainsi

$$B_N(t) = \frac{1}{\sqrt{N}}(\xi_1 + \cdots + \xi_n) = \sqrt{\frac{n}{N}} \frac{S_n}{\sqrt{n}},$$

où $n = \lfloor Nt \rfloor$ représente la partie entière de Nt, et $S_n = \xi_1 + \cdots + \xi_n$ avec

$$\xi_k = \begin{cases} +1 & \text{avec probabilité } 1/2, \\ -1 & \text{avec probabilité } 1/2, \end{cases}$$

et ce indépendamment pour $k \geq 1$. Puisque $|t - n/N| < 1/N$, on a

$$\lim_{N\to\infty} \sqrt{\frac{n}{N}} = \sqrt{t}.$$

D'autre part, comme $E(\xi_k) = 0$ et $Var(\xi_k) = E(\xi_k^2) = 1$, le *théorème limite central* garantit que

$$\lim_{n\to\infty} Pr\left(\frac{S_n}{\sqrt{n}} \leq x\right) = \int_{-\infty}^{x} \frac{e^{-\frac{y^2}{2}}}{\sqrt{2\pi}} dy,$$

pour $-\infty < x < +\infty$. On en déduit que

$$\lim_{N\to\infty} Pr(B_N(t) \leq x) = \int_{-\infty}^{x} \frac{e^{-\frac{y^2}{2t}}}{\sqrt{2\pi t}} dy,$$

pour $-\infty < x < +\infty$. Cela signifie que $B_N(t)$ tend en distribution vers une variable aléatoire de loi $\mathrm{N}(0, t)$ lorsque $N \to \infty$.

Remarque 1. Dans la construction ci-dessus du mouvement brownien standard, il suffit en fait que les variables aléatoires ξ_k pour $k \geq 1$ soient indépendantes d'espérance 0 et de variance 1.

Remarque 2. Comme le suggère la construction en escalier ci-dessus, les trajectoires du mouvement brownien standard sont continues, car la hauteur des marches $1/\sqrt{N}$ est de plus en plus petite, mais elles sont nulle part différentiables, car le rapport de la hauteur des marches sur leur largeur, donné par $\sqrt{N}$, est de plus en plus grand. En fait, c'est le cas presque sûrement, c'est-à-dire avec probabilité 1.

Remarque 3. Le mouvement brownien standard sur tout intervalle $[0, t]$ pour $t > 0$ étant la limite d'une contraction d'une marche aléatoire symétrique sur les entiers sur un intervalle de temps de plus en plus grand, et une telle marche étant récurrente, le nombre de visites à 0 de ce mouvement de l'instant 0 à tout instant $t > 0$ est infini avec probabilité 1 !

5.1.4 Mouvement brownien avec dérive et écart-type

Un *mouvement brownien avec dérive et écart-type* est obtenu en posant

$$X(t) = \mu t + \sigma B(t),$$

pour $t \geq 0$, où $\{B(t)\}_{t\geq 0}$ est un mouvement brownien standard, alors que les paramètres μ et $\sigma > 0$ sont des constantes appelées respectivement la *dérive* et l'*écart-type* du processus. On remarque que

$$E(X(t)) = \mu t + E(B(t)) = \mu t$$

et

$$Var(X(t)) = \sigma^2 Var(B(t)) = \sigma^2 t.$$

Comme dans la section précédente, on peut montrer que

$$Pr(X(t) \leq x) = \lim_{N\to\infty} Pr\left(\frac{\sigma}{\sqrt{N}} S_n \leq x\right),$$

pour $-\infty < x < +\infty$, où

$$S_n = \sum_{k=1}^{n} \xi_k,$$

avec $n = \lfloor Nt \rfloor$. Ici,

$$\xi_k = \begin{cases} +1 & \text{avec probabilité } p = \frac{1}{2}\left(1 + \frac{\mu}{\sigma\sqrt{N}}\right), \\ \\ -1 & \text{avec probabilité } 1 - p = \frac{1}{2}\left(1 - \frac{\mu}{\sigma\sqrt{N}}\right), \end{cases}$$

pour $k \geq 1$, sont des variables aléatoires indépendantes. Leur espérance est donnée par

$$E(\xi_k) = \frac{\mu}{\sigma\sqrt{N}},$$

et leur variance par

$$Var(\xi_k) = 1 - \frac{\mu^2}{\sigma^2 N},$$

de telle sorte que $E(\xi_k^2) = 1$.

Remarque. La plupart des propriétés du mouvement brownien peuvent être obtenues à partir de la représentation ci-dessus et des résultats sur la marche aléatoire sur les entiers présentés dans le chapitre 4. Ainsi, pour $\mu < 0$ et donc $p < 1/2$, et pour $a, b > 0$, on a

$$\begin{aligned} Pr(X(t) \text{ atteint } a) &= \lim_{N\to\infty} Pr(S_n \text{ atteint } a\sqrt{N}/\sigma) \\ &= \lim_{N\to\infty} \left(\frac{1 + \frac{\mu}{\sigma\sqrt{N}}}{1 - \frac{\mu}{\sigma\sqrt{N}}}\right)^{\frac{a\sqrt{N}}{\sigma}} \\ &= e^{2a\mu/\sigma^2}. \end{aligned}$$

On a aussi

$$\begin{aligned}
&E(\text{temps pour } X(t) \text{ avant d'atteindre } -b)\\
&= \lim_{N\to\infty} N^{-1}E(\text{temps pour } S_n \text{ avant d'atteindre } -b\sqrt{N}/\sigma)\\
&= \lim_{N\to\infty} \frac{b\sqrt{N}/(\sigma N)}{-\mu/(\sigma\sqrt{N})}\\
&= -\frac{b}{\mu}.
\end{aligned}$$

5.2 *Mouvement brownien géométrique

5.2.1 Description générale

Dans le domaine financier, la valeur d'un actif au temps $t \geq 0$ est représentée par la variable

$$Y(t) = Y(0)e^{X(t)},$$

où $X(t)$ est un mouvement brownien avec dérive μ et écart-type $\sigma > 0$. Le processus $Y(t)$ est alors un *mouvement brownien géométrique* et le paramètre σ est appelé la *volatilité*.

La variable $Y(t)$ est approchée par la variable

$$Y_N(t) = Y(0)e^{\frac{\sigma}{\sqrt{N}}S_n} = Y(0)\prod_{k=1}^{n} e^{\frac{\sigma}{\sqrt{N}}\xi_k},$$

où $n = \lfloor Nt \rfloor$ et ξ_k pour $k \geq 1$ sont des variables aléatoires indépendantes telles que définies dans la section précédente. La variable $100(e^{\frac{\sigma}{\sqrt{N}}\xi_k} - 1)$ représente la variation relative en pourcentage de la valeur de l'actif de l'instant $(k-1)/N$ à l'instant k/N, pour $k \geq 1$.

L'hypothèse de variations relatives indépendantes et identiquement distribuées, qui mène à un modèle multiplicatif, est plus réaliste pour un actif financier que l'hypothèse de variations additives qui ne dépendent pas de la valeur de cet actif. De plus, la valeur de l'actif est exprimée en dollars du temps initial 0 pour éliminer l'effet du taux d'intérêt sans risque (généralement le taux d'intérêt accordé sur les bons du trésor).

Pour N assez grand, un développement limité de Taylor conduit à l'approximation

$$e^{\frac{\sigma}{\sqrt{N}}\xi_k} - 1 \cong \frac{\sigma}{\sqrt{N}}\xi_k + \frac{\sigma^2}{2N}\xi_k^2.$$

Pour l'espérance de cette variable, on a alors l'approximation

$$E\left(e^{\frac{\sigma}{\sqrt{N}}\xi_k}-1\right)\cong\frac{\sigma}{\sqrt{N}}E(\xi_k)+\frac{\sigma^2}{2N}E(\xi_k^2)=\frac{1}{N}\left(\mu+\frac{\sigma^2}{2}\right).$$

La variation relative moyenne approximative est nulle lorsqu'on a l'égalité $\mu+\sigma^2/2=0$. Cela suggère que c'est la condition pour avoir la neutralité, c'est-à-dire pour que le processus soit une martingale.

En effet, la valeur de l'actif au temps $t+h$ pour $t,h>0$ est donnée par

$$Y(t+h)=Y(0)e^{X(t+h)}=Y(t)e^{X(t+h)-X(t)}.$$

Son espérance conditionnelle sachant la valeur de l'actif $Y(s)$ à tous temps $s\leq t$ est donnée par

$$\begin{aligned}E(Y(t+h)\mid Y(s),0\leq s\leq t)&=Y(t)E(e^{\mu h+\sigma(B(t+h)-B(t))}\mid B(s),0\leq s\leq t)\\&=Y(t)e^{\mu h}E\left(e^{\sigma(B(t+h)-B(t))}\right)\\&=Y(t)e^{h(\mu+\sigma^2/2)}.\end{aligned}$$

Ces égalités utilisent le fait que la variable aléatoire $B(t+h)-B(t)$ est indépendante de $B(s)$ pour tout $s\leq t$ et de loi $\mathrm{N}(0,h)$. On remarque que

$$E(Y(t+h)\mid Y(s),0\leq s\leq t)\begin{cases}<Y(t)&\text{si }\mu+\sigma^2/2<0,\\=Y(t)&\text{si }\mu+\sigma^2/2=0,\\>Y(t)&\text{si }\mu+\sigma^2/2>0.\end{cases}$$

La tendance est donc à la baisse, neutre ou à la hausse selon que $\mu+\sigma^2/2$ est inférieure, égale ou supérieure à 0. Dans le cas où $\mu+\sigma^2/2=0$, la suite $\{Y(t)\}_{t\geq0}$ est une martingale. On fait souvent cette hypothèse en supposant un ajustement du marché comme résultat du jeu de l'offre et de la demande.

5.2.2 Exemple : seuil d'exercice d'une option d'achat

Une *option d'achat américaine* peut être exercée en tout temps avant la date d'échéance. Ici, on suppose qu'il n'y a pas d'échéance.

On considère une option d'achat d'un actif à un prix $Y(0)A$ fixé qui est exercée lorsque la valeur de l'actif atteint un certain niveau, donné par $Y(0)a>Y(0)A$. Ce niveau est à déterminer pour que le gain espéré soit maximum. On suppose que la valeur de l'actif, en dollars du temps 0, est décrite par un mouvement brownien géométrique $Y(t)=Y(0)e^{X(t)}$ avec dérive μ et volatilité σ satisfaisant $\sigma^2/2+\mu<0$, de telle sorte que la tendance est à la baisse. C'est le cas, par exemple, lorsque $\mu=-1$ et $\sigma=1$.

On calcule d'abord

$$\begin{aligned}Pr(Y(t) \text{ atteint } Y(0)a) &= Pr(X(t) \text{ atteint } \ln(a)) \\ &= e^{2\mu \ln(a)/\sigma^2} \\ &= a^{2\mu/\sigma^2}.\end{aligned}$$

Ici, on a utilisé la remarque de la section 5.1.4. Ainsi, le gain espéré en fonction de a est de la forme

$$G(a) = Y(0)(a - A)a^{2\mu/\sigma^2} + 0 \times \left(1 - a^{2\mu/\sigma^2}\right).$$

La dérivée première de cette fonction par rapport à a est donnée par

$$\frac{d}{da}G(a) = Y(0)a^{2\mu/\sigma^2 - 1}\left(a + (2\mu/\sigma^2)(a - A)\right).$$

La dérivée est nulle si et seulement si

$$a = \frac{2A\mu/\sigma^2}{1 + 2\mu/\sigma^2}.$$

Cela donne le point critique du gain espéré, en fait le point de maximum, car la dérivée seconde est strictement négative sous la condition $\sigma^2/2 + \mu < 0$. Dans le cas $\sigma = 1$ et $\mu = -1$, par exemple, le point de maximum est $a = 2A$. On a cependant supposé que le taux d'intérêt sans risque est nul.

Avec un taux d'intérêt sans risque $r > 0$, un dollars au temps 0 vaut e^{rt} dollars au temps $t \geq 0$. L'option doit alors être exercée lorsque la valeur de l'actif en dollars courants atteint $Y(0)ae^{rt}$.

5.2.3 Formule de Black-Scholes

Une *option d'achat européenne* peut être exercée seulement à la date d'échéance. On s'intéresse au prix juste à payer au temps 0 pour une option d'achat d'un actif exercée à un temps $t \geq 0$ fixé à un prix $Y(0)A$ fixé, en dollars du temps initial 0. Ici, on suppose que la valeur de l'actif, en dollars du temps 0, est décrite par un mouvement brownien géométrique $Y(t)$ avec dérive μ et volatilité σ satisfaisant $\sigma^2/2 + \mu = 0$, de telle sorte que la tendance est neutre.

Ce prix juste correspond au gain espéré donné par la *formule de Black-Scholes*, soit

$$C(t) = E\left((Y(t) - Y(0)A)^+\right) = Y(0)\left(\Phi\left(\sigma\sqrt{t} - \alpha_t\right) - A\Phi(-\alpha_t)\right).$$

Ici, on a

$$\Phi(z) = \int_{-\infty}^{z} \frac{1}{\sqrt{2\pi}} e^{-\frac{x^2}{2}}\, dx$$

et

$$\alpha_t = \frac{\ln(A)}{\sigma\sqrt{t}} + \frac{\sigma\sqrt{t}}{2}.$$

De plus,

$$(Y(t) - Y(0)A)^+ = \begin{cases} Y(t) - Y(0)A & \text{si positif,} \\ 0 & \text{sinon.} \end{cases}$$

Pour tenir compte d'un taux d'intérêt sans risque $r > 0$ par unité de temps, on prend

$$A = Be^{-rt},$$

où $Y(0)B$ est le prix en dollars du temps $t \geq 0$ fixé par l'option.

Démonstration

La démonstration de la formule utilise simplement le fait que

$$Y(t) = Y(0)e^{X(t)},$$

où $X(t)$ est de loi $\mathrm{N}(\mu t, \sigma^2 t)$ avec $\mu = -\sigma^2/2$. On a alors

$$\begin{aligned} E\left((e^{X(t)} - A)^+\right) &= \int_{\ln(A)}^{\infty} (e^x - A) \frac{1}{\sqrt{2\pi\sigma^2 t}} e^{-\frac{(x-\mu t)^2}{2\sigma^2 t}}\, dx \\ &= \int_{\alpha_t}^{\infty} \left(e^{\mu t + z\sigma\sqrt{t}} - A\right) \frac{1}{\sqrt{2\pi}} e^{-\frac{z^2}{2}}\, dz, \end{aligned}$$

où

$$\alpha_t = \frac{\ln(A) - \mu t}{\sigma\sqrt{t}} = \frac{\ln(A)}{\sigma\sqrt{t}} + \frac{\sigma\sqrt{t}}{2}.$$

Finalement, on obtient

$$E\left((e^{X(t)} - A)^+\right) = e^{\mu t + \sigma^2 t/2} \int_{\alpha_t - \sigma\sqrt{t}}^{\infty} \frac{1}{\sqrt{2\pi}} e^{-\frac{z^2}{2}}\, dz - A \int_{\alpha_t}^{\infty} \frac{1}{\sqrt{2\pi}} e^{-\frac{z^2}{2}}\, dz.$$

Cela donne la formule, car $\mu t + \sigma^2 t/2 = 0$ et la fonction $\Phi(z)$ est symétrique par rapport à $z = 0$.

5.2.4 Exemple : prix juste d'une option d'Apple

Le 13 mars 2012 l'action d'Apple (AAPL) vaut 568 dollars à la clôture du Nasdaq. Une option d'achat à 600 dollars à être exercée le 15 juin 2012, soit trois mois plus tard, est offerte au prix de 20 dollars. La volatilité historique de l'action d'Apple est estimée à $\sigma = 0{,}20$ par an. Cela implique notamment que la variation relative de sa valeur sur une année est d'au plus 20 % en plus ou en moins avec probabilité d'environ 0,68. D'autre part, le taux d'intérêt sans risque sur les bons du trésor américains pour une période de trois mois est pratiquement nul, à 0,08 %.

La formule de Black-Scholes donne alors

$$C(1/4) = 568\left(\Phi\left(0{,}2\sqrt{1/4} - \alpha_{1/4}\right) - \frac{600}{568}\Phi(-\alpha_{1/4})\right),$$

où

$$\alpha_{1/4} = \frac{\ln(600) - \ln(568)}{0{,}2\sqrt{1/4}} + \frac{0{,}2\sqrt{1/4}}{2} = 0{,}65.$$

Finalement, on obtient

$$C(1/4) = 568\left(\Phi\left(-0{,}55\right) - 1{,}06\Phi(-0{,}65)\right) = 9{,}58.$$

C'est bien moins que les 20 dollars demandés.

5.3 *Exercices

5.1. Déterminer la covariance entre $B(s)$ et $B(t)$ pour tous $s, t \geq 0$, où $\{B(t)\}_{t\geq 0}$ est un mouvement brownien standard.

5.2. En utilisant la formule de Black-Scholes, déterminer le prix juste d'une option d'achat à 50 dollars dans 6 mois sur une action qui en vaut aujourd'hui 55 et dont la volatilité est estimée à 0,4 alors que le taux d'intérêt sans risque est de 5% par an.

Chapitre 6

Corrigés des exercices

Avertissement

Ces corrigés des exercices du cours de processus stochastiques sont à utiliser avec précaution par les étudiants. Ce n'est pas qu'ils soient dangereux, mais ils conduisent vite à la dépendance. Essayer de résoudre un exercice est le moyen par excellence pour vérifier si la matière du cours est bien comprise, pour identifier les difficultés qu'elle pose, et pour l'assimiler de façon durable. Le corrigé de l'exercice, même dans ses grandes lignes comme cela est souvent le cas ici, ne devrait donc servir qu'à confirmer une solution ou tout au moins une idée de solution. Consulter le corrigé avant même d'essayer de faire l'exercice est se priver de la meilleure méthode d'apprentissage qui soit : la pratique. Or, la tentation est grande de renoncer à l'effort à la moindre difficulté lorsque le corrigé est à portée de main. Et tout semble si facile lorsqu'on le voit écrit comme du premier jet, concis, direct, sans essai et erreur. Mais cela n'est qu'illusion. Alors soyez prévenus !

Corrigés du chapitre 1

1.1. (a) La probabilité est

$$P_{10} \times P_{00} \times P_{00} = \frac{1}{4} \times \frac{1}{2} \times \frac{1}{2} = \frac{1}{16}.$$

(b) La probabilité est $P_{10}^{(3)} = 1/4$, car

$$P^{(3)} = P^3 = \begin{pmatrix} 5/16 & 1/2 & 3/16 \\ 1/4 & 1/2 & 1/4 \\ 3/16 & 1/2 & 5/16 \end{pmatrix}.$$

1.2. On a les équations

$$\begin{aligned}
P_{00}^{(2)} &= P_{00}P_{00} + P_{01}P_{10} = P_{00}^2 + (1 - P_{00})P_{10},\\
P_{10}^{(2)} &= P_{10}P_{00} + P_{11}P_{10} = P_{10}(P_{00} + P_{11}) = P_{10}(P_{00} + (1 - P_{10})).
\end{aligned}$$

On obtient donc

$$\begin{aligned}
P_{00}^{(2)} - P_{10}^{(2)} &= P_{00}^2 + (1 - P_{00})P_{10} - P_{10}(P_{00} + (1 - P_{10}))\\
&= P_{00}^2 - 2P_{00}P_{10} + P_{10}^2\\
&= (P_{00} - P_{10})^2 \geq 0.
\end{aligned}$$

1.3. (a) Les états sont 0, 1 et 2 et ils représentent le nombre de machines-outils en état de fonctionnement le matin. On ne peut être à l'état 0 qu'initialement. La matrice de transition est

$$P = \begin{pmatrix} 0 & 1 & 0 \\ 0 & 0{,}1 & 0{,}9 \\ 0 & 0{,}01 & 0{,}99 \end{pmatrix}.$$

(b) On peut considérer les états suivants pour les deux machines-outils le matin :
- deux en fonction (0) ;
- une en fonction et l'autre avec aucune nuit de réparation (1) ;
- une en fonction et l'autre avec une nuit de réparation (2) ;
- aucune en fonction, donc une avec une nuit de réparation et l'autre avec aucune (3).

La matrice de transition est

$$P = \begin{pmatrix} 0{,}81 & 0 & 0{,}18 & 0{,}01 \\ 0 & 0 & 0{,}9 & 0{,}1 \\ 0{,}9 & 0{,}1 & 0 & 0 \\ 0 & 1 & 0 & 0 \end{pmatrix}.$$

1.4. La distance entre les deux coccinelles est 0, 1 ou 2 et la matrice de transition est

$$\begin{pmatrix} 1 & 0 & 0 \\ 0 & 3/4 & 1/4 \\ 1/4 & 1/4 & 1/2 \end{pmatrix}.$$

Si ν_i représente le temps moyen avant d'atteindre 0 à partir de i, alors on a

$$\begin{aligned}\nu_0 &= 0,\\ \nu_1 &= \frac{3}{4}\nu_1 + \frac{1}{4}\nu_2 + 1,\\ \nu_2 &= \frac{1}{4}\nu_0 + \frac{1}{4}\nu_1 + \frac{1}{2}\nu_2 + 1,\end{aligned}$$

d'où $\nu_2 = 8$.

1.5. (a) En notant u_i la probabilité pour A d'être déclaré vainqueur à partir du moment où il a i points d'avance, pour $i = -2, -1, 0, 1, 2$, on obtient

$$\begin{aligned}u_{-1} &= pu_0 + (1-p)u_{-2},\\ u_0 &= pu_1 + (1-p)u_{-1},\\ u_1 &= pu_2 + (1-p)u_0,\end{aligned}$$

avec $u_{-2} = 0$ et $u_2 = 1$. On trouve alors

$$u_0 = 2p(1-p)u_0 + p^2 = \frac{p^2}{1-2p(1-p)}.$$

(b) En notant μ_i le nombre moyen de fois supplémentaires que le joueur A aura un point d'avance à partir du moment où il en a i, on obtient

$$\begin{aligned}\mu_{-1} &= p\mu_0 + (1-p)\mu_{-2},\\ \mu_0 &= p(\mu_1 + 1) + (1-p)\mu_{-1},\\ \mu_1 &= p\mu_2 + (1-p)\mu_0,\end{aligned}$$

avec $\mu_2 = \mu_{-2} = 0$. On trouve alors

$$\mu_0 = 2p(1-p)\mu_0 + p = \frac{p}{1-2p(1-p)}.$$

1.6. Les 8 états sont $FFF, FFP, FPF, FPP, PFF, PFP, PPF$ et PPP, où par exemple FPP signifie que le n-ième jet donne face et que les deux suivants donnent chacun pile. On définit

$$u_{ijk} = Pr(PPP \text{ avant } FFF \mid \text{départ de } ijk).$$

On trouve $u_{FPF} = 3/7$ en résolvant le système d'équations

$$u_{FPF} = \frac{1}{2}u_{PFF} + \frac{1}{2}u_{PFP}, \quad u_{FPP} = \frac{1}{2}u_{PPF} + \frac{1}{2}u_{PPP},$$
$$u_{PFF} = \frac{1}{2}u_{FFF} + \frac{1}{2}u_{FFP}, \quad u_{PFP} = \frac{1}{2}u_{FPF} + \frac{1}{2}u_{FPP},$$
$$u_{PPF} = \frac{1}{2}u_{PFF} + \frac{1}{2}u_{PFP}, \quad u_{FFP} = \frac{1}{2}u_{FPF} + \frac{1}{2}u_{FPP},$$

avec $u_{FFF} = 0$ et $u_{PPP} = 1$.

1.7. On calcule

Pr(extinction la première année | état 1 initialement) $= 0{,}3$;
Pr(extinction la deuxième année | état 1 initialement) $= 0{,}7 \times 0{,}2$;
Pr(extinction la troisième année | état 1initialement) $= (0{,}7)^2 \times 0{,}1$.

L'espèce de fleurs ne peut pas s'éteindre après la troisième année. La somme des probabilités ci-dessus donne donc la probabilité de son extinction étant donné qu'elle est en voie de disparition.

1.8. On a

$$\varphi(s) = \sum_{k\geq 0}(1-p)p^k s^k = \frac{1-p}{1-ps},$$

et donc

$$\varphi'(1) = \sum_{k\geq 1} k(1-p)p^k = \frac{p}{1-p}.$$

(a) et (b) Si $p \leq \frac{1}{2}$, alors $\varphi'(1) \leq 1$ et la probabilité d'extinction est égale à 1. Le nombre total moyen de descendants est alors

$$\sum_{n=0}^{\infty}\left(\frac{p}{1-p}\right)^n = \frac{1-p}{1-2p}.$$

(c) Si $p > \frac{1}{2}$, alors $\varphi'(1) > 1$ et la probabilité d'extinction est la solution dans $[0,1)$ de l'équation $\varphi(u) = u$, qui est $u = (1-p)/p$.

1.9. La probabilité d'extinction est inférieure à 1, car $\varphi'(1) = 3/2 > 1$. En posant $\varphi(u) = u$ et en sachant que $\varphi(1) = 1$, on obtient l'équation

$$u^3 - 2u + 1 = (u-1)(u^2+u-1) = 0.$$

La plus petite solution dans $[0,1]$ est $u = (\sqrt{5}-1)/2$. La probabilité cherchée est donc $u^2 = (3-\sqrt{5})/2$.

1.10. En considérant seulement les générations paires, la fonction génératrice du nombre de petits-enfants de tout individu est

$$\psi(\varphi(s)) = \frac{9}{16}s^2 + \frac{7}{16}.$$

La probabilité d'extinction de la population est $7/9$, soit la plus petite solution de $\psi(\varphi(u)) = u$ dans $[0,1]$.

1.11. Le nombre de plantes issues d'une plante d'un printemps au suivant est 0, 1, 2 ou 3 avec la même probabilité $1/4$.

(a) Le nombre moyen est $1{,}5 > 1$, et donc l'extinction n'est pas certaine.

(b) La probabilité d'extinction est $\sqrt{2}-1$, qui est la plus petite solution dans $[0,1]$ de l'équation

$$\varphi(u) - u = \frac{1}{4} + \frac{1}{4}u + \frac{1}{4}u^2 + \frac{1}{4}u^3 - u = (1-u)\left(\frac{1}{4} - \frac{1}{2}u - \frac{1}{4}u^2\right) = 0.$$

1.12. (a) L'extinction n'est pas certaine, car le nombre moyen d'individus produits par individu est $3 \times (1/2) > 1$.

(b) On a

$$\varphi(s) = \left(\frac{s}{2} + \frac{1}{2}\right)^3 = s$$

si et seulement si

$$s^3 + 3s^2 - 5s + 1 = (s-1)(s^2 + 4s - 1) = 0,$$

c'est-à-dire si et seulement si $s = 1$ ou $s = -2 \pm \sqrt{5}$. La probabilité d'extinction est donnée par u^2, où $u = -2 + \sqrt{5}$.

1.13. (a) Les états sont $1, \ldots, 6$ et la matrice de transition est

$$P = \begin{pmatrix} 1/6 & 1/6 & 1/6 & 1/6 & 1/6 & 1/6 \\ 0 & 2/6 & 1/6 & 1/6 & 1/6 & 1/6 \\ 0 & 0 & 3/6 & 1/6 & 1/6 & 1/6 \\ 0 & 0 & 0 & 4/6 & 1/6 & 1/6 \\ 0 & 0 & 0 & 0 & 5/6 & 1/6 \\ 0 & 0 & 0 & 0 & 0 & 1 \end{pmatrix}.$$

(b) Les états $1, 2, 3, 4$ et 5 sont transients et apériodiques, car la probabilité de ne jamais retourner à i à partir de i est supérieure à $(6-i)/6 > 0$ et $P_{ii} = i/6 > 0$, pour $i = 1, \ldots, 5$. L'état 6 est récurrent positif apériodique, donc ergodique, car $P_{66} = 1$.

1.14. (a) La classe $\{0, 1\}$ est transiente, car non fermée, et périodique de période 2, car on peut retourner à 0 à partir de 0 avec probabilité strictement positive en $2k$ pas pour $k = 1, 2, \ldots$, d'où $d(0) = 2$; la classe $\{2, 3, 4\}$ est récurrente positive, car fermée sur un nombre fini d'états, et apériodique, car on peut retourner à 4 à partir de 4 avec probabilité strictement positive au moins en 2 ou 3 pas, dont le pgcd est égal à 1, d'où $d(4) = 1$, donc ergodique.

(b) La classe $\{0, 1, 2, 3\}$ est transiente, car non fermée, et apériodique, car $d(0) = \text{pgcd}\{3, 4, \ldots\} = 1$; la classe $\{4, 5, 6\}$ est récurrente positive, car fermée sur un nombre fini d'états, et apériodique, car on a $d(6) = \text{pgcd}\{1, \ldots\} = 1$, donc ergodique.

1.15. (a) Chacun des trois états forme une classe, car aucun ne communique avec un autre. L'état 1 est absorbant, donc ergodique (c'est-à-dire récurrent positif et apériodique). Si on est dans l'état 0 ou dans l'état 2, alors il y a une probabilité strictement positive d'atteindre ultimement l'état 1 et donc de ne jamais retourner à l'état de départ. Par conséquent, les états 0 et 2 sont transients. De plus, ces états sont apériodiques, car on peut y retourner en un seul pas avec probabilité strictement positive.

(b) On utilise $P^{(n)} = P^n = QD^nQ^{-1}$, où Q est une matrice inversible dont les colonnes sont des vecteurs propres à droite et D est la matrice diagonale des valeurs propres. En résolvant

$$\det(P - \lambda I) = \left(\frac{1}{2} - \lambda\right)(1 - \lambda)\left(\frac{1}{4} - \lambda\right) = 0,$$

on trouve les valeurs propres 1, 1/2 et 1/4. On a donc

$$D = \begin{pmatrix} 1 & 0 & 0 \\ 0 & 1/2 & 0 \\ 0 & 0 & 1/4 \end{pmatrix}.$$

Un vecteur propre à droite associé à la valeur propre λ est un vecteur $\mathbf{v}_\lambda = (x_\lambda, y_\lambda, z_\lambda)$ tel que $P\mathbf{v}_\lambda = \lambda\mathbf{v}_\lambda$. En posant $x_1 = 1$, $z_{1/2} = 1$ et $x_{1/4} = 1$, on trouve facilement que $\mathbf{v}_1 = (1, 1, 1)$, $\mathbf{v}_{1/2} = (0, 0, 1)$ et $\mathbf{v}_{1/4} = (1, 0, -2)$, d'où

$$Q = \begin{pmatrix} 1 & 0 & 1 \\ 1 & 0 & 0 \\ 1 & 1 & -2 \end{pmatrix} \quad \text{et} \quad Q^{-1} = \begin{pmatrix} 0 & 1 & 0 \\ 2 & -3 & 1 \\ 1 & -1 & 0 \end{pmatrix}.$$

Finalement, on obtient

$$P^{(n)} = \begin{pmatrix} 1 & 0 & 1 \\ 1 & 0 & 0 \\ 1 & 1 & -2 \end{pmatrix} \begin{pmatrix} 1 & 0 & 0 \\ 0 & \left(\frac{1}{2}\right)^n & 0 \\ 0 & 0 & \left(\frac{1}{4}\right)^n \end{pmatrix} \begin{pmatrix} 0 & 1 & 0 \\ 2 & -3 & 1 \\ 1 & -1 & 0 \end{pmatrix}$$

$$= \begin{pmatrix} \left(\frac{1}{4}\right)^n & 1 - \left(\frac{1}{4}\right)^n & 0 \\ 0 & 1 & 0 \\ \left(\frac{1}{2}\right)^{n-1}\left(1 - \frac{1}{2^n}\right) & 1 - 3\left(\frac{1}{2}\right)^n + \left(\frac{1}{2}\right)^{2n-1} & \left(\frac{1}{2}\right)^n \end{pmatrix}.$$

(c) On a

$$\lim_{n\to\infty} P^{(n)} = Q(\lim_{n\to\infty} D^n)Q^{-1} = Q\begin{pmatrix} 1 & 0 & 0 \\ 0 & 0 & 0 \\ 0 & 0 & 0 \end{pmatrix}Q^{-1} = \begin{pmatrix} 0 & 1 & 0 \\ 0 & 1 & 0 \\ 0 & 1 & 0 \end{pmatrix}.$$

1.16. (a) Il faut que $n \geq |j-i|$ et que $n+j-i$ soit pair afin que la probabilité $P_{ij}^{(n)}$ soit non nulle. Il y a alors $(n+j-i)/2$ croissances d'une unité et $n-(n+j-i)/2 = (n-j+i)/2$ décroissances d'une unité, d'où

$$P_{ij}^{(n)} = \binom{n}{(n+j-i)/2} p^{(n+j-i)/2}(1-p)^{(n-j+i)/2}.$$

Puisque $P_{ij}^{(n)} > 0$ et $P_{ji}^{(n)} > 0$ pour tout $n \geq |j-i|$ tel que $n+j-i$ est pair, alors tous les états communiquent entre eux et la chaîne est irréductible.

(b) Puisque tous les états communiquent entre eux, ils sont tous du même type. Il suffit donc de montrer que $\lim_{n\to\infty} P_{00}^{(n)} = 0$ pour exclure la possibilité que l'état 0, et alors aussi tout autre état, soit récurrent positif. Pour tout $n \geq 1$, on a $P_{00}^{(2n+1)} = 0$ et

$$\begin{aligned} P_{00}^{(2n)} &= \binom{2n}{n} p^n q^n = \frac{(2n)!}{n!\,n!} p^n q^n \\ &= \frac{(2n)!}{(2n)^{2n+1/2}e^{-2n}\sqrt{2\pi}} \times \left(\frac{n^{n+1/2}e^{-n}\sqrt{2\pi}}{n!}\right)^2 \times \frac{(4pq)^n}{\sqrt{n\pi}}, \end{aligned}$$

avec $0 < 4pq < 1$, d'où

$$\lim_{n\to\infty} P_{00}^{(2n)} = 1 \times 1^2 \times 0 = 0.$$

(c) On considère

$$a_n = \frac{(4pq)^n}{\sqrt{n\pi}} \quad \text{et} \quad b_n = P_{00}^{(2n)} = \binom{2n}{n} p^n q^n.$$

Avec les mêmes calculs qu'en (b), on a $\lim_{n\to\infty} a_n/b_n = 1$, et alors $\sum_{n=1}^{\infty} a_n$ et $\sum_{n=1}^{\infty} b_n$ convergent ou divergent ensemble. Si $p = 1/2$, alors $pq = 1/4$ et on a

$$\sum_{n=1}^{\infty} a_n = \sum_{n=1}^{\infty} \frac{1}{\sqrt{n\pi}} > \sum_{n=1}^{\infty} \frac{1}{n\pi} = \infty.$$

Tous les états sont récurrents positifs puisqu'en (b) on a montré que $\lim_{n\to\infty} P_{00}^{(n)} = 0$. Si $p \neq 1/2$, alors tous les états sont transients, car $r = 4pq < 1$ et

$$\sum_{n=1}^{\infty} a_n < \sum_{n=1}^{\infty} \frac{r^n}{\sqrt{n}} < \sum_{n=1}^{\infty} r^n < \infty.$$

1.17. La matrice de transition pour la réponse à une question (0 pour Vrai et 1 pour Faux) d'une question à la suivante est

$$P = \begin{pmatrix} 3/4 & 1/4 \\ 1/3 & 2/3 \end{pmatrix}.$$

La chaîne est irréductible sur un nombre fini d'états, donc récurrente positive, et la fraction moyenne des réponses Vrai sur un grand nombre de questions est donnée par $\pi_0 = 4/7$ de la distribution stationnaire $\boldsymbol{\pi} = (\pi_0, \pi_1)$, qui satisfait $\pi_0 > 0$, $\pi_1 = 1 - \pi_0 > 0$ et $\boldsymbol{\pi} P = \boldsymbol{\pi}$.

1.18. La chaîne étant irréductible apériodique sur un nombre fini d'états (représentés par 0, 1 et 2), donc ergodique, la répartition des familles à long terme est donnée par la distribution stationnaire $\boldsymbol{\pi} = (\pi_0, \pi_1, \pi_2)$ qui satisfait $\boldsymbol{\pi} P = \boldsymbol{\pi}$ avec $\pi_0 + \pi_1 + \pi_2 = 1$ et $\pi_0, \pi_1, \pi_2 > 0$. On trouve $\pi_0 = 3/10, \pi_1 = 1/2$ et $\pi_2 = 1/5$.

1.19. La chaîne étant récurrente positive car irréductible sur un nombre fini d'états, la distribution stationnaire existe.

(a) La proportion moyenne de victoires est donnée par π_V de la distribution stationnaire qui satisfait

$$\pi_V = \frac{3}{4}\pi_V + \frac{1}{2}\pi_N,$$
$$\pi_D = \frac{3}{4}\pi_D + \frac{3}{4}\pi_N,$$

avec $\pi_V + \pi_D + \pi_N = 1$. On déduit que

$$\pi_D = \pi_N = \frac{\pi_V}{2},$$

d'où $\pi_V = 1/2$.

(b) L'espérance du nombre de parties est donnée par

$$\mu_V = \frac{1}{\pi_V} = 2.$$

1.20. On définit

$$X_n = \begin{cases} 0 & \text{si } S_n \text{ est un multiple de 6,} \\ 1 & \text{sinon.} \end{cases}$$

La matrice de transition pour cette chaîne irréductible récurrente positive est alors

$$P = \begin{pmatrix} 1/6 & 5/6 \\ 1/6 & 5/6 \end{pmatrix}.$$

Par le théorème ergodique, quelle que soit la valeur prise par X_0, la probabilité que $X_n = 0$ converge vers π_0 de la distribution stationnaire donnée par $\boldsymbol{\pi} = (\pi_0, \pi_1)$ qui satisfait $\boldsymbol{\pi} P = \boldsymbol{\pi}$ avec $\pi_0 + \pi_1 = 1$ et $0 < \pi_0 = 1 - \pi_1 < 1$. On trouve $\pi_0 = 1/6$.

1.21. (a) On a $\lim_{n\to\infty} P_{00}^{(n)} = 0$, car l'état 0 est transient.

(b) On a $\lim_{n\to\infty} P_{01}^{(n)} = f_{01} \times \pi_1$, où (π_1, π_2) est la distribution stationnaire de la classe $\{1, 2\}$, car cette classe est ergodique. On trouve les relations

$$f_{01} = \frac{1}{2} f_{21} + \frac{1}{4} f_{31} + \frac{1}{4} f_{41} = \frac{1}{2} + \frac{1}{4} f_{01}$$

et

$$\pi_1 = \frac{1}{2}\pi_1 + \frac{1}{4}(1 - \pi_1),$$

d'où

$$f_{01} \times \pi_1 = \frac{2}{3} \times \frac{1}{3} = \frac{2}{9}.$$

1.22. (a) Le nombre d'unités à la fin d'une journée est 0, 1, 2 ou 3 et la matrice de transition d'une journée à la suivante est

$$P = \begin{pmatrix} 1/10 & 2/10 & 4/10 & 3/10 \\ 1/10 & 2/10 & 4/10 & 3/10 \\ 3/10 & 4/10 & 3/10 & 0 \\ 1/10 & 2/10 & 4/10 & 3/10 \end{pmatrix}.$$

(b) La chaîne étant irréductible sur un nombre fini d'états, donc récurrente positive, la distribution stationnaire existe. On trouve

$$\pi_0 = \frac{19}{110}, \quad \pi_1 = \frac{3}{11}, \quad \pi_2 = \frac{4}{11}, \quad \pi_3 = \frac{21}{110},$$

en résolvant $\boldsymbol{\pi} P = \boldsymbol{\pi}$ pour $\boldsymbol{\pi} = (\pi_0, \pi_1, \pi_2, \pi_3)$ avec $\pi_0 + \pi_1 + \pi_2 + \pi_3 = 1$. Le coût moyen par jour à long terme pour garder les invendus durant la nuit est

$$2 \times \pi_1 + 4 \times \pi_2 + 6 \times \pi_3 = \frac{173}{55}.$$

D'autre part, le profit brut moyen des ventes par jour à long terme est

$$(\pi_0 + \pi_1 + \pi_3) \times \left(0 \times \frac{3}{10} + 12 \times \frac{4}{10} + 24 \times \frac{2}{10} + 36 \times \frac{1}{10}\right) + \pi_2 \times \left(0 \times \frac{3}{10} + 12 \times \frac{4}{10} + 24 \times \frac{3}{10}\right) = \frac{702}{55}.$$

Le profit net moyen par jour à long terme est donc donné par

$$\frac{702 - 173}{55} = \frac{529}{55}.$$

Si l'inventaire est toujours renouvelé à 3 unités pour le lendemain, alors on obtient un profit net moyen par jour à long terme de 93/10 en procédant de la même manière que précédemment mais en utilisant la matrice de transition

$$P = \begin{pmatrix} 1/10 & 2/10 & 4/10 & 3/10 \\ 1/10 & 2/10 & 4/10 & 3/10 \\ 1/10 & 2/10 & 4/10 & 3/10 \\ 1/10 & 2/10 & 4/10 & 3/10 \end{pmatrix}.$$

1.23. On considère la matrice de transition

$$P = \begin{pmatrix} 1/2 & 1/2 & 0 & 0 \\ 1/2 & 1/2 & 0 & 0 \\ 0 & 0 & 1/2 & 1/2 \\ 0 & 0 & 1/2 & 1/2 \end{pmatrix}.$$

Les classes $\{0, 1\}$ et $\{2, 3\}$ sont bien ergodiques, car ce sont des classes fermées sur un nombre fini d'états qui sont apériodiques. La solution de l'équation $\boldsymbol{\pi} P = \boldsymbol{\pi}$ pour $\boldsymbol{\pi} = (\pi_0, \pi_1, \pi_2, \pi_3)$ avec $\pi_0+\pi_1+\pi_2+\pi_3 = 1$ et $\pi_0, \pi_1, \pi_2, \pi_3 > 0$ est $\boldsymbol{\pi} = (p/2, p/2, (1-p)/2, (1-p)/2)$, pour $0 < p < 1$. La distribution stationnaire de P n'est donc pas unique.

1.24. On remarque qu'on peut atteindre n'importe quel état à partir de n'importe quel état avec une probabilité strictement positive en 5 pas ou moins, car

$$P_{01} \times P_{12} \times P_{23} \times P_{34} \times P_{40} > 0,$$

d'où P^5 est strictement positive, et donc la chaîne est régulière. Pour trouver la distribution stationnaire, on résout l'équation $\boldsymbol{\pi} P = \boldsymbol{\pi}$ pour $\boldsymbol{\pi} = (\pi_0, \pi_1, \pi_2, \pi_3, \pi_4)$ avec $\pi_0 + \cdots + \pi_4 = 1$ et $\pi_0, \ldots, \pi_4 > 0$. On trouve

$$\pi_k = \frac{3/4}{1 - (1/4)^5} \left(\frac{1}{4}\right)^k, \text{ pour } k = 0, 1, \ldots, 4.$$

1.25. La matrice de transition sur les sites 0, 1 et 2 est

$$P = \begin{pmatrix} 0 & p & 1-p \\ 1-p & 0 & p \\ p & 1-p & 0 \end{pmatrix}.$$

Dans tous les cas, la chaîne est irréductible sur un nombre fini d'états, donc récurrente positive, et la distribution stationnaire est donnée par $(1/3, 1/3, 1/3)$, car P est doublement stochastique sur 3 états.

(a) Si $0 < p < 1$, alors la chaîne est apériodique, et dans tous les cas, on a

$$\lim_{n\to\infty} P_{ij}^{(n)} = \frac{1}{3}.$$

Si $p = 0$ ou 1, alors la chaîne est périodique de période 3, et la limite ci-dessus n'existe jamais.

(b) Dans tous les cas, on a

$$\lim_{n\to\infty} \frac{1}{n} \sum_{k=0}^{n-1} P_{ij}^{(k)} = \frac{1}{3}.$$

(c) En ajoutant un site 3, la chaîne irréductible devient récurrente positive périodique, de période de 2 si $0 < p < 1$ ou de période 4 si $p = 0$ ou 1, et la distribution stationnaire est $(1/4, 1/4, 1/4, 1/4)$. Donc, on a

$$\lim_{n\to\infty} \frac{1}{n} \sum_{k=0}^{n-1} P_{ij}^{(k)} = \frac{1}{4},$$

bien que $\lim_{n\to\infty} P_{ij}^{(n)}$ n'existe jamais.

1.26. Il y a 3 classes d'états : $C_1 = \{DD\}$ et $C_2 = \{RR\}$, qui sont récurrentes positives apériodiques donc ergodiques, et une troisième classe $C_3 = \{DH, DR, HH, HR\}$, qui est transiente apériodique. Donc,

$$\lim_{n\to\infty} P_{HH,E}^{(n)} = 0,$$

pour tout état E dans C_3. De plus, en partant de HH, soit on atteint DD et on n'en sort jamais, soit on atteint RR et on n'en sort jamais. On définit

$$u_E = Pr(\text{atteindre } DD \mid \text{départ de } E).$$

On trouve

$$\lim_{n\to\infty} P_{HH,DD}^{(n)} = u_{HH} = \frac{1}{2},$$

et donc

$$\lim_{n\to\infty} P_{HH,RR}^{(n)} = 1 - u_{HH} = \frac{1}{2},$$

en résolvant le système d'équations

$$\begin{aligned}
u_{DH} &= \frac{1}{4}u_{DD} + \frac{1}{2}u_{DH} + \frac{1}{4}u_{HH},\\
u_{HH} &= \frac{1}{16}u_{DD} + \frac{1}{16}u_{RR} + \frac{1}{4}u_{DH} + \frac{1}{8}u_{DR} + \frac{1}{4}u_{HH} + \frac{1}{4}u_{HR},\\
u_{HR} &= \frac{1}{4}u_{HH} + \frac{1}{2}u_{HR},
\end{aligned}$$

avec les conditions $u_{DD} = 1$, $u_{RR} = 0$ et $u_{DR} = u_{HH}$.

1.27. (a) On obtient bien les équations de stationnarité, soit

$$\begin{aligned}
\pi_0 &= \frac{1}{2^m} = \pi_1 \times \frac{1}{m},\\
\pi_m &= \frac{1}{2^m} = \pi_{m-1} \times \frac{1}{m},\\
\pi_i &= \frac{m!}{i!(m-i)!2^m} = \pi_{i-1} \times \frac{m-i+1}{m} + \pi_{i+1} \times \frac{i+1}{m},
\end{aligned}$$

pour $i = 1, \ldots, m-1$.

(b) Non, car $\pi_i > 0$ et $P_{ii}^{(n)} = 0$ pour tout n impair et pour tout état i, la chaîne étant périodique de période 2.

1.28. À partir de 0, on peut atteindre tout autre état et retourner à 0 avec une probabilité strictement positive. La chaîne est donc irréductible. Les équations de stationnarité donnent

$$\pi_i = \left(\frac{p}{1-q}\right)\pi_{i-1} = \left(\frac{p}{1-q}\right)^i \pi_0 > 0,$$

pour tout $i \geq 0$, avec $\sum_{i\geq 0} \pi_i = 1$ si

$$\pi_0 = \frac{1-(p+q)}{1-q} > 0.$$

La distribution stationnaire existe, et donc la chaîne est récurrente positive, pour tous $p, q > 0$ avec $p + q < 1$. De plus, on a $\mu_0 = 1/\pi_0$.

1.29. (a) La chaîne est irréductible, car tous les états communiquent avec l'état 0, et donc ils communiquent entre eux. Les équations de stationnarité donnent

$$\pi_i = \frac{1}{2i}\pi_{i-1} = \left(\frac{1}{2}\right)^i \frac{1}{i!}\pi_0,$$

pour tout $i \geq 1$, avec

$$\sum_{i\geq 0} \pi_i = \pi_0\sqrt{e},$$

d'où il existe une distribution stationnaire avec $\pi_0 = 1/\sqrt{e}$. La chaîne est donc récurrente positive. De plus, elle est apériodique, car on a $P_{00} = 1/2 > 0$. La chaîne est donc ergodique.

(b) On a

$$\lim_{n\to\infty} P_{02}^{(n)} = f_{02} \times \frac{1}{\mu_2},$$

où $f_{02} = 1$, car 0 et 2 appartiennent à la même classe récurrente, et

$$\frac{1}{\mu_2} = \pi_2 = \frac{1}{8\sqrt{e}}.$$

La limite existe, car l'état 2 est apériodique.

1.30. On considère les états GG, GP, PG et PP qui représentent les résultats possibles de deux parties consécutives, où G désigne un gain et P une perte. La matrice de transition est

$$P = \begin{pmatrix} 3/4 & 1/4 & 0 & 0 \\ 0 & 0 & 2/3 & 1/3 \\ 2/3 & 1/3 & 0 & 0 \\ 0 & 0 & 1/2 & 1/2 \end{pmatrix}.$$

La chaîne est ergodique et la distribution stationnaire est donnée par

$$\pi_{GG} = \frac{1}{2}, \quad \pi_{GP} = \pi_{PG} = \frac{3}{16}, \quad \pi_{PP} = \frac{1}{8}.$$

On a donc

$$\lim_{n\to\infty} Pr(\text{gain à la partie } n) = \frac{3}{4}\pi_{GG} + \frac{2}{3}(\pi_{GP} + \pi_{PG}) + \frac{1}{2}\pi_{PP} = \frac{11}{16}.$$

Le gain moyen par partie à long terme de ce joueur est donc

$$\frac{11}{16} \times 1 + \frac{5}{16} \times (-2) = \frac{1}{16} > 0.$$

On conclut que la machine à sous n'est pas profitable pour le casino.

1.31. En considérant l'espérance du nombre de jours nuageux supplémentaires étant donné le temps des deux derniers jours, la méthode de conditionnement sur la première transition donne le système d'équations

$$\tau_{NN} = \frac{1}{2}(\tau_{NN} + 1) + \frac{1}{2}\tau_{NS},$$
$$\tau_{NS} = \frac{1}{3}(\tau_{SN} + 1) + \frac{2}{3}\tau_{SS},$$

avec $\tau_{SN} = \tau_{NN}$ et $\tau_{SS} = 0$. On trouve $\tau_{NN} = 2$.

1.32. En considérant comme états les résultats des deux derniers paniers, représentés par MM, MR, RM ou RR avec M pour manqué et R pour réussi, la matrice de transition est

$$P = \begin{pmatrix} 1/2 & 1/2 & 0 & 0 \\ 0 & 0 & 1/3 & 2/3 \\ 1/3 & 2/3 & 0 & 0 \\ 0 & 0 & 1/4 & 3/4 \end{pmatrix}.$$

(a) En définissant τ_{ij} comme l'espérance du nombre de tentatives, en excluant les deux premières, pour réussir deux paniers consécutifs étant donné que les résultats des deux premières sont ij, pour $i, j = M$ ou R, on obtient $\tau_{MM} = 13/3$ en résolvant le système d'équations

$$\tau_{MM} = \frac{1}{2}\tau_{MM} + \frac{1}{2}\tau_{MR} + 1, \qquad \tau_{MR} = \frac{1}{3}\tau_{RM} + \frac{2}{3}\tau_{RR} + 1,$$
$$\tau_{RM} = \frac{1}{3}\tau_{MM} + \frac{2}{3}\tau_{MR} + 1, \qquad \tau_{RR} = 0.$$

(b) En définissant ν_{ij} comme l'espérance du nombre de paniers réussis sur toutes les tentatives en (a) étant donné que les résultats des deux premières tentatives sont ij, pour $i, j = M$ ou R, on trouve $\nu_{MM} = 5/2$ en résolvant

$$\nu_{MM} = \frac{1}{2}\nu_{MM} + \frac{1}{2}(\nu_{MR} + 1), \qquad \nu_{MR} = \frac{1}{3}\nu_{RM} + \frac{2}{3}(\nu_{RR} + 1),$$
$$\nu_{RM} = \frac{1}{3}\nu_{MM} + \frac{2}{3}(\nu_{MR} + 1), \qquad \nu_{RR} = 0.$$

1.33. (a) Pour $i = 0, 1, 2, 3$, on définit

$$u_i = Pr(\text{niveau } 0 \text{ avant niveau } 3 \mid \text{niveau } i).$$

On obtient le système d'équations

$$\begin{aligned} u_1 &= \frac{3}{4}u_1 + \frac{1}{8}u_2 + \frac{1}{8}u_0, \\ u_2 &= \frac{3}{4}u_1 + \frac{1}{8}u_3 + \frac{1}{8}u_0, \end{aligned}$$

avec $u_0 = 1$ et $u_3 = 0$. On trouve $u_1 = 9/10$.

(b) On a

$$\begin{aligned} \nu_1 &= \frac{3}{4}(\nu_1 + 1) + \frac{1}{8}\nu_2 + \frac{1}{8}\nu_0, \\ \nu_2 &= \frac{3}{4}(\nu_1 + 1) + \frac{1}{8}\nu_3 + \frac{1}{8}\nu_0, \end{aligned}$$

avec $\nu_0 = \nu_3 = 0$, où

$$\nu_i = E(\text{temps sans réclamation avant niveau 0 ou 3} \mid \text{niveau } i),$$

avec une année comme unité de temps, pour $i = 0, 1, 2, 3$. On trouve $\nu_1 = 5{,}4$.

1.34. (a) La matrice de transition est

$$P = \begin{pmatrix} 1 & 0 & 0 & 0 & 0 \\ 1/3 & 0 & 2/3 & 0 & 0 \\ 0 & 1/3 & 1/3 & 1/3 & 0 \\ 0 & 0 & 2/3 & 0 & 1/3 \\ 0 & 0 & 0 & 0 & 1 \end{pmatrix}.$$

(b) Les classes d'états sont $\{-2\}$ et $\{+2\}$, qui sont récurrentes positives apériodiques, ainsi que $\{-1, 0, +1\}$, qui est transiente apériodique.

(c) En définissant ν_i comme l'espérance du nombre de parties avant la fin du jeu à partir de l'état i, on a $\nu_{-2} = \nu_{+2} = 0$ et on obtient $\nu_0 = 7{,}5$ en résolvant le système d'équations

$$\begin{aligned} \nu_{-1} &= 1 + \frac{1}{3}\nu_{-2} + \frac{2}{3}\nu_0, \\ \nu_0 &= 1 + \frac{1}{3}\nu_{-1} + \frac{1}{3}\nu_0 + \frac{1}{3}\nu_{+1}, \\ \nu_{+1} &= 1 + \frac{1}{3}\nu_{+2} + \frac{2}{3}\nu_0. \end{aligned}$$

1.35. La probabilité de ruine du joueur correspond à la probabilité d'extinction d'une population à générations séparées qui comporte 5 individus initialement et dans laquelle chaque individu a 0, 2 ou 3 enfants avec probabilités respectives 5/14, 1/2 et 1/7, indépendamment des autres. La probabilité cherchée est donc u^5, où u est la plus petite solution dans $[0, 1]$ de l'équation

$$u = \frac{5}{14} + \frac{u^2}{2} + \frac{u^3}{7},$$

qui est équivalente à

$$(u-1)(2u-1)(u+5) = 0,$$

d'où $u = 1/2$.

1.36. (a) La condition est

$$\mu = 0 \times (1-3p) + 1 \times p + 2 \times p + 3 \times p = 6p > 1,$$

donc $p > 1/6$.

(b) La probabilité est la solution dans $[0, 1)$ de l'équation

$$\varphi(u) = u^0 \times (1-3p) + u^1 \times p + u^2 \times p + u^3 \times p = u,$$

qui est équivalente à

$$(1-u)(1-3p-2pu-pu^2) = 0,$$

d'où $u = -1 + \sqrt{(1-2p)/p}$.

1.37. (a) On a

$$\varphi(s) = \sum_{k \geq 0} (1-p)p^k s^{2k} = \frac{1-p}{1-ps^2}$$

et

$$\varphi'(1) = \sum_{2k \geq 0} k(1-p)p^k = \frac{2p}{1-p}.$$

L'extinction est certaine si et seulement si $\varphi'(1) \leq 1$, c'est-à-dire si et seulement si $p \leq 1/3$.

(b) Dans ce cas, le nombre total de descendants a comme espérance

$$\sum_{n=0}^{\infty} \left(\frac{2p}{1-p}\right)^n = \frac{1-p}{1-3p}.$$

(c) Dans le cas contraire, la probabilité d'extinction de la descendance est la solution de $\varphi(u) = u$, c'est-à-dire la solution de l'équation

$$(u-1)(pu^2 + pu - (1-p)) = 0,$$

qui satisfait $0 \leq u < 1$, donc

$$u = \frac{\sqrt{p^2 + 4p(1-p)} - p}{2p}.$$

.

1.38. (a) Ce sont les valeurs de p pour lesquelles l'extinction est certaine dans un processus de branchement avec un nombre d'individus produits par chaque individu égal à 0 avec probabilité $1-p$ et 3 avec probabilité p, dont l'espérance est $m = 3p$. La condition est $m \leq 1$, c'est-à-dire $p \leq 1/3$.

(b) La condition est $m < 1$, c'est-à-dire $p < 1/3$, et dans ce cas, on a

$$E(N) = E\left(\sum_{n\geq 0} Z_n\right) = \sum_{n\geq 0} E(Z_n) = \sum_{n\geq 0} m^n = \sum_{n\geq 0} (3p)^n = \frac{1}{1-3p},$$

où Z_n représente le nombre d'individus à la génération n.

1.39. (a) La distribution stationnaire existe, car la chaîne est irréductible sur un nombre fini d'états. Pour les états 0, 1, 2, 3 et 4 dans cet ordre, la matrice de transition est

$$P = \begin{pmatrix} 0 & 1 & 0 & 0 & 0 \\ 1/2 & 0 & 1/2 & 0 & 0 \\ 0 & 1/2 & 0 & 1/2 & 0 \\ 0 & 0 & 1/2 & 0 & 1/2 \\ 0 & 0 & 0 & 1 & 0 \end{pmatrix}.$$

La distribution stationnaire $(\pi_0, \pi_1, \pi_2, \pi_3, \pi_4)$ doit satisfaire le système d'équations linéaires

$$\begin{aligned}
\pi_0 &= \frac{1}{2}\pi_1, \\
\pi_1 &= \pi_0 + \frac{1}{2}\pi_2, \\
\pi_2 &= \frac{1}{2}\pi_1 + \frac{1}{2}\pi_3, \\
\pi_3 &= \frac{1}{2}\pi_2 + \pi_4, \\
\pi_4 &= \frac{1}{2}\pi_3,
\end{aligned}$$

avec $\pi_0, \pi_1, \pi_2, \pi_3, \pi_4 > 0$ et $\pi_0 + \pi_1 + \pi_2 + \pi_3 + \pi_4 = 1$. La solution est donnée par $\pi_0 = \pi_4 = 1/8$ et $\pi_1 = \pi_2 = \pi_3 = 1/4$.

(b) La proportion moyenne de temps est $1 - \pi_0 = 7/8$.

(c) L'espérance du nombre d'années est $1/\pi_0 - 1 = 7$.

(d) Par le théorème ergodique, si $P_{00}^{(n)}$ converge, alors la limite doit être celle de $(1/n)\sum_{k=0}^{n-1} P_{00}^{(k)}$, qui est $\pi_0 > 0$. Cependant, $P_{00}^{(2n+1)} = 0$ pour tout $n \geq 0$, car la chaîne est de période 2, ce qui est une contradiction. Il n'y a donc pas convergence.

1.40. (a) La classe $\{0, 1, 2\}$ est récurrente positive apériodique, car fermée sur un nombre fini d'états avec $P_{00} > 0$; la classe $\{3, 4\}$ est transiente de période 2, car non fermée avec $P_{44}^{(n)} > 0$ pour tout n pair et 0 pour tout n impair.

(b) Par le théorème ergodique, on a

$$\lim_{n\to\infty} P^n = \begin{pmatrix} 1/7 & 2/7 & 4/7 & 0 & 0 \\ 1/7 & 2/7 & 4/7 & 0 & 0 \\ 1/7 & 2/7 & 4/7 & 0 & 0 \\ 1/7 & 2/7 & 4/7 & 0 & 0 \\ 1/7 & 2/7 & 4/7 & 0 & 0 \end{pmatrix},$$

car $(1/7, 2/7, 4/7)$ est la distribution stationnaire de la classe $\{0, 1, 2\}$ et $f_{4i} = f_{3i} = 1$ pour $i = 0, 1, 2$.

1.41. (a) La classe $\{0, 4\}$ est transiente, car non fermée, et périodique de période 2, car $P_{00}^{(n)} > 0$ seulement pour les entiers $n = 2, 4, 6, \ldots$, dont le pgcd est 2 ; la classe $\{2\}$ est récurrente positive apériodique, donc ergodique, car $P_{22} = 1$; la classe $\{1, 3\}$ est récurrente positive, car fermée sur un nombre fini d'états, et apériodique, car $P_{11} = 1/2 > 0$, donc ergodique.

(b) La limite existe, car l'état 1 est récurrent positif apériodique, et elle est donnée par

$$f_{01} \times \frac{1}{\mu_1} = \frac{2}{3} \times \frac{1}{3} = \frac{2}{9},$$

ce qui est obtenu en résolvant

$$f_{01} = \frac{1}{4} f_{11} + \frac{1}{4} f_{21} + \frac{1}{4} f_{31} + \frac{1}{4} f_{41} = \frac{1}{4} f_{41} + \frac{1}{2},$$

$$f_{41} = \frac{1}{4} f_{01} + \frac{1}{4} f_{11} + \frac{1}{4} f_{21} + \frac{1}{4} f_{31} = \frac{1}{4} f_{01} + \frac{1}{2},$$

et

$$\frac{1}{\mu_1} \times \frac{1}{2} + \left(1 - \frac{1}{\mu_1}\right) \times \frac{1}{4} = \frac{1}{\mu_1}.$$

1.42. (a) Les classes d'états sont : $\{2\}$ et $\{3, 4\}$, qui sont récurrentes positives, car fermées sur un nombre fini d'états, et apériodiques, car on peut retourner à chaque état en un seul pas avec probabilité strictement positive ; et $\{0, 1\}$, qui est transiente de période 2.

(b) La limite est donnée par $f_{04}\pi_4$, où $(\pi_3, \pi_4) = (1/2, 1/2)$ est la distribution stationnaire de la classe $\{3, 4\}$ qui est doublement stochastique, et f_{i4} est la probabilité d'atteindre ultimement l'état 4 à partir de l'état i, pour $i = 0, 1, 2, 3, 4$, qui satisfait les équations

$$f_{04} = \frac{1}{3} f_{14} + \frac{1}{3} f_{24} + \frac{1}{3} f_{34}$$

et

$$f_{14} = \frac{1}{2} f_{04} + \frac{1}{4} f_{24} + \frac{1}{4} f_{44},$$

avec $f_{24} = 0$ et $f_{34} = f_{44} = 1$, d'où $f_{04} = 1/2$.

1.43. (a) La classe $\{0\}$ est récurrente positive, car fermée sur un nombre fini d'états, et apériodique, car $P_{00} > 0$; la classe $\{1, 4\}$ est récurrente positive, car fermée sur un nombre fini d'états, et apériodique, car $P_{11} > 0$; la classe $\{2, 3\}$ est transiente, car non fermée, et périodique de période 2, car $P_{22}^{(n)} > 0$ seulement pour $n = 2k$ pour tout nombre entier $k \geq 1$.

(b) La limite existe, car l'état 1 est récurrent positif apériodique, et elle est donnée par

$$f_{21} \times \frac{1}{\mu_1} = \frac{1}{3} \times \frac{1}{3} = \frac{1}{9},$$

ce qui est obtenu en résolvant

$$f_{21} = \frac{1}{2} f_{01} + \frac{1}{2} f_{31} = \frac{1}{2} \left(\frac{1}{2} f_{21} + \frac{1}{2} f_{41} \right) = \frac{1}{4} f_{21} + \frac{1}{4}$$

et

$$\frac{1}{\mu_1} \times \frac{1}{2} + \left(1 - \frac{1}{\mu_1}\right) \times \frac{1}{4} = \frac{1}{\mu_1}.$$

1.44. (a) C'est une chaîne irréductible sur un nombre fini d'états, donc récurrente positive, et la distribution stationnaire existe. En résolvant les équations de stationnarité avec les conditions pour avoir une distribution de probabilité, on trouve comme distribution stationnaire

$$\pi_0 = \pi_1 = \frac{1}{4}, \quad \pi_2 = \pi_3 = \frac{1}{6}, \quad \pi_4 = \pi_5 = \frac{1}{12}.$$

(b) La limite n'existe pas, car l'état 0 est récurrent positif de période égale à 2. En effet, on a

$$\lim_{n \to \infty} P_{00}^{(2n)} = 2\pi_0 = \frac{1}{2},$$

alors que $\lim_{n \to \infty} P_{00}^{(2n+1)} = 0$.

(c) La limite existe toujours et elle est donnée par $\pi_5 = 1/12$.

1.45. (a) Le nombre de parapluies au lieu du départ, qui alterne entre la maison et le bureau, est $0, 1, 2$ ou 3. D'un départ au départ suivant, la matrice de transition est donnée par

$$P = \begin{pmatrix} 0 & 0 & 0 & 1 \\ 0 & 0 & 3/4 & 1/4 \\ 0 & 3/4 & 1/4 & 0 \\ 3/4 & 1/4 & 0 & 0 \end{pmatrix}.$$

(b) La proportion moyenne de fois est

$$\frac{1}{4} \times \pi_0 = \frac{1}{4} \times \frac{1}{5} = \frac{1}{20},$$

où π_0 est obtenu en résolvant les équations de stationnarité, soit

$$\begin{aligned} \pi_0 &= \frac{3}{4}\pi_3, \\ \pi_1 &= \frac{3}{4}\pi_2 + \frac{1}{4}\pi_3, \\ \pi_2 &= \frac{3}{4}\pi_1 + \frac{1}{4}\pi_2, \\ \pi_3 &= \pi_0 + \frac{1}{4}\pi_1, \end{aligned}$$

avec $\pi_0 + \pi_1 + \pi_2 + \pi_3 = 1$.

1.46. La limite existe, car l'état 1 appartient à la classe récurrente positive apériodique $\{0, 1, 2\}$. Elle est donnée par $f_{51}\pi_1$, où

$$f_{51} = \frac{1}{3}f_{51} + \frac{1}{3}f_{21} + \frac{1}{3}f_{41}$$

et

$$f_{41} = \frac{1}{4}f_{41} + \frac{1}{4}f_{21} + \frac{1}{4}f_{11} + \frac{1}{4}f_{31},$$

avec $f_{21} = f_{11} = 1$ et $f_{31} = 0$, d'où $f_{51} = 5/6$, alors que

$$\pi_0 = \frac{1}{2}\pi_0 + \frac{1}{2}\pi_2$$

et

$$\pi_1 = \frac{1}{2}\pi_0,$$

avec $\pi_0 + \pi_1 + \pi_2 = 1$, d'où $\pi_1 = 1/5$.

1.47. (a) Les classes d'états sont : $\{0,1\}$, qui est transiente, car non fermée, périodique de période 2, car on peut retourner à 0 à partir de 0 avec probabilité strictement positive en $2k$ pas pour tout entier $k \geq 1$; $\{2\}$, qui est récurrente positive, car fermée sur un nombre fini d'états, et apériodique, car on peut retourner à 2 à partir de 2 avec probabilié strictement positive en 1 pas ; $\{3,4\}$, qui est récurrente positive, car fermée sur un nombre fini d'états, et apériodique, car on peut retourner à 3 à partir de 3 avec probabilié strictement positive en 1 pas.

(b) En désignant par f_{i4} la probabilité d'atteindre ultimement l'état 4 à partir de l'état i et en conditionnant sur la première transition, on obtient

$$f_{04} = \frac{1}{2}f_{14} + \frac{1}{2}f_{24}$$

et

$$f_{14} = \frac{1}{3}f_{04} + \frac{1}{3}f_{24} + \frac{1}{3}f_{34},$$

avec $f_{24} = 0$, car la classe $\{2\}$ est fermée, et $f_{34} = 1$, car la classe $\{3,4\}$ est récurrente. On trouve $f_{04} = 1/5$.

(c) Par le théorème ergodique et le théorème sur la distribution stationnaire, on a

$$\lim_{n\to\infty} P_{04}^{(n)} = f_{04}\pi_4,$$

où π_4 est la probabilité stationnaire de l'état 4 à l'intérieur de la classe $\{3,4\}$. La matrice de transition pour cette classe étant doublement stochastique, la distribution stationnaire est uniforme sur les deux états, ce qui donne $\pi_4 = 1/2$. On obtient donc

$$\lim_{n\to\infty} P_{04}^{(n)} = \frac{1}{5} \times \frac{1}{2} = \frac{1}{10}.$$

Corrigés du chapitre 2

2.1. (a) Les états pour le nombre d'employés occupés sont 0, 1 et 2 et le générateur avant la réorganisation du service est

$$A = \begin{pmatrix} -2 & 2 & 0 \\ 4 & -5 & 1 \\ 0 & 8 & -8 \end{pmatrix}.$$

(b) Après la réorganisation du service, le générateur devient

$$A = \begin{pmatrix} -2 & 2 & 0 \\ 4 & -6 & 2 \\ 0 & 8 & -8 \end{pmatrix}.$$

2.2. Les états pour le nombre de chocs sont $0, 1$ et 2 et le générateur est

$$A = \begin{pmatrix} -8 & 8 & 0 \\ 4 & -9 & 5 \\ 9 & 0 & -9 \end{pmatrix}.$$

En effet, on a $\lambda_0 = 9 \times (8/9) = 8$ et $\lambda_1 = \lambda_2 = 9$ avec

$$q_{01} = 1, \quad q_{10} = \frac{4}{9}, \quad q_{12} = \frac{5}{9}, \quad q_{20} = 1.$$

2.3. En définissant τ_i comme l'espérance du temps avant d'atteindre l'état 2 à partir de l'état i, on obtient les équations

$$\tau_0 = \frac{1}{3} + \frac{2}{3}\tau_1 + \frac{1}{3}\tau_2$$

et

$$\tau_1 = \frac{1}{4} + \frac{1}{2}\tau_0 + \frac{1}{2}\tau_2,$$

avec $\tau_2 = 0$, d'où $\tau_0 = 3/4$.

2.4. Le temps moyen est donné par

$$\frac{3}{3+2+1} + \left(\frac{3}{6} \times \frac{3}{2+1}\right) + \left(\frac{2}{6} \times \frac{3}{3+1}\right) + \left(\frac{1}{6} \times \frac{3}{3+2}\right) = 1{,}35.$$

2.5. Avec quatre batteries, on a $E(T) = 50 \times 3 = 150$ et

$$Pr(N=1) = Pr(N=2) = \frac{1}{8}, \quad Pr(N=3) = \frac{1}{4}, \quad Pr(N=4) = \frac{1}{2}.$$

Dans le cas général de $n \geq 2$ batteries, on a $E(T) = 50(n-1)$ et

$$Pr(N=1) = Pr(N=2) = \frac{1}{2^{n-1}}, \quad Pr(N=j) = \frac{1}{2^{n+1-j}},$$

où $2 \leq j \leq n$.

2.6. Le taux avec lequel on passe de k à $k+1$ individus affectés est donné par $k(N-k)\lambda p$ pour $k = 1, \ldots, N-1$, et donc le temps moyen pour avoir N individus affectés est

$$\sum_{k=1}^{N-1} \frac{1}{k(N-k)\lambda p} = \frac{2}{\lambda p N} \sum_{k=1}^{N-1} \frac{1}{k}.$$

2.7. (a) Le taux de remplacement est $0{,}01 + 0{,}02 = 0{,}03$.

(b) La probabilité est $0{,}01/0{,}03 = 1/3$.

2.8. Pour les états à la hausse (+) et à la baisse (-), respectivement, le générateur est

$$A = \begin{pmatrix} -2/3 & 2/3 \\ 4/3 & -4/3 \end{pmatrix},$$

car le taux d'arrivée d'une mauvaise nouvelle est $2 \times 1/3 = 2/3$, alors que le taux d'arrivée d'une bonne nouvelle est $2 \times 2/3 = 4/3$. Une autre explication est que le temps d'attente pour une mauvaise nouvelle est une somme de variables aléatoires de loi exponentielle de paramètre 2 dont le nombre est une variable aléatoire de loi géométrique de paramètre $1/3$, donc une variable aléatoire de loi exponentielle de paramètre $2 \times 1/3 = 2/3$. De même, le temps d'attente pour une bonne nouvelle est de loi exponentielle de paramètre $2 \times 2/3 = 4/3$.

2.9. Le générateur pour le nombre de câbles qui fonctionnent, soit 0, 1 ou 2, est

$$A = \begin{pmatrix} -10 & 10 & 0 \\ 2 & -7 & 5 \\ 0 & 4 & -4 \end{pmatrix}.$$

La matrice de transition de l'instant 0 à l'instant t est

$$P(t) = e^{At} = Me^{Dt}M^{-1} = M \begin{pmatrix} e^{\lambda_0 t} & 0 & 0 \\ 0 & e^{\lambda_1 t} & 0 \\ 0 & 0 & e^{\lambda_2 t} \end{pmatrix} M^{-1},$$

où D est la matrice diagonale des valeurs propres λ_0, λ_1 et λ_2 de A et M est une matrice dont les colonnes sont des vecteurs propres à droite correspondants. On trouve $\lambda_0 = 0$, $\lambda_1 = -7$, $\lambda_2 = -14$, et

$$M = \begin{pmatrix} 1 & -10 & 25 \\ 1 & -3 & -10 \\ 1 & 4 & 4 \end{pmatrix}.$$

On calcule

$$M^{-1} = \frac{1}{49}\begin{pmatrix} 4 & 20 & 25 \\ -2 & -3 & 5 \\ 1 & 2 & 1 \end{pmatrix}.$$

Finalement, on obtient

$$P_{20}(t) = \frac{1}{49}(4 - 8e^{-7t} + 4e^{-14t}).$$

2.10. (a) On a les états 0, 1 et 2 pour le nombre de prisonniers en cavale dont le générateur est

$$A = \begin{pmatrix} -1/8 & 0 & 1/8 \\ 1/2 & -5/8 & 1/8 \\ 0 & 1 & -1 \end{pmatrix}.$$

(b) En notant μ_i le temps moyen lorsque i prisonniers sont en cavale, on a

$$\mu_2 = 1 + \mu_1 = 1 + \frac{8}{5} + \frac{1}{5}\mu_2 + \frac{4}{5}\mu_0 = \frac{13}{5} + \frac{1}{5}\mu_2,$$

d'où $\mu_2 = 3{,}25$.

2.11. Les paiements de $1, 2$ ou 3 dollars se produisent selon un processus de Poisson d'intensité $5 \times (1/2 + 1/4 + 1/8) = 35/8$ par heure. Par conséquent, le nombre de paiements de $1, 2$ ou 3 dollars dans une période de 20 minutes suit une loi de Poisson dont le paramètre est donné par $(35/8) \times (20/60) = 35/24$. Donc, la probabilité d'aucun paiement de ce type est

$$e^{-35/24} = 0{,}2326.$$

2.12. Soit X la variable aléatoire représentant le temps d'attente en minutes à la station de train. Ce temps se termine à un taux de $1/30$ durant les 45 premières minutes, puis à un taux de $2/30$ les minutes suivantes. On a donc

$$\begin{aligned} E(X) &= E(X \mid X \leq 45)Pr(X \leq 45) + E(X \mid X > 45)Pr(X > 45) \\ &= E\left(X\mathbf{1}_{\{X \leq 45\}}\right) + (45 + 15)e^{-45/30} \\ &= \int_0^{45} \frac{x}{30}e^{-x/30}dx + 60e^{-45/30} \\ &= 26{,}65. \end{aligned}$$

2.13. La distribution stationnaire est déterminée par les équations

$$\begin{aligned}-2\pi_0 + 2\pi_1 &= 0,\\ \pi_0 - 4\pi_1 + \pi_2 &= 0,\\ \pi_0 + 2\pi_1 - \pi_2 &= 0,\end{aligned}$$

avec $\pi_0, \pi_1, \pi_2 > 0$ et $\pi_0 + \pi_1 + \pi_2 = 1$. On trouve $\pi_1 = \pi_0$ et $\pi_2 = 3\pi_0$, d'où $\pi_0 = 1/5$, qui est la fraction moyenne de temps à long terme à l'état 0.

2.14. Le générateur pour le nombre de clients en ligne, soit 0, 1 ou 2, est

$$A = \begin{pmatrix} -4 & 4 & 0 \\ 4 & -8 & 4 \\ 0 & 8 & -8 \end{pmatrix},$$

et la distribution stationnaire est donnée par

$$\pi_0 = \pi_1 = \frac{2}{5}, \quad \pi_2 = \frac{1}{5}.$$

(a) la proportion moyenne de temps est $1 - \pi_0 = 3/5$;

(b) la proportion moyenne de clients est $\pi_0 + (1/2)\pi_1 = 3/5$; et

(c) le temps moyen est $(1/4)\pi_0 + (1/8 + (1/2)(1/4))\pi_1 = 1/5$.

2.15. (a) Le générateur pour les machines en fonction est

$$\begin{pmatrix} -1 & 1 & 0 & 0 \\ 1 & -2 & 0 & 1 \\ 1 & 0 & -2 & 1 \\ 0 & 1 & 1 & -2 \end{pmatrix}.$$

(b) Les équations de stationnarité donnent

$$\pi_1 = \frac{3}{4}\pi_0, \quad \pi_2 = \frac{1}{4}\pi_0, \quad \pi_{12} = \frac{1}{2}\pi_0,$$

avec $\pi_0 = 2/5$ pour avoir une distribution de probabilité, d'où

$$\pi_2 + \pi_{12} = \frac{3}{4}\pi_0 = \frac{3}{10}.$$

2.16. Le générateur pour le nombre d'appareils en panne, soit $0, 1, 2, 3$ ou 4, est

$$A = \begin{pmatrix} -2 & 2 & 0 & 0 & 0 \\ 2 & -7/2 & 3/2 & 0 & 0 \\ 0 & 4 & -5 & 1 & 0 \\ 0 & 0 & 4 & -9/2 & 1/2 \\ 0 & 0 & 0 & 4 & -4 \end{pmatrix}.$$

L'espérance du nombre de réparateurs en service à long terme est

$$0 \times \pi_0 + 1 \times \pi_1 + 2 \times (\pi_2 + \pi_3 + \pi_4) = \frac{502}{635},$$

où $(\pi_0, \pi_1, \pi_2, \pi_3, \pi_4)A = (0, 0, 0, 0, 0)$ avec $\pi_0 + \pi_1 + \pi_2 + \pi_3 + \pi_4 = 1$, ce qui donne

$$\pi_0 = \pi_1 = \frac{256}{635}, \quad \pi_2 = \frac{96}{635}, \quad \pi_3 = \frac{24}{635}, \quad \pi_4 = \frac{3}{635}.$$

2.17. (a) Le nombre de voitures dans la station est un processus de naissance et de mort sur les états $0, 1, 2, 3$ et 4, dont le générateur est

$$A = \begin{pmatrix} -20 & 20 & 0 & 0 & 0 \\ 10 & -30 & 20 & 0 & 0 \\ 0 & 20 & -40 & 20 & 0 \\ 0 & 0 & 20 & -40 & 20 \\ 0 & 0 & 0 & 20 & -20 \end{pmatrix}.$$

On trouve la distribution stationnaire

$$\pi_0 = \frac{1}{9}, \quad \pi_1 = \pi_2 = \pi_3 = \pi_4 = \frac{2}{9},$$

en résolvant le système $(\pi_0, \pi_1, \pi_2, \pi_3, \pi_4)A = (0, 0, 0, 0, 0)$ avec la condition $\pi_0 + \pi_1 + \pi_2 + \pi_3 + \pi_4 = 1$.

(b) C'est le taux de sortie de la station à l'état stationnaire, soit

$$0 \times \pi_0 + 10 \times \pi_1 + 20 \times (\pi_2 + \pi_3 + \pi_4) = \frac{140}{9},$$

qui est aussi le taux d'entrée dans la station à l'état stationnaire, soit

$$20 \times (\pi_0 + \pi_1 + \pi_2 + \pi_3) = \frac{140}{9}.$$

2.18. Le générateur A pour le nombre 0, 1, 2 ou 3 d'ordinateurs en stock est

$$\begin{pmatrix} -1 & 0 & 1 & 0 \\ 2 & -3 & 0 & 1 \\ 0 & 2 & -2 & 0 \\ 0 & 0 & 2 & -2 \end{pmatrix}.$$

En posant $(\pi_0, \pi_1, \pi_2, \pi_3)A = (0, 0, 0, 0)$ avec $\pi_0 + \pi_1 + \pi_2 + \pi_3 = 1$, on trouve

$$\pi_0 = \frac{2}{5}, \quad \pi_1 = \frac{1}{5}, \quad \pi_2 = \frac{3}{10}, \quad \pi_3 = \frac{1}{10},$$

qui est la distribution stationnaire.

(a) Le nombre moyen d'ordinateurs en stock est

$$0 \times \pi_0 + 1 \times \pi_1 + 2 \times \pi_2 + 3 \times \pi_3 = \frac{11}{10};$$

(b) le nombre moyen d'ordinateurs vendus en une semaine est

$$2 \times (\pi_1 + \pi_2 + \pi_3) = \frac{6}{5}.$$

2.19. Soit $r > 0$ le taux de coupe par heure du coiffeur. Le générateur pour le nombre de clients, soit 0, 1 ou 2, dans le salon de coiffure est

$$\begin{pmatrix} -2 & 2 & 0 \\ r & -(r+2) & 2 \\ 0 & r & -r \end{pmatrix}.$$

La distribution stationnaire est

$$\pi_0 = \left(1 + \frac{2}{r} + \frac{4}{r^2}\right)^{-1}, \quad \pi_1 = \frac{2\pi_0}{r}, \quad \pi_2 = \frac{4\pi_0}{r^2}.$$

La proportion moyenne de la clientèle qui n'entre pas dans le salon et qui va donc se faire couper les cheveux chez un compétiteur est donnée par la probabilité π_2. En posant $\pi_2 = 1/7$, on obtient $r = 4$. Donc, le coiffeur doit passer en moyenne 15 minutes avec un client afin que seulement 1/7 de sa clientèle soit perdue à la faveur d'un compétiteur.

2.20. Un état correspond à un sous-ensemble de 1278 cases parmi les 10 000 du damier, soit celles occupées par une particule. Il y a deux remarques à faire :

- une particule passe à une case adjacente inoccupée à l'intérieur du damier à un taux égal à 1/4 quelles que soient les autres cases occupées ;
- le taux pour passer d'un état i à un état j est le même que celui pour passer de l'état j à l'état i.

La chaîne est irréductible sur un nombre fini d'états et son générateur est une matrice symétrique. La distribution stationnaire est donc uniforme sur tous les états possibles.

2.21. Le nombre de taxis en attente est un processus de naissance et de mort avec taux de naissance égaux à 2 et taux de mort égaux à 3, dont la distribution stationnaire est donnée par

$$\pi_k = \frac{1}{3}\left(\frac{2}{3}\right)^k,$$

pour tout $k \geq 0$.

(a) La proportion moyenne de clients est $1 - \pi_0 = 2/3$;

(b) le nombre moyen de taxis est $\sum_{k\geq 0} k\pi_k = 2$;

(c) le temps d'attente moyen est $(1/3) \times \sum_{k\geq 0}(k+1)\pi_k = 1$.

2.22. Le nombre de lignes occupées est un processus de naissance et de mort irréductible sur les états $0, 1, \ldots, m$ avec paramètres de naissance $\nu_i = \lambda$ pour $i = 0, 1, \ldots, m-1$ et paramètres de mort $\mu_i = i\mu$ pour $i = 1, \ldots, m$. La distribution stationnaire est donnée par

$$\pi_i = \frac{\theta_i}{\sum_{k=0}^m \theta_k},$$

pour $i = 0, 1, \ldots, m$, avec $\theta_0 = 1$ et

$$\theta_k = \frac{\lambda^k}{k!\mu^k},$$

pour $k = 1, \ldots, m$.

2.23. On trouve comme distribution stationnaire

$$\pi_k = \frac{\nu^k}{k!/(k+1)!}\pi_0 = (k+1)\nu^k\pi_0, \text{ pour } k \geq 0,$$

avec

$$\pi_0 = \frac{1}{\sum_{k\geq 0}(k+1)\nu^k} = (1-\nu)^2 > 0,$$

si et seulement si $\nu < 1$.

2.24. (a) Lorsque la taille de la population est $i \geq 0$, le taux de naissance est $\nu_i = 2i+1 \leq 2(i+1)$ et le taux de mort est $\mu_i = i(i+1)$.

(b) La distribution stationnaire existe, car

$$\sum_{k\geq 0} \frac{\nu_0 \times \cdots \times \nu_{k-1}}{\mu_1 \times \cdots \times \mu_k} \leq \sum_{k\geq 0} \frac{2^k}{k!} = e^2 < \infty.$$

2.25. (a) On a un processus de naissance et de mort avec taux de naissance $\nu_i = \lambda$ pour $i \geq 0$ et taux de mort $\mu_i = \mu + (i-1)\delta$ pour $i \geq 1$. Dans le cas où $\delta = \mu$, la distribution stationnaire est donnée par

$$\pi_i = \frac{\theta_i}{\sum_{k\geq 0}\theta_k},$$

pour $i \geq 0$, où

$$\theta_k = \frac{\lambda^k}{k!\mu^k},$$

pour $k \geq 0$, et

$$\sum_{k\geq 0}\theta_k = e^{\lambda/\mu}.$$

(b) Pour tout $\delta > 0$, on a

$$\sum_{k\geq 0}\theta_k = \sum_{k\geq 0} \frac{\lambda^k}{\mu \times (\mu+\delta) \times \cdots \times (\mu+(k-1)\delta)} \leq \sum_{k\geq 0} \frac{\lambda^k}{k!\beta^k} = e^{\lambda/\beta},$$

où $\beta = \min(\mu, \delta)$.

2.26. (a) Le générateur pour le nombre de salles occupées est

$$\begin{pmatrix} -1 & 1 & 0 \\ 2 & -3 & 1 \\ 0 & 4 & -4 \end{pmatrix}.$$

(b) En notant μ_i le temps moyen à partir du moment où i salles sont occupées, on a $\mu_0 = 0$ et

$$\mu_2 = \frac{1}{4} + \mu_1 = \frac{1}{4} + \frac{1}{3} + \frac{2}{3}\mu_0 + \frac{1}{3}\mu_2.$$

On trouve alors $\mu_2 = \frac{7}{8}$.

2.27. (a) Le générateur pour le statut de l'assuré est

$$A = \begin{pmatrix} -1/2 & 3/8 & 0 & 1/8 \\ 0 & -3/8 & 1/4 & 1/8 \\ 0 & 0 & -1/4 & 1/4 \\ 0 & 0 & 0 & 0 \end{pmatrix}.$$

(b) En définissant u_i comme l'espérance du temps avant d'atteindre l'état B à partir de l'état Ai, on obtient le système d'équations

$$\begin{aligned} u_0 &= 2 + \frac{3}{4}u_1, \\ u_1 &= \frac{8}{3} + \frac{2}{3}u_2, \\ u_2 &= 4, \end{aligned}$$

d'où $u_0 = 6$.

2.28. (a) On trouve

$$P_{01}(t) = \frac{1 - e^{-4t}}{2},$$

en calculant

$$P(t) = e^{At} = Me^{Dt}M^{-1},$$

où

$$M = \begin{pmatrix} 1 & 1 \\ 1 & -1 \end{pmatrix}, \quad M^{-1} = \begin{pmatrix} 1/2 & 1/2 \\ 1/2 & -1/2 \end{pmatrix}, \quad D = \begin{pmatrix} 0 & 0 \\ 0 & -4 \end{pmatrix}.$$

(b) Avec les états $0, 1, 2$ et 3 pour le nombre de grenouilles dans l'étang, on obtient le générateur

$$A = \begin{pmatrix} -6 & 6 & 0 & 0 \\ 2 & -6 & 4 & 0 \\ 0 & 4 & -6 & 2 \\ 0 & 0 & 6 & -6 \end{pmatrix}.$$

2.29. Le générateur de la chaîne sur les états 0 pour disponible et 1 pour occupé, avec 24 heures comme unité de temps, est

$$A = \begin{pmatrix} -2 & 2 \\ 8 & -8 \end{pmatrix}.$$

La matrice de transition sur une période de 24 heures, de vendredi 18h à samedi 18h, est

$$\begin{aligned} e^A &= \begin{pmatrix} 1 & 1 \\ 1 & -4 \end{pmatrix} \begin{pmatrix} e^0 & 0 \\ 0 & e^{-10} \end{pmatrix} \begin{pmatrix} 4/5 & 1/5 \\ 1/5 & -1/5 \end{pmatrix} \\ &= \begin{pmatrix} 4+e^{-10} & 1-e^{-10} \\ 4-4e^{-10} & 1-4e^{-10} \end{pmatrix} \frac{1}{5}. \end{aligned}$$

D'autre part, la probabilité d'aucun appel sur une période de 6 heures, de 18h à minuit le samedi, est

$$e^{-2\times(1/4)} = e^{-1/2}.$$

La réponse est donc

$$\left(\frac{4+e^{-10}}{5}\right) \times e^{-1/2} = \frac{4e^{-1/2}+e^{-10,5}}{5} \approx \frac{4e^{-1/2}}{5}.$$

.

2.30. (a) C'est un processus de naissance et de mort avec taux de naissance $\nu_i = 2(N-i)$ et taux de mort $\mu_i = 20i$ pour $i = 0, 1, \ldots, N$.

(b) La distribution stationnaire pour le nombre d'appels en cours est donnée par

$$\pi_i = \frac{\theta_i}{\sum_{k=0}^{N} \theta_k},$$

pour $i = 0, 1, \ldots, N$, où $\theta_0 = 1$ et

$$\theta_k = \frac{\nu_0 \times \cdots \times \nu_{k-1}}{\mu_1 \times \cdots \times \mu_k} = \frac{N!}{k!(N-k)!}\left(\frac{1}{10}\right)^k,$$

pour $k = 1, \ldots, N$, et donc

$$\pi_i = \frac{N!}{i!(N-i)!}\left(\frac{1}{11}\right)^i \left(\frac{10}{11}\right)^{N-i}.$$

(c) L'espérance du nombre d'appels en cours est l'espérance d'une variable aléatoire de loi binomiale de paramètres N et $1/11$, donc $N/11$.

(d) La proportion moyenne de temps est donnée par

$$\sum_{i=0}^{N}\left(\frac{2i}{2N}\right)\pi_i = \frac{1}{N}\sum_{i=0}^{N} i\pi_i = \frac{1}{11}.$$

2.31. (a) Le nombre d'appels reçus durant le temps de réservation d'un court est de loi de Poisson de paramètre $\lambda/2$, donc d'espérance donnée par $\lambda/2$. Le processus de branchement avec en moyenne $\lambda/2$ individus produits par chaque individu s'éteint avec probabilité 1 à partir d'un seul individu si et seulement si $\lambda/2 \leq 1$, c'est-à-dire si et seulement si $\lambda \leq 2$.

(b) Le temps moyen est le nombre total espéré de descendants d'un individu. D'une génération à la suivante, le nombre espéré de descendants est multiplié par $\lambda/2$. On obtient donc au total

$$\sum_{k\geq 0}\left(\frac{\lambda}{2}\right)^k = \frac{1}{1-\lambda/2} = \frac{2}{2-\lambda} < \infty,$$

si et seulement si $\lambda < 2$.

2.32. (a) Le générateur de la chaîne est

$$A = \begin{pmatrix} -2 & 1 & 1 & 0 & 0 \\ 1 & -3 & 0 & 2 & 0 \\ 2 & 0 & -4 & 2 & 0 \\ 0 & 2 & 1 & -5 & 2 \\ 0 & 0 & 0 & 4 & -4 \end{pmatrix}.$$

(b) En notant π_i la fraction moyenne de temps à long terme où la chaîne est à l'état i pour $i = 0, 1, 2, 3$ et 4, la proportion moyenne à long terme des appels pris par le préposé 1 est

$$p_1 = \pi_0 \times \frac{1}{2} + \pi_2 \times 1 + \pi_3 \times \frac{1}{4},$$

et celle par le préposé 2 est

$$p_2 = \pi_0 \times \frac{1}{2} + \pi_1 \times 1 + \pi_3 \times \frac{2}{4}.$$

(c) En posant $(\pi_0, \pi_1, \pi_2, \pi_3, \pi_4)A = (0, 0, 0, 0, 0,)$ avec $\pi_0 + \cdots + \pi_4 = 1$, on trouve comme solution $\pi_0 = \pi_1 = \pi_3 = 1/4$ et $\pi_2 = \pi_4 = 1/8$, d'où $p_1 = 5/16$ et $p_2 = 8/16$, et donc $p_1/p_2 = 5/8 > 1/2$. Le taux de service du préposé 1 est deux fois plus petit que le taux de service du préposé 2 lorsque les deux sont occupés. Cependant, le préposé 1 est occupé plus longtemps, en fait une proportion moyenne de temps à long terme égale à $\pi_1 + \pi_3 + \pi_4 = 5/8$, comparée à $\pi_2 + \pi_3 + \pi_4 = 4/8$ pour le préposé 2. À long terme, le préposé 1 va donc répondre à 5 appels pendant que le préposé 2 va répondre à $2 \times 4 = 8$ appels.

2.33. (a) Le générateur de la chaîne est

$$A = \begin{pmatrix} -6 & 4 & 2 & 0 \\ 3 & -5 & 0 & 2 \\ 5 & 0 & -9 & 4 \\ 0 & 2 & 0 & -2 \end{pmatrix}.$$

(b) L'espérance du temps d'un client dans le système est donnée par

$$\pi_{(0,1)} \times \frac{1}{2} + \pi_{(0,0)} \times \left(\frac{1}{9} + \frac{4}{9} \times \frac{1}{2}\right).$$

2.34. (a) En résolvant les équations de stationnarité

$$\begin{aligned} 0 &= -\pi_0 + \pi_1, \\ 0 &= \pi_0 - 2\pi_1 + 2\pi_2, \\ 0 &= \pi_1 - 3\pi_2 + 3\pi_3, \\ 0 &= \pi_2 - 3\pi_3, \end{aligned}$$

sous la condition $\pi_0 + \pi_1 + \pi_2 + \pi_3 = 1$, on obtient

$$\pi_0 = \pi_1 = 2\pi_2 = 6\pi_3 = \frac{3}{8}.$$

(b) La proportion moyenne est

$$\frac{\pi_0 + \pi_1 + \pi_2}{3} = \frac{5}{16}.$$

2.35. (a) On a $\mu = 2\lambda$ et le générateur de la chaîne est

$$A = \begin{pmatrix} -3\lambda & 3\lambda & 0 & 0 \\ \mu & -(\mu + 2\lambda) & 2\lambda & 0 \\ 0 & \mu & -(\mu + \lambda) & \lambda \\ 0 & 0 & \mu & -\mu \end{pmatrix}.$$

(b) L'équation de stationnarité $(\pi_0, \pi_1, \pi_2, \pi_3)A = (0, 0, 0, 0)$ donne les relations

$$\pi_1 = \pi_2 = 2\pi_3 = \frac{3}{2}\pi_0,$$

et alors la condition $\pi_0 + \pi_1 + \pi_2 + \pi_3 = 1$ entraîne que $\pi_0 = 4/19$.

(c) La proportion moyenne de temps est $(1 - \pi_0)/3 = 5/19$.

2.36. (a) Pour tout état $i \geq 3$, on a un taux de naissance donné par $\nu_i = 1/2$ et un taux de mort donné par

$$\mu_i = \frac{1}{2} + \frac{1}{4} + \frac{i-2}{4} = \frac{i+1}{4},$$

alors que pour les états 0 (aucune pompe occupée), 1_2 (pompe en libre service occupée), 1_4 (pompe avec service occupée) et 2 (deux pompes occupées et aucun automobiliste en attente) dans cet ordre, les entrées du générateur sur les lignes et dans les colonnes correspondantes en ajoutant la colonne pour l'état 3 sont données par

$$\begin{pmatrix} -1/2 & 1/2 & 0 & 0 & 0 \\ 1/2 & -1 & 0 & 1/2 & 0 \\ 1/4 & 0 & -3/4 & 1/2 & 0 \\ 0 & 1/4 & 1/2 & -5/4 & 1/2 \end{pmatrix}.$$

En procédant comme pour un processus de naissance et de mort, on trouve que la distribution stationnaire (π_i) doit satisfaire

$$\pi_i = \pi_2 \frac{\nu_2 \times \cdots \times \nu_{i-1}}{\mu_3 \times \cdots \times \mu_i} = \frac{3\pi_2}{4} \times \frac{2^{i+1}}{(i+1)!},$$

pour $i \geq 3$. D'autre part, les trois premières équations de stationnarité sont

$$\frac{\pi_0}{2} = \frac{\pi_{1_2}}{2} + \frac{\pi_{1_4}}{4},$$
$$\pi_{1_2} = \frac{\pi_0}{2} + \frac{\pi_2}{4},$$
$$\frac{\pi_2}{2} = \frac{3}{4}\pi_{1_4},$$

ce qui donne

$$\pi_0 = \frac{7}{6}\pi_2, \quad \pi_{1_2} = \frac{5}{6}\pi_2, \quad \pi_{1_4} = \frac{4}{6}\pi_2.$$

Pour avoir une distribution de probabilité, on doit avoir

$$\pi_2 = \frac{12}{9e^2 - 13}.$$

(b) La chaîne est récurrente positive, car il existe une distribution stationnaire. L'espérance du temps avant le premier retour à 0 à partir de 0 est alors

$$\frac{1}{\pi_0} = \frac{9e^2 - 13}{14}.$$

(c) C'est le taux de sortie moyen à la pompe en libre-service divisé par le taux de sortie moyen aux deux pompes, ces taux étant calculés à l'état stationnaire. On obtient

$$\frac{\frac{1}{2}\pi_{1_2} + \frac{1}{2}\sum_{i\geq 2}\pi_i}{\frac{1}{2}\pi_{1_2} + \frac{1}{4}\pi_{1_4} + \frac{3}{4}\sum_{i\geq 2}\pi_i} = \frac{6 - 11\pi_2}{9 - 17\pi_2} = \frac{9e^2 - 35}{27e^2 - 107}.$$

2.37. (a) C'est la loi pour le nombre de clients arrivés au moins une heure plus tôt, donc une loi de Poisson de paramètre 100.

(b) C'est la loi de la distribution stationnaire dans un système d'attente $M/M/\infty$ avec taux d'arrivée de 100 et taux de service de 1 par client, donc une loi de Poisson de paramètre 100.

(c) En conditionnant sur le nombre d'arrivées ayant eu lieu voilà au moins t heures, qui est de loi de Poisson de paramètre $100t$, le temps écoulé depuis chacune de ces arrivées est de loi conditionnelle uniforme sur l'intervalle $[0, t]$, indépendamment des autres. En définissant

$$p(t) = \frac{1}{t}\int_0^t (1 - F(x))dx,$$

la fonction de masse du nombre de clients N est alors donnée par

$$\begin{aligned}
Pr(N = k) &= \lim_{t\to\infty}\sum_{n\geq k}\frac{(100t)^n}{n!}e^{-100t} \times \frac{n!}{k!(n-k)!}(1 - p(t))^{n-k}p(t)^k \\
&= \lim_{t\to\infty}\frac{(100tp(t))^k}{k!}e^{-100tp(t)} \\
&= \frac{100^k}{k!}e^{-100},
\end{aligned}$$

pour tout entier $k \geq 0$.

2.38. (a) Le générateur de la chaîne sur les états $0, 1, 2$ et $2a$ est

$$A = \begin{pmatrix} -1 & 1 & 0 & 0 \\ 2 & -3 & 1 & 0 \\ 0 & 0 & -4 & 4 \\ 0 & 4 & 0 & -4 \end{pmatrix},$$

d'où on trouve que la distribution stationnaire est donnée par

$$\pi_0 = \frac{4}{7}, \quad \pi_1 = \frac{2}{7}, \quad \pi_2 = \pi_{2a} = \frac{1}{14}.$$

(b) La proportion moyenne est donnée par

$$\frac{1}{2}\pi_1 + \pi_2 + \pi_{2a} = \frac{2}{7}.$$

(c) Le temps en ligne moyen d'un client qui appelle alors que le préposé est disponible, représenté par m_0, satisfait l'équation

$$m_0 = \frac{1}{3} + \frac{1}{3} \times \left(\frac{1}{4} + \frac{1}{4} + \frac{1}{2}m_0\right),$$

d'où $m_0 = 3/5$. Quant au temps en ligne moyen d'un client qui appelle alors que le préposé est occupé mais que personne n'est en attente, représenté par m_1, il satisfait

$$m_1 = \frac{1}{4} + \frac{1}{4} + \frac{1}{2}m_0,$$

d'où $m_1 = 4/5$. Finalement, le temps en ligne moyen à long terme d'un client qui appelle est donné par

$$\pi_0 m_0 + \pi_1 m_1 = \frac{4}{7}.$$

Corrigés du chapitre 3

3.1. Avec l'arrière de la k-ième voiture correspondant au k-ième renouvellement, le temps S_k entre le k-ième renouvellement et le $(k+1)$-ième renouvellement, pour $k \geq 1$, est distribué comme $D + L$, où D est une variable aléatoire de loi $\mathrm{U}[0, 2]$ indépendante de L. Le théorème de renouvellement élémentaire donne alors

$$\lim_{x \to \infty} \frac{E(N_x)}{x} = \frac{1}{E(D+L)} = \frac{1}{1 + E(L)}.$$

(a) $E(L) = c$, car $Pr(L = c) = 1$.

(b) $E(L) = 2$, car L est de loi exponentielle de paramètre $1/2$.

3.2. (a) La probabilité est l'inverse du temps moyen entre deux renouvellements consécutifs, soit $1/\mu = 4/9$.

(b) C'est la fonction de masse limite du temps de vie résiduel donnée par

$$\lim_{n\to\infty} Pr(R(n) = 1) = \frac{1/4 + 1/4 + 1/2}{9/4} = \frac{4}{9},$$
$$\lim_{n\to\infty} Pr(R(n) = 2) = \frac{1/4 + 1/2}{9/4} = \frac{1}{3},$$
$$\lim_{n\to\infty} Pr(R(n) = 3) = \frac{1/2}{9/4} = \frac{2}{9}.$$

(c) C'est la fonction de masse limite du temps de vie total donnée par

$$\lim_{n\to\infty} Pr(V(n) = 1) = \frac{1 \times 1/4}{9/4} = \frac{1}{9},$$
$$\lim_{n\to\infty} Pr(V(n) = 2) = \frac{2 \times 1/4}{9/4} = \frac{2}{9},$$
$$\lim_{n\to\infty} Pr(V(n) = 3) = \frac{3 \times 1/2}{9/4} = \frac{2}{3}.$$

3.3. (a) Le taux moyen est l'inverse du temps moyen entre deux renouvellements consécutifs, soit $1/\mu$, où

$$\mu = \int_0^\infty x\ f(x)\ dx = \frac{25}{36}.$$

(b) C'est l'espérance limite du temps de vie résiduel, soit

$$\int_0^\infty x \left(\frac{1 - F(x)}{\mu} \right) dx = \frac{48}{125},$$

où

$$F(y) = \int_0^y f(x)\ dx = \frac{y^3}{3} + \frac{2y^2}{3}.$$

(c) C'est la probabilité limite que le temps de vie résiduel excède 1/2, soit

$$\int_{1/2}^{\infty} \left(\frac{1 - F(x)}{\mu} \right) dx = \frac{131}{400}.$$

3.4. C'est un processus de renouvellement avec alternance entre un état de récupération qui dure un temps fixe de 1/5 et un état de détection qui dure un temps de loi exponentielle de paramètre 2, donc d'espérance 1/2. La proportion moyenne de particules détectées à long terme correspond à la proportion moyenne du temps à long terme en état de détection, qui est

$$\frac{1/2}{1/2 + 1/5} = \frac{5}{7}.$$

3.5. (a) Le montant moyen est

$$\frac{50}{5+5} \times 60 = 300.$$

(b) La probabilité est

$$\frac{5}{5+5} = \frac{1}{2}.$$

(c) En notant T une variable aléatoire de loi exponentielle de paramètre 1/5, le temps moyen est

$$\frac{E((5+T)^2)}{2E(5+T)} = \frac{25 + 10 \times 5 + 2 \times 25}{2 \times (5+5)} = \frac{125}{20},$$

donc 6 min 15 s.

3.6. (a) Le temps moyen est $\mu = 60/12 = 5$ minutes.

(b) La proportion moyenne est 2/5.

(c) Le taux d'arrivée des appels est $1/(5-2) = 1/3$ par minute.

(d) Le nombre moyen d'appels rejetés est $2 \times (1/3) = 2/3$.

3.7. Soit Y le temps de stationnement et X le temps entre le dernier passage de l'employé de la ville et l'instant où une personne stationne sa voiture. Alors, Y et X sont des variables aléatoires indépendantes de loi U$[0, 4]$ et de loi U$[0, 2]$, respectivement. En considérant chaque passage de l'employé de la ville comme un renouvellement, la probabilité de recevoir un constat d'infraction est

$$Pr(X + Y > 4) = \int_0^2 \int_{4-x}^4 \left(\frac{1}{4} \times \frac{1}{2}\right) dy\, dx = \frac{1}{4}.$$

3.8. Pour le nombre de clients au comptoir qui peut prendre les valeurs 0, 1, 2 et 3, le générateur est

$$A = \begin{pmatrix} -20 & 5 & 10 & 5 \\ 60 & -60 & 0 & 0 \\ 0 & 60 & -60 & 0 \\ 0 & 0 & 60 & -60 \end{pmatrix}.$$

La distribution stationnaire est donnée par

$$\pi_0 = \frac{3}{5}, \quad \pi_1 = \frac{1}{5}, \quad \pi_2 = \frac{3}{20}, \quad \pi_3 = \frac{1}{20},$$

qu'on trouve en résolvant les équations de stationnarité avec la condition $\pi_0 + \pi_1 + \pi_2 + \pi_3 = 1$.

(a) La proportion moyenne de temps est $\pi_1 + \pi_2 + \pi_3 = 2/5$.

(b) Le temps moyen d'une période de repos est $1/20$, soit 3 minutes.

(c) En faisant

$$\frac{2}{5} = \frac{\mu}{\mu + 1/20},$$

où μ est le temps moyen d'une période d'occupation, on trouve $\mu = 1/30$, soit 2 minutes.

3.9. (a) On a ici un processus de renouvellement où les renouvellements correspondent aux réclamations de l'assuré. Soit R le montant total de la prime entre deux renouvellements consécutifs et X le temps entre ces deux renouvellements. En utilisant le théorème de renouvellement élémentaire et la formule de Wald, le montant annuel moyen de la prime à long terme est donné par

$$\begin{aligned}\frac{E(R)}{E(X)} &= \int_0^2 500xe^{-x}dx + \int_2^\infty (2\times 500 + (x-2)\times 300)e^{-x}dx,\\ &= 500 - (500-300)e^{-2} = 472{,}93.\end{aligned}$$

(b) Par les mêmes arguments que précédemment, la proportion moyenne de temps à long terme que l'assuré paie au taux annuel de 500 dollars est

$$\frac{E(\min(X,2))}{E(X)} = \int_0^2 xe^{-x}dx + 2e^{-2} = 1 - e^{-2}.$$

On remarque que cette proportion correspond à $Pr(X \leq 2)$. Cela découle de l'hypothèse que les réclamations surviennent selon un processus de Poisson. Pour la même raison, la réponse en (a) est donnée par

$$(1-e^{-2})\times 500 + e^{-2}\times 300.$$

En effet, la distribution limite de l'âge de la dernière réclamation est exponentielle de paramètre 1, ce qui donne une proportion moyenne de temps à long terme de $1-e^{-2}$ avec un âge inférieur à 2 et de e^{-2} avec un âge supérieur à 2.

3.10. (a) Soit μ le temps moyen avant d'avoir un succès. En conditionnant sur le temps d'arrivée du prochain événement, on obtient la relation

$$\mu = \int_0^1 t\lambda e^{-\lambda t}dt + \int_1^\infty (t+\mu)\lambda e^{-\lambda t}dt = \frac{1}{\lambda} + \mu e^{-\lambda}.$$

Les succès surviennent à un taux de $1/\mu$, soit $\lambda(1-e^{-\lambda})$. En fait, les succès surviennent selon un processus de Poisson d'intensité $\lambda(1-e^{-\lambda})$.

(b) La proportion moyenne de succès à long terme est

$$\frac{\text{taux des succès}}{\text{taux des événements}} = \frac{\lambda(1-e^{-\lambda})}{\lambda} = 1 - e^{-\lambda}.$$

On remarque que la proportion moyenne de succès à long terme correspond à la probabilité qu'un événement survienne à moins d'une unité de temps du dernier événement.

3.11. On a un processus semi-markovien sur les états :

- 0 pour appareil en réparation ;
- 1 pour appareil neuf qui fonctionne ;
- 2 pour appareil usagé qui fonctionne.

Les temps moyens de séjour correspondants sont $\mu_0 = 1, \mu_1 = 4$ et $\mu_2 = 2$. La matrice de transition est

$$Q = \begin{pmatrix} 0 & 0 & 1 \\ 1/3 & 2/3 & 0 \\ 1/3 & 2/3 & 0 \end{pmatrix}.$$

Cette matrice est irréductible et sa distribution stationnaire est donnée par $\pi_0 = \pi_2 = 1/4$ et $\pi_1 = 1/2$. La proportion moyenne du temps à long terme avec un appareil en réparation est

$$\frac{\mu_0 \pi_0}{\sum_{k=0}^{2} \mu_k \pi_k} = \frac{1}{11}.$$

3.12. (a) Le temps entre deux remplacements consécutifs est de loi exponentielle de paramètre 1, donc d'espérance $\mu = 1$, et le taux moyen de remplacement à long terme est alors $1/\mu = 1$ par le théorème de renouvellement élémentaire.

(b) Le temps entre deux remplacements consécutifs est de loi géométrique de paramètre $p = 1 - e^{-1}$, qui est la probabilité qu'une variable de loi exponentielle de paramêtre 1 soit inférieure à 1, donc d'espérance $1/p$, et le taux moyen de remplacement à long terme est alors $1/(1/p) = p$ par le théorème de renouvellement élémentaire.

(c) Par la théorie du renouvellement avec alternance, la proportion moyenne de temps est donnée par

$$\frac{(1/p) - \mu}{\mu + (1/p) - \mu} = e^{-1}.$$

3.13. (a) Par le théorème de renouvellement élémentaire, le taux moyen à long terme est $1/\mu$, où

$$\mu = \int_0^1 x(2x)dx = \frac{2}{3}.$$

(b) C'est la probabilité limite que le temps de vie résiduel ne dépasse pas 1/2, soit

$$\int_0^{1/2}\left(\frac{1}{\mu}\int_y^1 2xdx\right)dy = \frac{11}{16}.$$

(c) Par le théorème de renouvellement élémentaire et la formule de Wald, le taux moyen à long terme est

$$\frac{1}{3\mu + 1/2} = \frac{2}{5}.$$

(d) Par la théorie du renouvellement avec alternance, la proportion moyenne de temps à long terme est

$$\frac{1/2}{3\mu + 1/2} = \frac{1}{5}.$$

3.14. Le temps S entre deux renouvellements consécutifs est la somme de deux variables aléatoires indépendantes de loi exponentielle de paramètre 1, donc d'espérance 2 et de variance 2.

(a) Le taux moyen est 1/2 par le théorème de renouvellement élémentaire ;

(b) la proportion moyenne de temps est 1/2 par la théorie du renouvellement avec alternance ;

(c) la densité limite du temps de vie résiduel au point $x > 0$ est donnée par

$$\frac{Pr(S > x)}{E(S)} = \frac{e^{-x} + xe^{-x}}{2};$$

(d) l'espérance limite du temps de vie résiduel est donnée par

$$\frac{Var(S) + E(S)^2}{2E(S)} = \frac{2+4}{4} = \frac{3}{2}.$$

3.15. (a) Le système d'équations $(\pi_0, \pi_1, \pi_2, \pi_3)A = (0, 0, 0, 0)$ avec la condition $\pi_0 + \pi_1 + \pi_2 + \pi_3 = 1$ donne

$$\pi_0 = \frac{1}{12}, \quad \pi_1 = \frac{1}{4}, \quad \pi_2 = \frac{1}{2}, \quad \pi_3 = \frac{1}{6}.$$

(b) Par la théorie du renouvellement avec alternance, l'espérance μ du temps pour retourner à 0 lorsqu'on quitte l'état 0 doit satisfaire

$$\pi_0 = \frac{1/3}{1/3 + \mu},$$

d'où $\mu = 11/3$.

3.16. (a) C'est la probabilité que le temps écoulé depuis le dernier appel, l'âge, excède 0,6 heure, et ce à long terme. La densité limite de l'âge est

$$\frac{1 - F(x)}{\mu} = \frac{1}{2}e^{-\frac{1}{2}x},$$

pour $x > 0$, et donc la probabilité est

$$e^{-\frac{1}{2}\times 0{,}6} = e^{-0{,}3}.$$

(b) L'espérance d'une période de sommeil du médecin est égale à 2 et l'espérance d'une période d'éveil continu est alors

$$m = 2(e^{0{,}3} - 1),$$

car par la théorie du renouvellement avec alternance, on doit avoir

$$\frac{2}{2 + m} = e^{-0{,}3}.$$

3.17. (a) Le nombre de paires de joueurs en action ou en attente est $0, 1, 2$ ou 3, et le générateur de la chaîne est

$$A = \begin{pmatrix} -2 & 2 & 0 & 0 \\ 1 & -3 & 2 & 0 \\ 0 & 2 & -4 & 2 \\ 0 & 0 & 2 & -2 \end{pmatrix}.$$

(b) Le nombre moyen de courts utilisés est

$$0 \times \pi_0 + 1 \times \pi_1 + 2 \times (\pi_2 + \pi_3) = \frac{10}{7},$$

obtenu en résolvant, sous la condition $\pi_0 + \pi_1 + \pi_2 + \pi_3 = 1$, les équations de stationnarité

$$\begin{aligned} 0 &= -2\pi_0 + \pi_1, \\ 0 &= 2\pi_0 - 3\pi_1 + 2\pi_2, \\ 0 &= 2\pi_1 - 4\pi_2 + 2\pi_3, \\ 0 &= 2\pi_2 - 2\pi_3. \end{aligned}$$

(c) Par la théorie du renouvellement avec alternance, le temps moyen à partir d'une paire, noté τ_1, satisfait

$$\frac{6}{7} = \frac{\tau_1}{\tau_1 + 1/2},$$

d'où $\tau_1 = 3$. Ce temps moyen peut aussi être obtenu par la méthode de conditionnement sur le premier changement d'état en résolvant le système d'équations

$$\begin{aligned}
\tau_1 &= \frac{1}{3} + \frac{1}{3}\tau_0 + \frac{2}{3}\tau_2, \\
\tau_2 &= \frac{1}{4} + \frac{1}{2}\tau_1 + \frac{1}{2}\tau_3, \\
\tau_3 &= \frac{1}{2} + \tau_2,
\end{aligned}$$

avec $\tau_0 = 0$.

3.18. (a) Les taux de naissance sont $\nu_0 = 2$ et $\nu_i = 1$ pour $i \geq 1$, et les taux de mort $\mu_i = \mu$ pour $i \geq 1$.

(b) Une distribution stationnaire existe si et seulement si

$$\sum_{i \geq 0} \theta_i = 1 + \sum_{i \geq 1} \frac{2}{\mu^i} < \infty,$$

ce qui est le cas si et seulement si $\mu > 1$.

(c) Lorsque $\mu > 1$, alors

$$\sum_{i \geq 0} \theta_i = \frac{\mu + 1}{\mu - 1},$$

et la distribution stationnaire est donnée par

$$\pi_i = \frac{2(\mu - 1)}{\mu^i(\mu + 1)},$$

pour $i \geq 1$, et $\pi_0 = (\mu - 1)/(\mu + 1)$.

(d) En utilisant ce qui a été fait à la section 3.4.5 pour calculer l'espérance d'une période d'occupation du serveur dans le cas d'un système d'attente $M/G/1$, on trouve comme espérance de temps

$$\pi_0 \times \frac{1}{\mu} + (1-\pi_0) \times \frac{1}{2} \times \frac{1}{\mu} \times \sum_{n\geq 0} \left(\frac{1}{\mu}\right)^n$$
$$= \frac{\mu-1}{\mu(\mu+1)} + \frac{1}{\mu(\mu+1)} \times \frac{\mu}{\mu-1} = \frac{\mu^2-\mu+1}{\mu(\mu+1)}.$$

3.19. (a) Le temps en heures entre deux départs consécutifs est

$$S = \frac{1}{2} + S_0 + S_1 + S_2 + S_3,$$

où S_0, S_1, S_2 et S_3 sont des variables aléatoires indépendantes de loi exponentielle de paramètre 6. Le temps moyen entre deux départs consécutifs est donc

$$E(S) = \frac{1}{2} + 4 \times \frac{1}{6} = \frac{7}{6}.$$

Par le théorème de renouvellement élémentaire, le taux moyen est l'inverse de $E(S)$, soit $6/7$ par heure .

(b) Par la théorie du renouvellement avec alternance, la probabilité est $1/2$ divisé par $E(S)$, soit $3/7$.

(c) Par la théorie du renouvellement avec alternance, la probabilité est $1/6$ divisé par $1/2 + 4 \times 1/6 = 7/6$, soit $1/7$.

(d) C'est l'espérance du temps de vie résiduel, donnée par

$$\frac{Var(S) + E(S)^2}{2E(S)} = \frac{4Var(S_0) + (1/2 + 4E(S_0))^2}{2E(S)}$$
$$= \frac{4(1/36) + (7/6)^2}{2(7/6)} = \frac{53}{84}.$$

3.20. L'espérance de temps continu dans la catégorie 0 est $\mu_0 = 1$, soit l'espérance d'une variable de loi exponentielle de paramètre 1, alors que les espérances de temps continu dans les catégories 1 et 2, respectivement, sont

$$\mu_1 = \int_0^1 te^{-t}dt + e^{-1} = 1 - e^{-1}$$

et

$$\mu_2 = \int_0^1 (t + \mu_2)e^{-t}dt + e^{-1} = e - 1.$$

La matrice de transition lorsqu'il y a changement de catégorie est

$$P = \begin{pmatrix} 0 & 1 & 0 \\ e^{-1} & 0 & 1-e^{-1} \\ 0 & 1 & 0 \end{pmatrix}.$$

En faisant $(\pi_0, \pi_1, \pi_2)P = (\pi_0, \pi_1, \pi_2)$ avec $\pi_0 + \pi_1 + \pi_2 = 1$, on trouve

$$\pi_0 = \frac{e^{-1}}{2}, \quad \pi_1 = \frac{1}{2}, \quad \pi_2 = \frac{1-e^{-1}}{2}.$$

Selon la théorie des processus semi-markoviens, les proportions moyennes de temps à long terme dans les différentes catégories sont

$$\frac{\mu_0\pi_0}{\mu_0\pi_0 + \mu_1\pi_1 + \mu_2\pi_2} = \frac{e^{-1}}{e^{-1}+e-1},$$
$$\frac{\mu_1\pi_1}{\mu_0\pi_0 + \mu_1\pi_1 + \mu_2\pi_2} = \frac{1-e^{-1}}{e^{-1}+e-1},$$
$$\frac{\mu_2\pi_2}{\mu_0\pi_0 + \mu_1\pi_1 + \mu_2\pi_2} = \frac{e^{-1}+e-2}{e^{-1}+e-1}.$$

3.21. (a) C'est la distribution stationnaire d'un processus de naissance et de mort sur les états $i \geq 0$ avec taux de naissance $\nu_i = 12$ et taux de mort $\mu_i = 4i$, de telle sorte que

$$\theta_k = \frac{\nu_0 \times \cdots \times \nu_{k-1}}{\mu_1 \times \cdots \times \mu_k} = \frac{3^k}{k!},$$

pour $k \geq 1$, d'où

$$\pi_i = \frac{3^i}{i!}e^{-3},$$

pour $i \geq 0$.

(b) Par le théorème ergodique et la théorie du renouvellement avec alternance, l'espérance du temps d'une période d'occupation, notée μ, satisfait

$$\pi_0 = \frac{1/12}{\mu + 1/12},$$

d'où

$$\mu = \frac{1}{12}\left(e^3 - 1\right).$$

(c) Par le théorème de renouvellement élémentaire, le taux moyen est donné par $1/\tau$, où τ est le temps moyen entre deux ouvertures consécutives de la porte d'entrée. Or, ce temps moyen satisfait

$$\tau = \int_0^{1/60} 12e^{-12x}(x+\tau)dx + \int_{1/60}^{\infty} 12e^{-12x}\left(\frac{1}{60}+\frac{1}{12}\right)dx,$$

d'où $1/\tau = 12e^{-1/5}$. On remarque que c'est le taux d'arrivée des voitures multiplié par la probabilité que la voiture précédente soit arrivée voilà plus de 1 minute.

3.22. (a) On a un processus de naissance et de mort sur les états $0, 1, \ldots, N$ avec taux de naissance $\nu_i = \lambda$, pour $i = 0, 1, \ldots, N-1$, et taux de mort $\mu_i = \lambda$, pour $i = 1, \ldots, N$. Puisque

$$\theta_k = \frac{\nu_0 \times \cdots \times \nu_{k-1}}{\mu_1 \times \cdots \times \mu_k} = \frac{\lambda^k}{\lambda^k} = 1,$$

pour $k = 1, \ldots, N$, et $\theta_0 = 1$, la distribution stationnaire est donnée par

$$\pi_i = \frac{\theta_i}{\sum_{k=0}^{N} \theta_k} = \frac{1}{N+1},$$

pour $i = 0, 1, \ldots, N$. Cette distribution stationnaire uniforme peut aussi être obtenue directement à partir du générateur, qui est symétrique.

(b) Par la théorie des processus de renouvellement avec alternance, l'espérance m satisfait

$$\frac{1}{N+1} = \frac{1/\lambda}{m+1/\lambda},$$

d'où $m = N/\lambda$.

Corrigés du chapitre 4

4.1. À l'instant $n \geq 0$, il y a $n+2$ boules dans l'urne et

$$\begin{aligned} E(X_{n+1} \,|X_n = x_n, X_{n-1} = x_{n-1}, \ldots, X_1 = x_1, X_0 = 1/2) \\ = x_n\left(\frac{(n+2)x_n+1}{n+3}\right) + (1-x_n)\left(\frac{(n+2)x_n}{n+3}\right) \\ = x_n, \end{aligned}$$

d'où $\{X_n\}_{n\geq 0}$ est une martingale.

4.2. Pour tout $n \geq 0$, la variable $S_n^2 - n$ dépend seulement de S_n et

$$\begin{aligned} E(S_{n+1}^2 &- (n+1) \mid S_n = s_n, S_{n-1} = s_{n-1}, \ldots, S_0 = 0) \\ &= \frac{1}{2}\left((s_n+1)^2 - (n+1)\right) + \frac{1}{2}\left((s_n-1)^2 - (n+1)\right) \\ &= s_n^2 - n, \end{aligned}$$

d'où $\{S_n^2 - n\}_{n\geq 0}$ est une martingale par rapport à $\{S_n\}_{n\geq 0}$. En appliquant le théorème d'arrêt des martingales, on a

$$0 = E(S_N^2 - N) = E(S_N^2) - E(N),$$

d'où

$$E(N) = E(S_N^2) = a^2\left(\frac{b}{a+b}\right) + b^2\left(\frac{a}{a+b}\right) = ab.$$

4.3. (a) Pour tout $n \geq 0$, la variable 2^{S_n} dépend seulement de $\xi_0, \ldots, \xi_n$ et de plus,

$$E\left(2^{S_{n+1}} \mid \xi_n, \ldots, \xi_0\right) = 2^{S_n} E\left(2^{\xi_{n+1}}\right) = 2^{S_n}\left(2 \times \frac{1}{3} + \frac{1}{2} \times \frac{2}{3}\right) = 2^{S_n}.$$

(b) L'événement

$$\{N \geq n\} = \{0 < S_0, \ldots, S_{n-1} < 4\}$$

dépend seulement de $\xi_0, \ldots, \xi_{n-1}$ pour tout $n \geq 1$.

(c) On a

$$2 = E\left(2^{S_0}\right) = E\left(2^{S_N}\right) = 2^4 \times p + 2^0 \times (1-p),$$

où $p = Pr(S_N = 4)$ et $1 - p = Pr(S_N = 0)$. Donc, $p = 1/15$.

(d) On a

$$E(S_N) = E(S_0) + E(N)E(\xi_1),$$

car $\{N \geq n\}$ est indépendant de ξ_n pour tout $n \geq 1$, où $E(S_N) = 4/15$, $E(S_0) = 1$ et $E(\xi_1) = -1/3$. Par conséquent, $E(N) = 11/5$.

4.4. (a) Pour tout $n \geq 0$ et pour $i = 1, \ldots, N-1$, l'espérance conditionnelle $E(X_{n+1} \mid X_n = i, X_{n-1} = i_{n-1}, \ldots, X_0 = i_0)$ prend pour valeur

$$(i-1) \times \frac{i(N-i)}{N^2} + (i+1) \times \frac{i(N-i)}{N^2} + i \times \left(1 - \frac{2i(N-i)}{N^2}\right) = i,$$

soit la valeur prise par X_n. On a aussi

$$E(X_{n+1} \mid X_n = 0, X_{n-1} = i_{n-1}, \ldots, X_0 = i_0) = 0$$

et

$$E(X_{n+1} \mid X_n = N, X_{n-1} = i_{n-1}, \ldots, X_0 = i_0) = N.$$

(b) En définissant le temps d'arrêt

$$T = \inf\{n \geq 0 : X_n = 0 \text{ ou } N\},$$

le théorème d'arrêt des martingales donne

$$k = E(X_0) = E(X_T) = N \times p_N + 0 \times p_0,$$

où p_N est la probabilité d'absorption à N et $p_0 = 1 - p_N = 1 - k/N$ est la probabilité d'absorption à 0, qui correspond à la disparition du type A dans la population.

4.5. (a) Pour tout $n \geq 0$, les variables aléatoires M_n et W_n dépendent seulement des variables $S_0, \ldots, S_n$. De plus, on a

$$E(M_{n+1} \mid S_n, \ldots, S_0) = S_n + E(\xi_{n+1}) - (n+1)\mu = S_n - n\mu = M_n$$

et

$$\begin{aligned} &E(W_{n+1} \mid S_n, \ldots, S_0) \\ &= (S_n - n\mu)^2 + 2(S_n - n\mu)E(\xi_{n+1} - \mu) + E\left((\xi_{n+1}\mu)^2\right) - (n+1)\sigma^2 \\ &= (S_n - n\mu)^2 - n\sigma^2 = W_n. \end{aligned}$$

(b) L'événement

$$\{T \geq n\} = \{S_0, \ldots, S_{n-1} > -N\}$$

dépend seulement de $S_0, \ldots, S_{n-1}$, pour tout $n \geq 0$.

(c) Par le théorème d'arrêt, on a

$$0 = E(M_0) = E(M_T) = E(S_T) - \mu E(T) = -N - \mu E(T),$$

d'où

$$E(T) = -\frac{N}{\mu} = 2N.$$

(d) Par le théorème d'arrêt, on a

$$\begin{aligned} 0 = E(W_0) = E(W_T) &= E\left((S_T - \mu T)^2\right) - \sigma^2 E(T) \\ &= -N^2 + \mu^2 E(T^2) - \sigma^2 E(T), \end{aligned}$$

d'où

$$E(T^2) = \frac{N^2}{\mu^2} - \frac{\sigma^2 N}{\mu^3}.$$

On conclut que

$$Var(T) = E(T^2) - (E(T))^2 = -\frac{\sigma^2 N}{\mu^3} = 8N.$$

Corrigés du chapitre 5

5.1. Pour tous $s, t \geq 0$, on a

$$Cov(B(s)B(t)) = E(B(s)B(t)) - E(B(s))E(B(t)) = E(B(s)B(t)),$$

car $E(B(s)) = E(B(t)) = 0$. Si $s = t$, alors

$$Cov(B(s)B(s)) = E(B^2(s)) = Var(B(s)) = s.$$

Si $s < t$, on pose $B(t) = B(s) + (B(t) - B(s))$, oû $B(s)$ et $B(t) - B(s)$ sont des variables aléatoires indépendantes.On obtient alors

$$\begin{aligned} Cov(B(s)B(t)) &= E(B(s)(B(s) + (B(t) - B(s)))) \\ &= E(B^2(s)) + E(B(s)(B(t) - B(s))) \\ &= s + E(B(s))E(B(t) - B(s)) \\ &= s. \end{aligned}$$

Si $s > t$, on obtient par symétrie que $Cov(B(s)B(t)) = t$. En conclusion, on a

$$Cov(B(s)B(t)) = \min(s, t).$$

5.2. On a $Y(0) = 55$; $Y(0)B = 50$; $t = 0{,}5$; $r = 0{,}05$ et $\sigma = 0{,}4$. On calcule alors

$$A = Be^{-rt} = 0{,}8866$$

et

$$\alpha_t = \frac{\ln\left(Ae^{\frac{\sigma^2}{2}t}\right)}{\sigma\sqrt{t}} = -0{,}284,$$

d'où le prix juste pour l'option d'achat est

$$Y(0)\left(\Phi(\sigma\sqrt{t} - \alpha_t) - A\Phi(-\alpha_t)\right) = 9{,}47.$$

Bibliographie

[1] Durrett, R. *Essentials of Stochastic Processes*, Springer-Verlag, New York, 1999, 289 pages.

[2] Foata, D., Fuchs, A. *Processus stochastiques*, Dunod, Paris, 2004, 236 pages.

[3] Freedman, D. A. *Markov Chains*, Springer-Verlag, New York, 1983, 382 pages.

[4] Grimmett, G., Stirzaker, D. *Probability and Random Processes*, Oxford University Press, Third Edition, Oxford, 2001, 608 pages.

[5] Hein, J., Schierup, M. H., Wiuf, C. *Gene Genealogies, Variation and Evolution : A Primer in Coalescent Theory*, Oxford University Press, Oxford, 2005, 290 pages.

[6] Mehdi, J. *Stochastic Models in Queuing Theory*, Academic Press, Second Edition, San Diego, 2003, 450 pages.

[7] Rosenthal, J. S. *A First Look at Rigorous Probability Theory*, Second Edition, World Scientific, Singapore, 2006, 219 pages.

[8] Ross, S. *Introduction to Probability Models*, Academic Press, Seventh Edition, San Diego, 2000, 693 pages.

[9] Ross, S. *Stochastic Processes*, John Wiley and Sons, Second Edition, New York, 1996, 510 pages.

[10] Ruegg, A. *Processus stochastiques*, Presses Polytechniques et Universitaires Romandes, Lausanne, 1989, 164 pages.

[11] Society of Actuaries, *Past Exam Questions and Solutions*, Archives, http ://www.soa.org/education/exam-req/syllabus-study-materials/edu-multiple-choice-exam.aspx.

[12] Taylor, H. M., Karlin, S. *An Introduction to Stochastic Modeling*, Academic Press, Third Edition, San Diego, 1998, 631 pages.

[13] Taylor, H. M., Karlin, S. *A First Course in Stochastic Processes*, Academic Press, Second Edition, San Diego, 1975, 557 pages.

[14] Taylor, H. M., Karlin, S. *A Second Course in Stochastic Processes*, Academic Press, San Diego, 1981, 542 pages.

[15] Williams, D. *Probability with Martingales*, Cambridge University Press, Cambridge, 1991, 251 pages.

Index